高等职业教育农业农村部"十三五"规划教材
"十三五"江苏省高等学校重点教材（编号：2016-1-152）
全国农业教育优秀教材

动物防疫技术

DONGWU FANGYI JISHU

第二版

胡新岗　主编

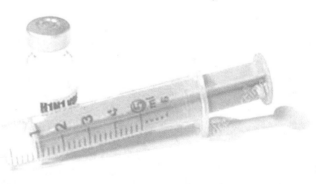

中国农业出版社
北　京

内容简介

动物防疫技术是动物防疫与检疫、动物医学、畜牧兽医等专业的一门专业核心课程。

本教材结合动物防疫职业岗位（群）工作任务，设计了动物防疫行业认知、防疫设备使用、养殖防疫管理、动物疫病预防、动物疫病控制、动物疫病扑灭6个学习项目，包括26个典型工作任务。本教材以动物防疫法律、法规、标准等为依据，结合动物防疫岗位实际，围绕动物疫病的预防、控制、净化与扑灭进行编写，突出职业素养和实践能力的培养。

本教材遵循教育教学规律，吸收了先进教学理念及行业发展的新技术、新方法，体现了高等职业教育的特点。教材内容丰富、新颖，富于生活化、情景化和形象化，融知识性、实用性和科普性于一体，既可作为职业院校动物防疫与检疫、动物医学、畜牧兽医等专业的教材，也可作为基层防疫、检疫、兽医人员的培训教材和规模饲养场技术人员的学习用书。

第二版编审人员

主　　编　胡新岗

副 主 编　黄银云　程德元　杜　军　贾林军

编　　者　（以姓氏笔画为序）

王顺林　刘玉华　孙军华　杜　军　何丽华

陈　茜　赵长菁　胡新岗　桂文龙　贾　艳

贾林军　涂黎晴　黄银云　程德元

审　　稿　刘俊栋　夏新山

企业指导　陈建平　黄忠飞

第一版编审人员

主　　编　胡新岗　桂文龙
副 主 编　黄银云　李巨银　吴　植
编　　者　（按姓氏笔画为序）
　　　　　许余良　李巨银　吴　植　胡新岗　桂文龙
　　　　　徐永荣　徐婷婷　郭广富　黄银云　程　汉
　　　　　舒永芳
审　　稿　高　崧　刘俊栋　夏新山
企业指导　陈建平　曹映海

第二版前言 ///////////

 动物疫病是困扰养殖业发展、危害动物健康及公共卫生安全的难题之一。基层动物防疫、卫生监督、兽医诊疗、畜禽生产、屠宰加工及营销、运输等各类动物从业人员，只有掌握了"必需、实用、够用"的动物防疫技术，才能全面贯彻"预防为主，预防与控制、净化、消灭相结合"的防疫方针，积极预防动物疫病的发生，处理疫情"应变迅速、防控到位"，确保畜牧业的健康发展、动物性食品安全和公共卫生安全。动物防疫技术是为适应畜牧业发展对动物疫病防控人才素质的要求而设立的一门独立课程。

 本教材由国内相关高职院校具有丰富教学及实践经验的教师及行业、企业有关专家共同编写，满足高职院校培养面向生产一线高素质技术技能人才的要求。全书以动物微生物学、动物传染病学、动物寄生虫病学、兽医免疫学等为基础，结合动物饲养、饲料营养、环境卫生、生态学等相关知识，以动物防疫法律、法规、标准等为依据，围绕加强动物疫病的预防、控制、净化与扑灭进行编写。

 本教材编写时注重吸收动物防疫新技术、新方法及产业文化和优秀企业文化，对接动物防疫职业标准和岗位标准，丰富实践教学内容，注重素质教育，突出职业素养和实践能力的培养。教材内容丰富、新颖，语言平实、流畅，条理清晰，图文并茂，融知识性、科普性、实用性和可操作性于一体，教材中还添加了数字资源，师生扫描二维码即可直接观看。本教材不仅对动物传染病、寄生虫病的防治有着重要意义和指导作用，同时对群发性动物营养代谢病、应激病、中毒病和常见消化道及呼吸道疾病的防控都有积极意义；也是保障畜产品安全，建立绿色养殖应遵循的技术原则。

 本教材由江苏农牧科技职业学院胡新岗担任主编，黄银云（江苏农牧科技职业学院）、程德元（贵州农业职业学院）、杜军（南阳农业职业学院）、贾林军（新疆农业职业技术学院）担任副主编，具体分工为：胡新岗编写前言、项目一、附录，并负责全书编排、统稿；杜军、赵长菁（江苏农牧科技职业学院）编写项目二；黄银云、桂文龙（江苏农牧科技职业学院）编写项目三；程德元、涂黎晴（广西农业职业技术学院）编写项目四，并负责全书校稿；贾林军、陈茜（贵州农业职业学院）编写项目五；黄银云、孙军华（江苏省泰州市动物疫病预防控制中心）编写项目六；刘玉华（江苏农牧科技职业学院）、贾艳（嘉兴职业技术学院）编写职业测试题；何丽华（辽宁生态工程职业学院）、王顺林（上海农场海北畜牧场）编写全书任务案例。全书承蒙江苏农牧科技职业学院刘俊栋教授、江苏省泰州市总畜牧兽医师夏新山研究员审稿，江苏京海肉鸡集团陈建平、江苏南农高科动物药业有限公司黄忠飞担任企业指导，提出了大量宝贵意见和建议，在此一并表示感谢。

由于编者水平有限，不妥之处在所难免，恳请广大读者提出宝贵意见和建议。

编　者

2020 年 6 月

第一版前言 ////////////

　　动物疫病是困扰养殖业发展和影响人类公共卫生安全的难题之一，特别是高致病性禽流感、口蹄疫等重大动物疫病的不断发生，进一步凸显了动物疫病防控工作的重要性。基层防疫、动检、兽医、养殖、营销及加工等各类动物从业人员，只有掌握了"必需、实用、够用"的动物防疫技术，才能全面贯彻"预防为主"的防疫方针，积极预防动物疫病的发生，处理疫情"应变迅速、防控到位"，确保畜牧业的健康发展和人类公共卫生安全。

　　动物防疫技术是为适应畜牧业发展对人才素质的要求而设立的一门独立课程。按照高职院校培养面向生产一线高素质技能型专门人才的目标，我们组织高校及行业、企业相关专家编写了本教材。全书以动物微生物学、动物传染病学、动物寄生虫病学、兽医免疫学等为基础，结合动物饲养、饲料营养、环境卫生、生态学等相关知识，以国家颁布的"技术标准"为依据，围绕加强饲养管理、消毒、免疫、药物预防、隔离、封锁、监测、净化、环境污染处理和兽医公共卫生等综合防制措施进行编写。

　　本教材结合动物防疫职业岗位（群）"工作任务"需要，设计了行业企业文化认同、防疫设备使用、养殖防疫管理、动物疫病预防、动物疫病控制、动物疫病扑灭6个学习项目，包括23个典型工作任务。

　　本教材内容丰富、新颖，语言平实、流畅，条理清晰，图文并茂，融知识性、科普性、实用性和可操作性于一体，不仅对动物传染病、寄生虫病的防治有着重要意义和指导作用，同时对群发性动物营养代谢病、应激病、中毒病和常见消化道及呼吸道疾病的防控都有积极意义；也是保障畜产品安全，建立绿色养殖应遵循的技术措施。因此，本教材既可作为动物防疫与检疫、畜牧兽医、动物医学、食品科学、动物医药等专业的教学用书，也可作为基层兽医、动检、防疫人员的培训教材和规模饲养场技术人员的学习用书。

　　本教材由江苏畜牧兽医职业技术学院胡新岗、桂文龙担任主编，黄银云、李巨银、吴植担任副主编，具体分工为：胡新岗编写项目1，并负责全书编排、统稿；李巨银编写项目2，桂文龙、吴植编写项目3、项目5；黄银云编写项目4，并负责全书校稿；程汉编写项目6；郭广富编写项目1～3的职业测试题；徐婷婷编写项目 4~6 的职业测试题；江苏省新沂县动物卫生监督所舒永芳和江苏省泰兴市畜牧兽医推广中心许余良编写全书任务案例；江苏省兴化市动物卫生监督所徐永荣编写附录；全书承蒙扬州大学高崧教授、江苏畜牧兽医职业技术学院刘俊栋博士、泰州市场动物卫生监督所夏新山研究员审稿。

本教材编写得到了江苏畜牧兽医职业技术学院及江苏南京海禽业集团有限公司陈建平、江苏南农高科技股份有限公司曹映海和其他相关行业、企业领导的大力支持，在此一并表示感谢。

由于编者水平有限，不妥之处在所难免，恳请广大读者提出宝贵意见和建议。

编 者

2012 年 9 月

目录 /////////////

动物防疫行业认知

学校学时	6 学时	企业学时	6 学时
学习情境描述	动物防疫法制化和标准化是我国动物防疫工作进步的表现；动物疫病防治员国家职业标准将职业道德基本知识及职业守则作为对从业人员的基本要求；企业文化不仅对企业员工具有约束和规范作用，同时也是企业的精神财富和物质形态。为此，本项目设计了法律法规标准学习、职业道德遵守和企业文化认同三个典型任务，通过学习，为养殖企业的未来员工承担起依法防疫、促进养殖企业经营与发展的责任打下基础		

学校学习目标	企业学习目标
1. 熟悉我国动物防疫法律法规及规范、规程、标准 2. 了解职业道德的定义、内容、作用和特征 3. 熟悉社会主义职业道德的主要内容 4. 掌握执业兽医职业道德行为规范 5. 了解企业文化的概念、作用和基本结构	1. 熟悉动物防疫法律法规等在企业的具体运用 2. 从企业领导、员工身上学习遵守职业道德的好作风，培养员工的良好职业道德习惯 3. 学会评析不同养殖企业的企业文化 4. 学会完善与发展所在企业的企业文化

任务 1-1　法律法规标准学习

◆ 任务描述

本任务是为培养既掌握动物防疫技术技能，又熟悉动物防疫法律、法规、规范、标准及规程等的具有良好职业素养的高素质专业人才设置的。通过学习动物防疫法律法规，促进学生熟悉法律法规并在工作中遵纪守法，依法防疫、规范防疫，以此不断加强学生法律意识、标准意识的培养。

◆ 能力目标

在学校教师和企业技师共同指导下，完成本学习任务后，希望学生获得：
(1) 准确领会应用动物防疫法律、法规、标准、规范的能力。
(2) 调整、约束、规范自我以达到掌握动物防疫法律法规要求的能力。
(3) 培养自己良好的守法、执法能力。
(4) 学习和宣传动物防疫法律法规的能力。
(5) 在生产实践中正确辨别分析违反动物防疫法律法规行为的能力。
(6) 形成依法办事、依法防疫的自觉意识和动物防疫态度。

◆ 学习内容

动物防疫工作事关我国养殖业健康发展与动物产品的国际竞争力，对于保障我国动物源性食品安全和公共卫生安全具有重大意义。动物防疫工作不仅具有技术性、服务性、规范性，还具有一定强制性，动物防疫工作必须依法科学、规范地开展。因此，依据动物防疫法律法规开展动物防疫工作是依法治疫的基础，也是动物防疫工作得以正常运行并发挥其应有作用的根本保证。《中华人民共和国动物防疫法》所称动物防疫是指动物疫病的预防、控制、诊疗、净化、消灭和动物、动物产品的检疫，以及病死动物、病害动物产品的无害化处理。动物防疫实行预防为主，预防与控制、净化、消灭相结合的方针。围绕动物防疫工作，国务院、农业农村部及各省（自治区、直辖市）制定出台了种类繁多的法律、法规、办法、标准、规范、规程，为我国的动物防疫法制化、标准化建设奠定了坚实的基础，有力地促进了我国动物防疫工作的进步。梳理上述有关动物防疫的法律、法规、办法、标准、规范、规程，大致可以将其分为以下几类：

（一）国家法律类

此类法律须经全国人民代表大会常务委员会会议通过，以国家主席令发布实施，对动物防疫工作起到界定性、强制性、限制性、禁止性或倡导性的作用，不仅对动物防疫相关工作范畴作了内涵界定，明确了各级兽医主管部门、技术支撑部门的责任和义务，同时也明确了各类与动物有关的从业人员的权利和义务以及法律责任。主要包括《中华人民共和国动物防疫法》《中华人民共和国畜牧法》《中华人民共和国进出境动植物检疫法》等。

（二）行政法规类

一般可分为国家行政法规和地方性行政法规两类。国家行政法规主要包括《中华人民共和国兽药管理条例》《重大动物疫情应急条例》《畜禽规模养殖污染防治条例》《生猪屠宰条例》等，通常作为国务院令发布，是国家为加强兽药管理，保证兽药质量，有效防治畜禽等动物疾病，或者为了迅速控制、扑灭重大动物疫情，依据《中华人民共和国动物防疫法》制定，属于国家层面的行业指导性规定。地方性行政法规包括各省（自治区、直辖市）依据《中华人民共和国动物防疫法》《重大动物疫情应急条例》等法律、行政法规，结合本省动物防疫需要制定的省级动物防疫条例，属于地方行业指导性规定，通常作为各省人民代表大会常务委员会公告公布，适用于本省行政区域内动物疫病的预防、控制、扑灭，以及动物、动物产品的检疫、动物防疫监督及其他与动物防疫有关的活动。如《江苏省动物防疫条例》

《上海市动物防疫条例》《内蒙古自治区动物防疫条例》等。

（三）部委规章类

国家畜牧、兽医主管部门为规范畜牧生产、动物防疫、疾病诊疗、兽药经营行为等，依据《中华人民共和国动物防疫法》等法律、法规制定的国家层面的管理规定，通常作为农业农村部令发布。主要包括《畜禽标识和养殖档案管理办法》《动物防疫条件审查办法》《动物病原微生物菌（毒）种保藏管理办法》《高致病性动物病原微生物实验室生物安全管理审批办法》《兽用生物制品经营管理办法》《动物源性饲料产品安全卫生管理办法》《动物检疫管理办法》《公路动物防疫监督检查站管理办法》《无规定动物疫病区评估管理办法》《兽药产品批准文号管理办法》《兽药标签和说明书管理办法》《病死及死因不明动物处置办法（试行）》《动物诊疗机构管理办法》《乡村兽医管理办法》《执业兽医管理办法》等。

（四）技术标准类

动物防疫类技术标准是动物防疫工作科学、技术和实践经验的总结。根据发布的机构不同，一般可分为行业国家标准、农业行业标准和地方标准几种；根据标准的用途也可以分为强制性标准（GB）和推荐性标准（GB/T）两种。

1. 国家标准　由农业农村部提出并组织起草，由国家市场监督管理总局及国家标准化管理委员会发布。如《奶牛场卫生规范》（GB 16568—2006）、《畜禽产品消毒规范》（GB/T 16569—1996）、《家禽及禽肉兽医卫生监控技术规范》（GB/T 22468—2008）、《出入境动物检疫采样》（GB/T 18088—2000）、《集约化猪场防疫基本要求》（GB/T 17823—2009）、《规模猪场建设》（GB/T 17824.1—2008）、《畜禽环境术语》（GB/T 19525.1—2004）、《动物防疫基本术语》（GB/T 18635—2002）、《中、小型集约化养猪场兽医防疫工作规程》（GB/T 17823—1999）、《进出境禽鸟及其产品高致病性禽流感检疫规范》（GB 19441—2004）、《畜禽粪便无害化处理技术规范》（GB/T 36195—2018）等。

2. 农业行业标准　由农业农村部提出并组织起草，并由农业农村部发布。如《动物免疫接种技术规范》（NY/T 1952—2010）、《无公害食品畜禽饲养兽医防疫准则》（NY/T 5339—2006）、《无公害食品肉鸭饲养兽医防疫准则》（NY 5263—2004）、《无公害食品鹅饲养兽医防疫准则》（NY 5266—2004）、《高致病性禽流感消毒技术规范》（NY/T 767—2004）、《高致病性禽流感免疫技术规范》（NY/T 769—2004）、《高致病性禽流感监测技术规范》（NY/T 770—2004）、《动物防疫耳标规范》（NY/T 938—2005）、《畜禽场环境质量及卫生控制规范》（NY/T 1167—2006）、《高致病性禽流感流行病学调查技术规范》（NY/T 771—2004）、《兽医诊断样品采集、保存与运输技术规范》（NY/T 541—2016）、《种鸡场动物卫生规范》（NY/T 1620—2016）、《畜禽批发市场兽医卫生规范》（NY/T 2957—2016）等。

3. 地方标准　一般由地方市场监督管理部门及畜牧兽医主管部门共同提出并组织起草，由地方市场监督管理部门负责发布，作为地方动物卫生监督管理的技术标准予以实施。如河北省地方标准《动物卫生监督管理综合标准》（DB13/T 1004.6—2008）由唐山市市场监督管理局和唐山市畜牧水产局共同提出，唐山市动物卫生监督所起草，由河北省市场监督管理局发布，该标准包括动物产地检疫规程、动物饲养场防疫监督管理规范、动物产品检疫规程、动物防疫消毒操作规程、基层动物防疫站建设规程、动物防疫站建设规程等10个部分。

（五）技术规范类

技术规范是标准的一种形式，在动物防疫工作中，一般是为动物防疫实践中的某些操作或方法提出技术性要求的文件。一般由农业农村部组织制定并以部文件形式下发。主要包括《高致病性禽流感防治技术规范》《口蹄疫防治技术规范》《马传染性贫血防治技术规范》《马鼻疽防治技术规范》《布鲁氏菌病防治技术规范》《牛结核病防治技术规范》《猪伪狂犬病防治技术规范》《猪瘟防治技术规范》《新城疫防治技术规范》《传染性法氏囊病防治技术规范》《马立克氏病防治技术规范》《绵羊痘防治技术规范》《炭疽防治技术规范》《J亚群禽白血病防治技术规范》《小反刍兽疫防治技术规范》《非洲猪瘟防治技术规范（试行）》《猪链球菌病应急防治技术规范》等主要疫病防治技术规范，及《兽药经营质量管理规范》《无规定动物疫病区管理技术规范》等有关防疫的规范性文件。疫病防治技术规范一般规定了每种疫病的诊断、疫情报告和确认、疫情处置、疫情监测、免疫、检疫监督的操作程序、技术标准及防范、保障措施等，为全国范围内的某一疫病防治提供了统一的规范性技术。

（六）技术规程类

技术规程也是标准的一种形式，在动物防疫工作中，一般是为动物防疫实践中的某些操作或方法作出程序上的具体规定的文件。一般由农业农村部组织制定并以部委文件形式下发。主要包括《生猪产地检疫规程》《反刍动物产地检疫规程》《家禽产地检疫规程》《马属动物产地检疫规程》《犬产地检疫规程》《兔产地检疫规程》《猫产地检疫规程》《跨省调运种禽产地检疫规程》《跨省调运乳用种用动物产地检疫规程》等。技术规程的实施规范了畜禽检疫的检疫范围、检疫对象、检疫合格标准、检疫程序、检疫结果处理等，不仅有利于规范官方兽医检疫实践，更有利于官方兽医依法检疫。

（七）部委文件类

目的在于对动物防疫的某些具体工作作出说明，以方便疫病管理及防疫工作的科学、规范、高效开展，通常由农业农村部以通知文件形式下发。主要包括《一、二、三类动物疫病病种名录》《动物检疫合格证明样式》《动物卫生监督证章标志填写及应用规范》《动物检疫标志样式及说明》《肉禽无规定动物疫病生物安全隔离区现场评审表》《国家无规定疫病区条件》《无规定动物疫病区现场评审表》《病死及病害动物无害化处理技术规范》等。

◆ 实践案例

一起违法生产、销售死猪肉的案例

2013年11月6日上午，浙江嘉兴南湖法院依法对一起生产、销售死猪肉案一审公开宣判，对被告人汪某以生产、销售不符合安全标准的食品罪判处有期徒刑二年，并处罚金27万元。

经该院审理查明：2008年年底，董某、陈某、姚某等人（均已判刑）合伙在嘉兴市南湖区凤桥镇××村董某的家中设立非法屠宰场，生产加工病死猪肉后销售供人食用。2010年1月12日汪某因经营病死、毒死或者死因不明的禽、畜、兽、水产动物肉类及其制品被嘉兴市工商行政管理局南湖分局罚款5万元。2011年8月至11月，被告人汪某在明知董某等人生产加工病死猪肉供人食用的情况下，仍非法收购病死猪销售给董某加工并从中牟利，其销售给董某的病死猪总金额达 134 180 元。

法院认为，被告人汪某以营利为目的，非法收购病死猪并销售给他人加工后供人食用，销售金额 134 180 元，其行为已经构成生产、销售不符合安全标准的食品罪。被告人汪某如实供述犯罪事实，依法从轻处罚。被告人汪某曾因经营病死、毒死或者死因不明的禽、畜、兽、水产动物肉类及制品受过行政处罚，酌情从重处罚。法院为维护食品安全，惩治犯罪，遂依照《中华人民共和国动物防疫法》《中华人民共和国刑法》相关规定作出上述判决。（本案例摘自中国新闻网）

◆ 职业测试

1. 请分析《中华人民共和国动物防疫法》中对畜禽养殖场防疫工作有哪些具体规定。

2. 请分析《中华人民共和国动物防疫法》中对动物防疫技术人员的工作有哪些规定。

3. 请结合《中华人民共和国动物防疫法》分析上述实践案例中被告人汪某违反了哪些规定？法院判决依据的条款有哪些？

4. 假设你是某奶牛场的一名兽医技术人员，如在工作中发现本场奶牛发生疑似口蹄疫疫情，你认为应当如何处理？

5. 假设你是某蛋鸡养殖企业的总经理，如果你的企业发生了高致病性禽流感疫情，你愿意依法防控疫情吗？请加以说明。

任务 1-2　职业道德遵守

◆ 任务描述

学习职业道德的定义、主要内容、作用、特征和社会主义职业道德的主要内容；完成执业兽医职业道德行为规范例证及违反职业道德案例分析等。目的在于促进学生形成良好的职业道德意识和思想觉悟。

◆ 能力目标

在学校教师和企业技师共同指导下，完成本学习任务后，希望学生获得：

（1）准确分析行业企业出台职工职业道德要求的能力。

（2）调整、约束、规范自我以适应行业企业职业道德要求的能力。

（3）培养自己良好的社会主义职业道德的能力。

（4）学习、弘扬他人良好职业道德的能力。

（5）查找、分析自身职业道德不足并尽力改善提高的能力。

（6）与行业主管部门、企业领导、同事和客户等合作、交流、协商的能力。

（7）良好的心理素质和服务、奉献"三农"事业的能力。

◆ 学习内容

大力发展职业教育是我国建设人力资源强国的重要途径，也是使社会就业更加充分的重要措施。广大从业人员是我国产业队伍的生力军，各级各类院校的学生是我国高技能人才的后备军。对广大从业人员和各级各类院校的学生加强职业道德教育，一方面，有助于从整体上提高我国广大从业人员队伍的职业道德素质，促进社会主义物质文明建设和精神文明建设；另一方面，有助于为广大从业人员和各类院校学生职业生涯的顺利发展奠定坚实的基础。

2019年10月中共中央颁发的《新时代公民道德建设实施纲要》提出："新时代公民道德建设，要把社会公德、职业道德、家庭美德、个人品德作为着力点，全面推进社会公德、职业道德、家庭美德、个人品德建设，在全社会大力弘扬社会主义核心价值观以及改革开放精神、劳动精神、劳模精神、工匠精神、优秀企业家精神、科学家精神，积极倡导富强民主文明和谐、自由平等公正法治、爱国敬业诚信友善，推动践行以爱岗敬业、诚实守信、办事公道、热情服务、奉献杜会为主要内容的职业道德，鼓励人们在工作中做一个好建设者。""爱国、敬业、诚信、友善"是我国社会主义核心价值观中公民个人层面的价值准则，覆盖杜会道德生活的各个领域，是公民必须恪守的基本道德准则，也是评价公民道德行为选择的基本价值标准。在我国执业兽医资格考试、动物疫病防治员及动物检疫检验员等国家职业技能鉴定中均将职业道德作为考核内容。

一、职业道德学习

（一）职业道德的定义

职业道德是指人们在从事职业活动中应遵循的基本道德，即一般社会道德在职业生活中的具体体现，是职业品德、职业纪律、道德品质、道德情操、专业胜任能力及职业责任等的总称，属于自律范围，它通过公约、守则等对职业生活中的某些方面加以规范。职业道德既是本行业人员在职业活动中的行为规范，又是行业职业对社会所负的道德责任和义务。

（二）职业道德的主要内容

职业道德的主要内容包括：爱岗敬业，诚实守信，办事公道，服务群众，奉献社会。职业道德的含义包括以下8个方面：

（1）职业道德是一种职业规范，受社会普遍的认可。

（2）职业道德是长期以来自然形成的。

（3）职业道德没有确定形式，通常体现为观念、习惯、信念等。

（4）职业道德依靠文化、内心信念和习惯，通过员工的自律实现。

（5）职业道德大多没有实质的约束力和强制力。

（6）职业道德的主要内容是对员工义务的要求。

（7）职业道德标准多元化，代表了不同企业可能具有不同的价值观。

（8）职业道德承载着企业文化和凝聚力，影响深远。

（三）职业道德的作用

职业道德是社会道德体系的重要组成部分，它一方面具有社会道德的一般作用，另一方面它又具有自身的特殊作用，具体表现在以下4个方面。

1. 调节职业交往中从业人员内部以及从业人员与服务对象间的关系 职业道德的基本职能是调节职能。它一方面可以调节从业人员内部的关系，即运用职业道德规范约束职业内部人员的行为，促进职业内部人员的团结与合作。如职业道德规范要求各行各业的从业人员，都要团结、互助、爱岗、敬业、齐心协力地为发展本行业、本职业服务。另一方面，职业道德又可以调节从业人员和服务对象之间的关系。如职业道德规定了制造产品的工人要怎样对用户负责，营销人员怎样对顾客负责，医生怎样对病人负责，教师怎样对学生负责等。

2. 有助于维护和提高本行业的信誉　一个行业、一个企业的信誉，也就是它们的形象、信用和声誉，是指企业及其产品与服务在社会公众中的被信任程度，提高企业的信誉主要靠产品的质量和服务的质量，而从业人员职业道德水平高是产品质量和服务质量的有效保证。若从业人员职业道德水平不高，很难生产出优质的产品和提供优质的服务。

3. 促进本行业的发展　行业、企业的发展有赖于高的经济效益，而高的经济效益源于高的员工素质。员工素质主要包含知识、能力、责任心三个方面，其中责任心是最重要的。而职业道德水平高的从业人员其责任心是极强的，因此，职业道德能促进本行业的发展。

4. 有助于提高全社会的道德水平　职业道德是整个社会道德的主要内容之一。职业道德一方面涉及每个从业者如何对待职业，如何对待工作，同时也是一个从业人员的生活态度、价值观念的表现；是一个人的道德意识、道德行为发展的成熟阶段，具有较强的稳定性和连续性。另一方面，职业道德也是一个职业集体，甚至一个行业全体人员的行为表现，如果每个行业，每个职业集体都具备优良的道德，对整个社会道德水平的提高肯定会发挥重要作用。

(四) 职业道德的特征

1. 职业性　职业道德的内容与职业实践活动紧密相连，反映着特定职业活动对从业人员行为的道德要求。每一种职业道德都只能规范本行业从业人员的职业行为，在特定的职业范围内发挥作用。

2. 实践性　职业行为过程，就是职业实践过程，只有在实践过程中，才能体现出职业道德的水准。职业道德的作用是调整职业关系，对从业人员职业活动的具体行为进行规范，解决现实生活中的具体道德冲突。

3. 继承性　在长期实践过程中形成的职业道德，会被作为经验和传统继承下来。即使在不同的社会经济发展阶段，同样一种职业因服务对象、服务手段、职业利益、职业责任和义务相对稳定，职业行为的道德要求的核心内容将被继承和发扬，从而形成了被不同社会发展阶段普遍认同的职业道德规范。

4. 多样性　不同的行业和不同的职业，有不同的职业道德标准。

二、社会主义职业道德认知

社会主义职业道德的主要内容是爱岗敬业、诚实守信、办事公道、服务群众、奉献社会。它的基本原则是全心全意为人民服务，体现了职业活动中人与人之间、人与社会之间的一种新型关系。

1. 爱岗敬业　爱岗敬业是社会主义职业道德的基础和核心，是社会主义职业道德所倡导的首要规范，是国家对人们职业行为的共同要求。是每个从业者应当遵守的共同的职业道德，是对人们工作意志的一种普遍要求。

爱岗就是热爱自己的工作岗位，热爱本职工作。

敬业就是恪尽职守，工作兢兢业业、踏踏实实、一丝不苟、勇于开拓。

爱岗与敬业是紧密联系在一起的。爱岗是敬业的前提，敬业是爱岗情感的行动表达。只有对岗位的热爱，才能对岗位高度重视，对工作认真负责，精益求精。只有敬业，才能为社会主义事业鞠躬尽瘁，把有限的生命投入到无限的为人民服务中，为平凡的职业劳动赋予不平凡的意义。

2. 诚实守信　诚实守信是社会主义职业道德的主要内容和基本原则。诚实守信是中华民族的优良传统，也是一个人立于社会的基本准则。诚实是守信之后表现出来的品质，守信是诚实的依据和标准。诚实守信在职业行动中最基本的要求就是诚实劳动，工作尽心尽力、尽职尽责、遵纪守法、信守承诺、讲究信用、说老实话、办老实事、做老实人、言行一致、表里如一、襟怀坦白、廉洁奉公。

3. 办事公道　办事公道是社会主义职业道德最基本、最普遍的道德要求。办事公道要求每个从业人员在职业活动中要以国家和人民利益为重，坚持真理，公私分明，公开、公平、公正地为人民办实事、办好事，不徇私情，不以权谋私，光明磊落。

4. 服务群众　服务群众是社会主义职业道德区别于其他社会职业道德的鲜明特征，是为人民服务原则在职业道德方面的体现。服务群众既是职业道德要求的基本内容，又是职业活动的最终目的，我们要牢固树立全心全意为群众服务的思想，主动热情地为群众服务。

5. 奉献社会　奉献社会是社会主义道德的本质特征，是人们从事职业活动中体现出来的精神追求。奉献社会就是在处理个人与国家、个人与集体、个人与他人关系时，把国家、集体、他人利益放在首位，工作中不计较个人名誉、利益，不计较个人得失，积极主动，踏踏实实，任劳任怨地工作。

◆ **实践案例**

一、中国畜牧行业职业道德行为准则

（2011年12月18日中国畜牧业协会第三次会员代表大会表决通过）

二、执业兽医职业道德行为规范

三、违反职业道德案例

兽医站检疫员乱开检疫合格证明案例

据茂名新闻网讯，2012年末，羊城晚报、人民网、新浪网等多家网站曝光或报道，称有走私越南乳猪进入广州、佛山等地，这些乳猪大多未经检疫，是茂名高州市根子、分界两镇畜牧兽医部门违规签发的乳猪检疫合格证。高州市纪委随即根据曝光线索展开调查，发现高州市畜牧兽医水产局根子镇畜牧兽医水产站站长罗某某、分界镇畜牧兽医水产站检疫员李某、赖某某存在利用职务便利，在未经检疫的情况下，为来历不明的乳猪出具"动物检疫合格证明"，并虚开"动物检疫合格证明"的数量从中牟取私利的违法违纪行为，涉嫌构成犯罪。2013年4月4日，高州市纪委将该案材料移送高州市检察院，该院同日受理了此案并展开侦查。2013年12月，高州法院公开开庭审理了该案，并邀请茂名、高州两级多名人大代表到场观摩了庭审，以贪污罪、滥用职权罪一审判处被告人罗某某有期徒刑七年，没收个人财产人民币二万元；以滥用职权罪一审分别判处被告人李某、赖某某有期徒刑一年和九个月。

经法院依法审理查明，2012年1月至2013年3月，罗某某作为高州市畜牧兽医水产局根子镇畜牧兽医水产站站长，为谋取个人私利，利用可以开具动物检疫合格证明的职务便利，对来源不明乳猪，没有到现场对乳猪进行实地检疫，先后30多次违反《中华人民共和国进出境动物检疫法》第三条规定，擅自对入境乳猪出具"动物检疫合格证明"，违反了《动物检疫管理办法》第十二条、第十三条、第十四条第三、第五款的规定，为联系人黄某某、黎某某两人及贩猪个体户黄某、刘某某、黎某等人，凭空开具"动物检疫合格证明"497张。罗某某还违反财政收支两条线规定，对每开一张检疫合格证明收取检疫费100元或200元（其中9张为100元），共先后收取黄某某、黎某某等人给的检疫费人民币98 500元。罗某某除上缴站财会4 000元外，实际占为己有检疫费人民币94 500元。2012年11月至2013年3月31日，李某利用担任高州市畜牧兽医水产局分界镇畜牧兽医水产站检疫员的便利，用上述同样的手段，先后100多次违规为李某某、陈某某等人开具动物检疫合格证明187张，每开一张检疫合格证明（每检疫一车猪）收取李某等瞒报人给的检疫费人民币100元，共先后收取检疫费人民币18 700元。李某通过瞒报检疫乳猪数目的手段，仅上缴回站财会检疫费6 044元，李某本人实际占为己有检疫费人民币12 656元。2013年3月期间，赖某某利用担任高州市畜牧兽医水产局分界镇畜牧兽医水产站检疫人员的职务之便，同样用上述手段，先后3次违规为徐某就开具"动物检疫合格证明"20张，约定收取徐某检疫费人民币2 800元，但实际收取检疫费人民币1 900元。赖某某未将上述款项上缴站财会，侵占检疫费人民币1 900元。案发后，3名被告人已退清了全部赃款。

◆ 职业测试

1. 请分析《执业兽医职业道德行为规范》中的具体条款分别属于社会主义职业道德的哪部分内容。

2. 请分析上述违反职业道德案例中，检疫员的行为违反了社会主义职业道德的哪部分内容。查找资料并分析他们的行为是否违反《中华人民共和国动物防疫法》。

3. 上网查找畜牧兽医类企业资料，并对企业规章制度中关于职业道德的内容给予分析。

4. 假设你是某养鸡场的一名兽医技术人员，你认为应当如何做，才算具有良好的职业道德？

5. 假设你是某养殖企业的总经理，你希望员工应具有什么样的职业道德？请你为本企业拟定一份《××企业员工职业道德行为规范》。

任务 1-3　企业文化认同

◆ 任务描述

完成企业文化的概念、作用、基本结构的学习；分析农牧类企业文化案例，熟悉企业文化的主要内容，增进对企业文化的了解与理解，形成良好的职业素养，为高质量就业奠定基础。

◆ 能力目标

在学校教师和企业技师共同指导下，完成本学习任务后，希望学生获得：

(1) 全面把握企业文化作用的能力。

(2) 对企业文化分析和判断的能力。

(3) 用发展的眼光反思对企业文化的适应能力。

(4) 学习、借鉴和弘扬优秀企业文化的能力。

(5) 判断自己的行为、决策与企业文化是否相融合，并不断调整使之适应企业文化的能力。

(6) 高度认同所在企业文化并积极宣传推广的能力。

(7) 灵活运用企业文化指导工作并在工作中发展企业文化的能力。

◆ 学习内容

一、企业文化的概念

企业文化是在一定的社会历史条件下，企业在生产经营和管理活动中所创造的具有该企业特色的精神财富和物质形态。它包括文化观念、价值观念、企业精神、道德规范、行为准则、历史传统、企业制度、文化环境、企业产品等。其中价值观念是企业文化的核心。

二、企业文化的作用

1. 导向功能　企业文化能对企业整体和企业成员的价值及行为取向起引导作用。具体表现在两个方面：一是对企业成员个体的思想和行为起导向作用；二是对企业整体的价值取向和经营管理起导向作用。这是因为一个企业的企业文化一旦形成，它就建立起了自身系统的价值和规范标准，如果企业成员价值和行为的取向与企业文化的系统标准产生悖逆现象，企业文化会进行纠正，并将其引导到企业的价值观和规范标准上来。

2. 约束功能　企业文化对企业员工的思想、心理和行为具有约束和规范作用。企业文化的约束不是制度式的硬约束，而是一种软约束，这种约束产生于企业的企业文化氛围、群体行为准则和道德规范。群体意识、社会舆论、共同的习俗和风尚等精神文化内容，会形成强大的使个体行为从众化的群体心理压力和动力，使企业成员产生心理共鸣，继而达到行为的自我控制。

3. 凝聚功能　企业文化的凝聚功能是指当一种价值观被企业员工共同认可后，它就会成为一种黏合力，从各个方面把其成员聚合起来，从而产生一种巨大的向心力和凝聚力。企业中的人际关系受到多方面的调控，其中既有强制性的"硬调控"，如制度、命令等；又有说服教育式的"软调控"，如舆论、道德等。企业文化属于软调控，它能使全体员工在企业的使命、战略目标、战略举措、运营流程、合作沟通等基本方面达成共识，这就从根本上保证了企业人际关系的和谐性、稳定性和健康性，从而增强了企业的凝聚力。

4. 激励功能　企业文化具有使企业成员从内心产生一种高昂情绪和奋发进取精神的效应。企业文化把尊重人作为中心内容，以人的管理为中心。企业文化给予员工多重需要的满足，并能用它的"软约束"来调节各种不合理的需要。所以，积极向上的理念及行为准则将会形成强烈的使命感、持久的驱动力，成为员工自我激励的一把标尺。一旦员工真正接受了企业的核心理念，他们就会被这种理念所驱使，自觉自愿地发挥潜能，为公司更加努力、高效地工作。

5. 辐射功能　企业文化一旦形成较为固定的模式，它不仅会在企业内部发挥作用，对本企业员工产生影响，而且也会通过各种渠道（宣传、交往等）对社会产生影响。企业文化的传播将帮助企业树立良好的公众形象，提升企业的社会知名度和美誉度。优秀的企业文化也将对社会文化的发展产生重要的影响。

6. 品牌功能　企业在公众心目中的品牌形象，是一个由以产品服务为主的"硬件"和以企业文化为主的"软件"所组成的复合体。优秀的企业文化，对于提升企业的品牌形象将发挥巨大的作用，独具特色的优秀企业文化能产生巨大的品牌效应。无论是世界著名的跨国公司，如"微软""福特""通用电气""可口可乐"，还是国内知名的企业集团，如"海尔""联想"等，他们独特的企业文化在其品牌形象建设过程中发挥了巨大作用。品牌价值是时间的积累，也是企业文化的积累。

三、企业文化的基本结构

企业文化通常分为四层，由表入里依次可分为企业的物质文化、企业的行为文化、企业的制度文化和企业的精神文化。

1. 企业物质文化　是由企业员工创造的产品和各种物质设施等构成的实物文化，是一种以物质形态为主要研究对象的表层企业文化。企业生产的产品和提供的服务是企业生产经营的成果，它是企业物质文化的首要内容；其次是企业创造的生产环境、企业建筑、企业广告、产品包装与设计等，它们都是企业物质文化的主要内容。

2. 企业行为文化　企业行为文化是指企业员工在生产经营、学习娱乐中产生的活动文化。它包括企业经营、教育宣传、人际关系活动、文娱体育活动中产生的文化现象；是企业经营作风、精神面貌、人际关系的动态体现，也是企业精神、企业价值观的折射。

3. 企业制度文化　主要包括企业领导体制、企业组织机构和企业管理制度三个方面。企业领导体制的产生、发展、变化，是企业生产发展的必然结果，领导体制特别是领导人的管理理念和管理风格对企业文化的影响极大。企业组织结构，包括正式组织结构和非正式组织，是企业文化的载体。企业管理制度是企业在进行生产经营管理时所制定的、起规范保证作用的各项规定或条例，需要特别指出的是，具有强制约束力的制度在企业文化特别是行为文化的形成过程中发挥着十分关键的作用。

4. 企业精神文化 指企业在生产经营过程中，受一定的社会文化背景、意识形态影响而长期形成的一种精神成果和文化观念。它包括企业精神、企业经营哲学、企业道德、企业价值观念、企业风貌等内容，是企业意识形态的总和。它是企业物质文化、行为文化的升华，是企业的上层建筑。相对于企业物质文化和行为文化来说，企业精神文化是一种更深层次的文化现象，在整个企业文化系统中，它处于核心的地位。

◆ 实践案例

一、某牧业（集团）有限公司企业文化案例

二、某动物药业有限公司企业文化案例

◆ 职业测试

1. 请指出上述企业文化实践案例包括了企业经营的哪些理念并进行简要分析说明。

2. 请结合上述企业文化实践案例分析说明企业文化的功能。

3. 上网查找畜牧兽医类企业资料，并对优秀企业的企业文化给予比较分析，总结企业文化的基本内容及撰写框架。

4. 请你谈谈优秀的企业文化与企业科学发展的关系。假设你是现代牧业（集团）有限公司的一名员工，你打算如何参与该集团的企业文化建设？

5. 假设你是某养殖集团的总经理，你觉得怎么做才能让员工有企业归属感并积极参与到企业文化建设中？

动物防疫设备使用

学校学时	6 学时	企业学时	6 学时
学习情境描述	依据《中华人民共和国动物防疫法》《病死及病害动物无害化处理技术规范》《动物免疫接种技术规范》等法律法规及行业规范，结合动物疫病防治员、动物检疫检验工等行业工种岗位职责要求，本项目设计为消毒设备使用、免疫设备使用及其他设备使用 3 个典型任务。学生学习后会使用养殖生产中常用的高压清洗机、紫外线灯、火焰喷灯、干热式灭菌器、高压蒸汽灭菌器、手动喷雾器、电动喷雾器、大功率喷洒机、消毒液机、臭氧空气消毒机、大型车辆消毒通道、金属注射器、连续注射器、疫苗冷藏箱、动物扑杀器、动物尸体焚化炉、尸体湿化机、尸体干化机、生物发酵池等设备设施		

学校学习目标	企业学习目标
1. 了解高压清洗机的用途、分类、安装及使用 2. 熟悉紫外线灯的类型、选择、安装及使用 3. 熟悉电热鼓风干燥箱的用途及操作规程 4. 了解火焰喷灯的类型及使用注意事项 5. 熟悉高压蒸汽灭菌器的类型、操作方法 6. 了解喷雾器的类型、操作步骤及使用注意事项 7. 了解消毒液机的类型、操作步骤及使用注意事项 8. 了解臭氧空气消毒机的用途、操作规程 9. 了解生物消毒发酵池的要求及利用规程 10. 熟悉普通注射器、兽用连续注射器的构造 11. 熟悉气溶胶气雾发生器的组成 12. 熟悉疫苗冷藏箱、液氮罐的使用方法 13. 熟悉动物扑杀器的类型和使用对象 14. 了解动物尸体焚化炉、动物尸体湿化机、动物尸体干化机的使用对象	1. 能熟练操作高压清洗机 2. 熟悉紫外线灯的安装与消毒时间 3. 会使用火焰喷灯消毒 4. 能熟练操作电动喷雾器 5. 会操作次氯酸钠消毒液机、二氧化氯发生器 6. 会操作臭氧空气消毒机 7. 熟悉大型车辆消毒通道的工作过程 8. 会利用生物消毒发酵池 9. 能熟练操作金属注射器、连续注射器 10. 能熟练操作气溶胶气雾发生器 11. 会使用疫苗冷藏箱及液氮罐 12. 会使用滴口瓶给动物免疫 13. 会使用动物扑杀器 14. 会操作动物尸体焚化炉、动物尸体湿化机、动物尸体干化机

任务 2-1 消毒设备使用

◆ 任务描述

消毒预防是重要的综合性防疫措施之一。及时正确的消毒能有效切断疫病传播途径，阻止疫病的进一步蔓延。在养殖业规模化、集约化和舍内高密度饲养的情况下，消毒工作更加重要，而熟悉消毒设备设施的分类、使用方法并能规范操作是科学顺利实施预防消毒的关键，因此相关从业人员在上岗实施消毒工作前必须熟练掌握消毒设备设施的使用。

◆ 能力目标

在学校教师和企业技师共同指导下，完成本任务学习后，希望学生获得：
（1）使用各类消毒设备的能力。
（2）查找不同消毒设备安装与使用的相关资料并获取信息的能力。
（3）制订消毒工作计划并解决问题的能力。
（4）在教师、技师或同学帮助下，主动参与评价自己及他人任务完成程度的能力。
（5）根据工作环境的变化，运用工作经验，自主地解决问题并不断反思的能力。
（6）主动参与小组活动，积极与他人沟通和交流，团队协作的能力。
（7）从事消毒岗位工作的能力。

◆ 学习内容

一、高压清洗机的安装与使用

1. 用途及分类 高压清洗机是依靠出水的冲击力大于污垢与物体表面的附着力，将污垢剥离、冲走，达到清洗物体表面目的的一种清洗设备。可用于冲洗养殖场场地、畜舍建筑、养殖场设施、设备、车辆等。按驱动引擎可分为电机驱动高压清洗机、汽油机驱动高压清洗机和柴油驱动清洗机三大类，有冷水高压清洗机和热水高压清洗机两种（图 2-1）。

图 2-1 高压清洗机

2. 高压清洗机的选择 选择高压清洗机应视生产中的使用时间及冷热水需要而定。如果每年使用清洗机的时间在 50h 以下，只需要购买小型、价廉的家用清洗机。使用时间在 100h 以上，则应考虑功能强大、使用寿命更长、价格相对较高的专业用高压清洗机。此外还应选择喷头，不同的喷头的清洗效果也不同。如圆形水柱喷头可以增加清洗效率，扇形喷头可以转动喷头作为低压喷雾（可喷肥皂水）及高压扇形水柱，低压刷头可以喷出低压水流轻轻刷洗等。

3. 安装步骤

（1）把主机安放于良好通风并且平坦的表面上固定。

（2）安装枪杆到枪柄。

（3）安装枪头到枪杆。

（4）连接枪柄和高压软管。

（5）将高压管接到主机高压泵头出水口端，拧紧水管接头。需避免车辆辗过高压管。

（6）把进水管连接到进水口，供应自来水至主机。

（7）连接电源线到三相电源。在连接电源之前，检查电源电压和频率，并与铭牌相对照。如果电源合适，插上插头。

（8）清洗机必须接在有确实地线的插座上，加装一个另外的安全断路器（30mA）将增加使用者的安全性。

（9）按下主机电源，有 2～3s 的自动运行，即可进行操作，用双手紧握枪把和枪杆把手，按下扳机开始作业（初次使用前需将喷嘴拆下并喷水 2～3min 以除去系统内异物）。

（10）在每次停止高压操作关掉主机后，请先扣枪柄扳机，把系统压力释放掉。若需要把配件如进水软管、高压管或枪管拆下，将其接头清洁干净然后用干净的塑料布/袋封好，以防沙石等异物进入，导致再度操作时损坏水泵、枪把及枪头。

4. 操作步骤

（1）将水龙头完全打开。

（2）扣动扳机几秒钟让空气排出以释放管路内的气压。

（3）保持扣压扳机，按动开关，启动电机。

（4）使用完后关闭清洗机、水龙头。

（5）释放残余压力，直到没有水从喷头流出。

（6）卡上扳机锁。

（7）拔出电源插头。

（8）在冬季应使用清洗机吸入无腐蚀性和剧毒性的防冰液后再存放。

5. 安全使用注意事项

（1）操作者应始终佩戴适当的护目镜、手套和面具，手和脚不接触清洗喷嘴。

（2）要经常检查所有的电接头。

（3）经常检查所有的液体。

（4）经常检查软管是否有裂缝和泄漏处。在检查所有软管接头都已在原位锁定之前，一定不要启动设备。在断开软管连接之前，总是要先释放掉清洗机里的压力。每次使用后要排干净软管里的水。

（5）当未使用喷枪时，总是需将设置扳机处于安全锁定状态。

（6）在满足清洗要求的前提下，尽可能地使用最低压力来工作。

（7）在接通供应水并让适当的水流过喷枪杆之前，一定不要启动设备。然后将所需要的清洗喷嘴连接到喷枪杆上。

（8）不要让高压清洗机在运转过程中处于无人监管的状态，不要将喷枪对着自己或其他人。

二、紫外线灯的安装与使用

紫外线灯能辐射出波长主要为 253.7nm 的紫外线，杀菌能力强而且较稳定。紫外线对不同的微生物灭活所需的照射量不同。革兰氏阴性无芽孢杆菌最易被紫外线杀死，而杀死葡萄球菌和链球菌等革兰氏阳性菌照射量则需加大 5～10 倍。病毒对紫外线的抵抗力更强一些。需氧芽孢杆菌的芽孢对紫外线的抵抗力比其繁殖体要高许多倍。

1. 紫外线灯类型　目前市售的紫外线灯（图 2-2）有多种形式，如直管形、H 形、U 形等，功率从几瓦到几十瓦不等，使用寿命在 300h 左右。常用的是热阴极低压汞灯。国内消毒用紫外线灯光的波长绝大多数在 253.7nm 左右。普通紫外线灯管由于照射时辐射部分 184.9nm 波长的紫外线，可产生臭氧，也称为臭氧紫外线灯。

2. 灯管安装　可参考国家卫生健康委员会颁布的《消毒技术规范》的规定，室内悬吊式紫外线消毒灯（图 2-3）安装数量，以 30W 紫外线灯（在垂直 1m 处辐射强度高于 70μ W/cm^2）为例，平均每 $20m^3$ 不少于 1 只，并且要求分布均匀、吊装高度距离地面 1.8～2.2m，连续照射不少于 30min。紫外线的辐射强度与辐射距离呈反比，悬挂太高，影响灭菌效果。如果是物体表面消毒，灯管距照射表面在 1m 以内，杀菌才有效。

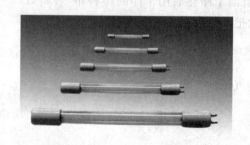

图 2-2　紫外线灯管

图 2-3　安装的紫外线灯　　紫外线消毒车的使用

3. 操作步骤　紫外灯主要分为固定式照射和移动式照射。固定式照射是将紫外线灯悬挂、固定在天花板或墙壁上，向下或侧向照射，该方式多用于需要经常进行空气消毒的场所，如兽医室、进场大门消毒室、无菌室等。移动式照射是将紫外线灯管装于活动式灯架下，适于不需要经常进行消毒或不便于安装紫外线灯管的场所，消毒效果依据照射强度不同而异，如达到足够的辐射度值，同样可获得较好的消毒效果。

（1）消毒前准备。根据消毒空间或消毒面积，合理配置紫外线灯。紫外线灯于室内温度 10～15℃，相对湿度 40%～60% 的环境中使用杀菌效果最佳。

（2）将电源线正确接入电源，合上开关。

（3）照射的时间应不少于 30min。否则杀菌效果不佳或无效，达不到消毒的目的。

（4）操作人员进入洁净区时应提前 10min 关掉紫外灯。

4. 使用注意事项

（1）紫外线对不同的微生物有不同的致死剂量，消毒时应根据微生物的种类而选择适宜的照射时间。

（2）在固定光源情况下，被照物体距离越远，效果越差，因此应根据被照面积、距离等因素安装紫外线灯（一般距离被消毒物2m左右）。

（3）紫外线对眼黏膜及视神经有损伤作用，对皮肤有刺激作用，所以人员应避免在紫外灯下工作，必要时需穿防护工作衣帽，并佩戴安全护目镜进行工作。

（4）照射消毒时，应关闭门窗。人不应该直视灯管，以免伤害眼睛（紫外线可以引起结膜炎和角膜炎）。人员照射消毒时间为20~30min。

（5）房间内存放着药物或原辅包装材料，而紫外灯开启后对其有影响和房间内有操作人员进行操作时，此房间不得开启紫外灯。

（6）紫外线灯管的清洁时用毛巾蘸取无水乙醇擦拭其灯管，不得用手直接接触灯管表面。

（7）紫外线灯的杀菌强度会随着使用时间逐渐衰减，故应在其杀菌强度降至70%后，及时更换紫外线灯，也就是紫外线灯使用1 400h后应及时更换。

三、电热鼓风干燥箱的使用

1. 电热鼓风干燥箱用途　电热鼓风干燥箱，通常采用数显温度调节仪进行温度控制，控温灵敏，操作简便，数字直接显示出工作温度。工作室温度可取室温至300℃之间任意恒温，灭菌时设定工作温度为160℃，维持2h可杀死细菌及芽孢。用途是对玻璃仪器如烧杯、烧瓶、试管、吸管、培养皿、玻璃注射器、针头、滑石粉、凡士林以及液体石蜡等干燥或灭菌，可按照兽医室规模进行配置（图2-4、图2-5）。

图2-4　电热鼓风干燥箱　　　　　　图2-5　干热式快速灭菌器

2. 操作规程

（1）干燥箱用于试样的烘熔、干燥或其他加热用。最高工作温度为300℃。干燥箱在环境温度不大于40℃，空气相对湿度不大于85%的条件下工作。

（2）用专用的插头插座，并用比电源线粗一倍的导线接地。使用前检查绝缘性能，并注意有否断路、短路及漏电现象。

（3）箱内放入温度计，打开电源调节温控旋钮到设定温度，至交流接触开关刚好断开时检查温度计的读数与设定值是否相符，如果有出入则进行微调，直至恒温温度符合设置温度。

（4）打开顶部或底部排气孔排除箱内湿气。

（5）试品钢板最大平均负荷为 15kg，切勿放置过重、过密试品，一定要留有空隙，工作室底板上不能放置试品。

（6）干燥箱内严禁放入易燃、易挥发物品，以防爆炸。

（7）通上电源，绿色指示灯亮，开启鼓风开关，鼓风电机运转，开启加热电源，干燥箱即进入工作状态。

（8）工作时，箱门不宜经常打开，以免影响恒温场。

（9）本设备无超温保护装置，故工作时应有专人监测箱内温度，一旦温度失控，应及时断电检查，以免发生事故。

3. 使用时注意事项

（1）接上电源后，即可开启 2 组加热开关，先开启鼓风机开关，使鼓风机工作，再将控制仪表的按键设置为所需温度。

（2）当温度升到所需温度时，指示灯灭。刚开始恒温时可能会出现温度继续上升，此乃余热影响，此现象半小时左右会趋于稳定。在恒温过程中，借助箱内控温器自动控温，不需要人工管理。

（3）恒温时可关闭一组加热开关，只留一组电热器工作，以免功率过大，影响恒温的灵敏度。

（4）该箱应放在室内水平处。

（5）应在供电线路中安装铁壳的闸刀开关一只，供此箱专用，并将外壳接地。

（6）通电前请检查本箱的电器性能，并应注意是否有断路或漏电现象。

（7）待一切准备就绪，可放入试品，关上箱门同时旋开顶部的排气阀，此时即可接上电源开始工作。

（8）不可任意卸下侧门，扰乱或改变线路，当该箱发生故障时可卸下侧门，按线路逐一检查。如有重大故障时，可与厂商联系。

（9）此箱为非防爆干燥箱，故易燃挥发物品切勿放入干燥箱内，以免发生爆炸。

（10）每台干燥箱附有试品搁板两块。放置试品时切勿过密与超载，以免影响热空气对流。同时在工作室底部散热板上不能放置试品以防过热而损坏试品。

四、火焰喷灯的使用

1. 火焰喷灯类型　火焰喷灯主要有专用型火焰喷灯和喷雾火焰兼用型两种，直接用火焰灼烧，可以立即杀死存在于消毒对象的全部病原微生物。

（1）专用型火焰喷灯（图 2-6A）。是利用汽油或煤油作燃料的一种工业用喷灯。因喷出的火焰具有很高的温度，所以在实践中常用于各种被病原体污染的金属制品消毒，如管理家畜用的用具，金属的笼具等。但在消毒时不要喷烧过久，以免将消毒物烧坏，在消毒时还应有一定的顺序，以免发生遗漏。

（2）喷雾火焰兼用型喷灯（图 2-6B）。产品特点是使用轻便，适用于大型机种无法操作的地方；易于携带，适宜室内外，小型及中型面积处理，方便快捷；操作容易；采用全不锈钢，机件坚固耐用。除上述特点外，还很节省药剂，可根据被使用的场所和目的，用旋转式药剂开关来调节药量；节省人工费用，用 1 台烟雾消毒器能达到 10 台手压式喷雾器的作业效率；喷雾器喷出的直径 5～30μm 的小粒子形成雾状浸透在每个角落，可取得良好的消毒效果。

图 2-6 火焰灭菌设备
A. 专用型火焰喷灯　B. 喷雾火焰兼用型喷灯

2. 使用注意事项

（1）喷灯是靠燃气产生高温的工具，由于喷灯是手持工具，其稳定性差，火焰温度高，又有一定压力，使用时必须谨慎。

（2）使用前应进行检查：油桶不得漏油，喷油嘴螺丝扣不得漏气，油桶内的油量不得超过油桶容积的 3/4，加油的螺丝塞应拧紧。

（3）禁止明火的工作区，严禁使用喷灯，附近有可燃物体和易燃物体的场所禁止使用喷灯；使用喷灯时，灯内压力及火焰应调整适当，工作场所不得靠近易燃物体，应使空气流通。

（4）严禁向使用煤油或柴油喷灯内注入汽油。

（5）喷灯加油时应灭火，待冷却后放尽油压，之后才能加油，喷灯用完后也应放尽压力，待冷却后放入工具箱妥善保管。

五、高压蒸汽灭菌器的使用

1. 手提式下排气式压力蒸汽灭菌器　手提式下排气式压力蒸汽灭菌器是畜牧生产中兽医室、实验室等部门常用的小型高压蒸汽灭菌器（图 2-7、图 2-8）。体积约 18L，重 10kg，这类灭菌器的下部有个排气孔，用来排放灭菌器内的冷空气。

图 2-7 普通高压蒸汽灭菌锅　　图 2-8 立式高压蒸汽灭菌锅

（1）操作方法。

①在容器内盛水约3L（如为电热式则加水至覆盖底部电热管）。

②将要消毒物品连同盛物的桶一起放入灭菌器内，将盖子上的排气软管插于铝桶内壁的方管中。

③盖好盖子，拧紧螺丝。

④加热，在水沸腾后1～15min，打开排气阀门，放出冷空气，待冷气放完关闭排气阀门，使压力逐渐上升至设定值，维持预定时间，停止加热，待压力降至常压时，排气后即可取出被消毒物品。

⑤若消毒液体，则应慢慢冷却，以防止因减压过快造成液体的猛烈沸腾而冲出瓶外，甚至造成玻璃瓶破裂。

（2）使用注意事项。

①消毒物品应先进行洗涤，再高压灭菌。

②压力蒸汽灭菌器内空气应充分排除。

高压蒸汽灭菌器的使用

③压力蒸汽灭菌的时间，应由灭菌器内达到要求温度时开始计算，至灭菌完成时为止。一般下排式压力蒸汽灭菌器总共所需灭菌时间为：115℃为30min，121℃为15min，126℃为10min。

④消毒物品的包装不能过大，体积不超过消毒器体积的85%，物品之间应保留适当的空间利于蒸汽的流通。

⑤加热速度不能太快。

⑥注意安全操作。高压灭菌前应先检查灭菌器是否处于良好的工作状态，尤其是安全阀是否良好；加热必须均匀，开启或关闭送气阀时动作应轻缓；加热和送气前应检查门或盖子是否关紧；灭菌完毕后减压不可过快。

2. 全自动立式高压蒸汽灭菌器

（1）全自动立式高压蒸汽灭菌器（图2-9）的操作步骤如下：

①旋转手轮拉开外桶盖，取出灭菌网篮，取出挡水板，关紧放水阀，每次灭菌前必须加入蒸馏水至刚浸到灭菌器内的筛板底部为准。

②放回挡水板和灭菌网篮，将被灭菌物品包扎好后，按顺序放在灭菌器内的筛板上。

③推进外桶盖，顺时针方向旋转手轮，旋紧外桶盖，使盖与桶体密合，注意不宜旋得太紧，以免损坏橡胶密封垫圈。

④用橡胶管一端连接在放气管上，另一端插入装有冷水的容器里，关紧手动放气阀（顺时针关紧，逆时针打开）。

图2-9 全自动立式高压蒸汽灭菌器

⑤开启电源开关接通电源，数显控制仪显示。此时可开始设定温度和灭菌时间，设定方法：按一下"设定"键，用▲▼设定温度值（℃），再按一下"设定"键，用▲▼设定定时时间（min），再按一下"设定"键，用▲▼校正温度，可输入密码，再按"设定"键即可进

入修改校正温度值,如果不输入密码或密码有误,再按一下"设定"键,自动返回到温度显示,完成设定;按一下"工作"键,"工作"指示灯亮,系统正常工作,进入自动控制灭菌过程;若门未关闭,按"工作"键,加热器电源不工作。

⑥在加热升温过程中,当温控仪显示温度小于102℃时,由温控仪控制的电磁阀将自动放气,排除灭菌桶内的冷空气,大于102℃时,自动停止放气,此时如还在大量放气,则手动放气阀未关紧,应及时把它关紧;当灭菌器内蒸汽压力(温度)升至所需灭菌压力(温度)值时,计时指示灯亮,灭菌开始计时。

⑦当灭菌完成时,电控装置将自动关闭加热电源,"工作"指示灯"计时"指示灯灭,并伴有蜂鸣声提醒,面板显示"End",此时灭菌结束,待容器内压力因冷却而下降至接近"零"位时,打开器盖取出样品。

(2)注意事项与维护。

①在设备使用中,应对安全阀加以维护和检查,当设备闲置较长时间重新使用时,应扳动安全阀上小扳手,检查阀芯是否灵活,防止因弹簧锈蚀影响安全阀起跳。

②设备工作时,当压力表指示超过0.165MPa时,安全阀不开启,应立即关闭电源,打开放气阀旋钮,当压力表指针回零时,稍等1~2min,再打开容器盖并及时更换安全阀。

③堆放灭菌物品时,严禁堵塞安全阀的出气孔,必须留出空间保证其畅通放气。

④每次使用前必须检查外桶的水量是否保持在灭菌桶搁脚处。

⑤当灭菌器持续工作,在进行新的灭菌作业时,应留有5min的时间,并打开上盖让设备有时间冷却。

⑥液体灭菌时,应将液体罐装在硬质的耐热玻璃瓶中,以不超过3/4体积为好,瓶口选用棉花纱塞,切勿使用未开孔的橡胶或软木塞。特别注意在液体灭菌结束时不准立即释放蒸汽,必须待压力表指针回复到零位后方可排放。

⑦对不同类型,不同灭菌要求的物品,如敷料和液体等,切勿放在一起灭菌,以免顾此失彼,造成损失。取放物品时注意不要被蒸汽烫伤(可戴上线手套)。

六、喷雾器的使用

(一)喷雾器类型

喷雾器有两种,一种是手动喷雾器,一种是机动喷雾器。手动喷雾器又有背负式、手压式两种,常用于小面积消毒。机动喷雾器又有背负式、担架式两种,常用于大面积消毒。喷雾法消毒是利用气泵将空气压缩,然后通过气雾发生器,使稀释的消毒剂形成一定大小的雾化粒子,均匀地悬浮于空气中,或均匀地覆盖于被消毒物体表面,达到消毒目的。

1. 背负式手动喷雾器 主要用于场地、畜舍、设施和带畜(禽)的喷雾消毒。产品结构简单,保养方便,喷洒效率高。常见的背负式手动喷雾器如图2-10所示。

2. 机动喷雾器

(1)动力喷雾器(图2-11、图2-12)。常用于场地消毒以及畜舍消毒。设备特点是:有动力装置;重量轻,振动小,噪声低;高压喷雾、高效、安全、经济、耐用;用少量的液体即可进行大面积消毒,且喷雾迅速。高压机动喷雾器主要由喷管、药水箱、燃料箱、高效二冲程发动机组成,使用中需注意佩戴防护面具或安全护目镜。操作者应佩戴合适的防噪声装置。

图2-10　常见的背负式手动喷雾器

图2-11 高压消毒喷雾器　　　图2-12　电动高压消毒清洗机　　电动高压喷雾器的使用

（2）大功率喷洒机（图2-13）。用于大面积喷洒环境消毒，尤其是在场区环境消毒、疫区环境消毒防疫中使用。产品特点是二冲程发动机强劲有力，不仅驱动着行驶，而且驱动着辐射式喷洒及活塞膜片式水泵。进、退各两挡使其具有爬坡能力及良好的地形适应性，快速离合及可调节手闸保证其在特殊的山坡上也能安全工作。主要结构是较大排气量的二冲程发动机带有变速装置如前进/后退，药箱容积相对较大，适宜连续消毒作业。每分钟喷洒量大，同时具有较大的喷洒压力，可胜任短时间内大量的消毒工作。

图2-13　大功率喷雾消毒机

（二）喷雾消毒的步骤

（1）器械与防护用品准备。喷雾器、天平、量筒、容器等。高筒靴、防护服、口罩、护目镜、橡胶手套、毛巾、肥皂等。消毒药品应根据病原微生物的抵抗力、消毒对象特点，选择高效低毒、使用简便、质量可靠、价格便宜、容易保存的消毒剂。

（2）配制消毒药。根据消毒药的性质，进行消毒药的配制，将配制的适量消毒药装入喷雾器中，以八成为宜。

（3）打气。感觉有一定反弹力时即可喷洒。

（4）喷洒。喷洒时将喷头高举空中，喷嘴向上以画圆圈方式先内后外逐步喷洒，使药液如雾一样缓缓下落。要喷到墙壁、屋顶、地面，以均匀湿润和畜禽体表稍湿为宜，不适用带畜禽消毒的消毒药，不得直喷畜禽。喷出的雾粒直径应控制在 $80 \sim 120 \mu m$，不要小于 $50 \mu m$。

（5）消毒完成后，当喷雾器内压力很强时，先打开旁边的小螺丝放完气，再打开桶盖，倒出剩余的药液，用清水将喷管、喷头和筒体冲干净，晾干或擦干后放在通风、阴凉、干燥处保存，切忌阳光暴晒。

（三）注意事项

（1）装药时，消毒剂中的不溶性杂质和沉渣不能进入喷雾器，以免在喷洒过程中出现喷头堵塞现象。

（2）药物不能装得太满，以八成为宜，否则，不易打气或造成筒身爆裂。

（3）气雾消毒效果的好坏与雾滴粒子大小以及雾滴均匀度密切相关。喷出的雾粒直径应控制在 $80 \sim 120 \mu m$，过大易造成喷雾不均匀和动物舍太潮湿，且在空中下降速度太快，与空气中的病原微生物、尘埃接触不充分，起不到消毒空气的作用；雾粒太小则易被动物吸入肺泡，诱发呼吸道疾病。

（4）喷雾时，房舍应密闭，关闭门、窗和通风口，减少空气流动。

（5）喷雾过程中要时时注意喷雾质量，发现问题或喷雾出现故障，应立即停止操作，进行校正或维修。

（6）使用者必须熟悉喷雾器的构造和性能，并按使用说明书操作。

（7）喷雾完成后，要用清水清洗喷雾器，让喷雾器充分干燥后，包装保存好，注意防止腐蚀。不要用去污剂或消毒剂清洗容器内部。定期保养。

（8）操作者进行喷雾消毒时应穿戴防护服，避免对现场第三方造成伤害。每次使用后，及时清理和冲洗喷雾器的容器和与化学药剂相接触的部件以及喷嘴、滤网、垫片、密封件等易耗件，以避免残液造成的腐蚀和损坏。

七、消毒液机的使用

消毒液机（图 2-14、图 2-15、图 2-16）是以食盐和水为原料，通过电化学方法生产次氯酸钠、二氧化氯复合含氯消毒剂的专用机器。所生产的次氯酸钠、二氧化氯形成了协同杀菌作用，具有更高的杀菌效果。由于可以现用现制、快速生产，适用于畜禽养殖场、屠宰场、运输车船、人员防护消毒以及发生疫情的病原污染区的大面积消毒。

由于消毒液机产品整体的技术水平参差不齐，养殖场在选择消毒液机类产品时，主要应注意 3 个方面：一是消毒液机是否能生产复合消毒剂；二是要注意消毒液机的安全性；三是使用寿命。在满足安全生产的前提下，选择安全系数高，药液产量、浓度正负误差小，使用寿命长的优质产品。好的消毒液机使用寿命可高达 30 000h，相当于每天使用 8h 可以使用 10 年时间。

图 2-14 消毒液机

图 2-15 次氯酸钠消毒液机

图 2-16 二氧化氯发生器

（一）次氯酸钠消毒液机的使用

1. 开机前的准备 ①检查设备有无损坏。并仔细阅读有关使用说明书。②按前面的安装方法正确安装，并用清水加压检查连接管路有无渗漏。③检查控制箱接线是否正确。④检查加药管道，将背压阀处球阀打开，保证加药管路畅通。⑤检查贮药罐中药液是否充足。

消毒液机的使用

2. 次氯酸钠药液的调配 ①市面上的次氯酸钠原液纯度为 10%，为了精确投加，可稀释成 1% 的次氯酸钠溶液。设备的药箱体积为 200L，即往药箱中加 20L 药，180L 水，合计 200L 溶液，约 8d 加一次。②加药量的计算。每 1 000L 水投加 0.3g 的次氯酸钠（有效氯），能达到水中含氯量 0.1~0.3mg/L 的浓度，保证水中病原微生物被全部杀死，且管网末梢残留余氯。③注意在调配次氯酸钠溶液和向药箱中添加时，一定注意不要洒在身体和衣服上，此消毒液有很强的氧化性和腐蚀性。

3. 开机与关机操作步骤 ①计量泵第一次运行时，应逆时针打开排气阀，待有药液流出后，拧紧接头，此时泵正常投药。②将计量泵的频率旋钮调至 50% 左右，将电控箱开关旋至启动位置，开机运行。③计量泵根据说明书选择 4~20mA 档位，根据出药情况手动旋动频率百分比旋钮，校正计量泵给定频率，计量泵能根据外部流量信号自动调节出药量，使投药量满足要求，以满足变化的水质和水量，保证投药量的恒定。④关机时，将电控箱开关旋至停止位置即可。

4. 注意事项 ①计量泵工作 800h 后，要使用工具再次拧紧可能松动的固定螺栓。②当设备长时间不用时，应打开放空阀，将系统内的残余药液放净。并用清水清洗设备：底阀放入清水中运行计量泵 20min。③冬季注意保温，必须将设备置于具有保温设施的房间内。室内温度不得低于 0℃。④定期清理。应定期清理底阀过滤网，避免颗粒杂质堵塞管路。⑤药量调节，根据所用消毒剂和待处理水水质不同，每次加药后应手动调解加药计量泵的给定频率，以符合水质变化。

（二）二氧化氯发生器的使用

1. 开机前的检查 ①原料的准备。如二氧化氯发生器使用的原料为 25% 液体亚氯酸钠、31%~33% 浓盐酸，这两种原料均可从市场上直接购买，无须再经稀释、配制。②检查二氧化氯发生器所用盐酸、亚氯酸钠两根原料软管是否插入到各自的原料桶中。③检查二氧化氯发生器的压力水（自来水）的阀门是否打开（调节正常后一般不需再次调节）。④检查二氧化氯发生器冲洗水的两只阀门是否关闭。⑤检查二氧化氯发生器二氧化氯溶液出口的阀门是否打开，如仅开一台二氧化氯发生器则应同时将另一台二氧化氯发生器二氧化氯溶液出口的阀门关闭。⑥检查总控开关箱上对应的总开关、投加泵、计量泵开关是否合上。

2. 开机　①按下二氧化氯发生器上的增压泵按钮开关，此时二氧化氯发生器即将产生的二氧化氯溶液投加到所处理的水中，同时计量泵的指示灯亮（绿灯）。②按下二氧化氯发生器上的计量泵按钮开关，此时二氧化氯发生器即产生二氧化氯溶液，同时增压泵的指示灯亮（绿灯）。

3. 停机　首先按下二氧化氯发生器上的增压泵及计量泵的按钮开关，直至增压泵及计量泵的指示灯均熄灭，仅留有电源指示灯亮着；然后打开冲洗水的阀门，用冲洗水冲洗发生器装置 10～20min。

4. 注意事项　①二氧化氯发生器采用独特的设计使增压泵间歇式工作，间歇式发生二氧化氯，这样可节约电耗。增压泵的起动主要由二氧化氯溶液储罐的液体来控制，低液位，泵启动；高液位，泵停止；极低液位及极高液位时，系统电源自动切断并报警，增压泵、计量泵均不再工作。设备自动化程度高，无须专人值守。②二氧化氯发生器运行时应及时检查原料桶中是否有原料，发生器是否吸入原料，如不吸原料应及时排除故障。③单台二氧化氯发生器连续运行 250kg 原料后应及时更换原料过滤器的滤芯。④短时间停机检修时需先切断安装在墙壁上总控开关箱里的总电源开关，直至二氧化氯发生器上电源指示灯熄灭。根据检修对象及步骤确定切断盐酸、亚氯酸钠的供应，关闭供应给增压的自来水供应阀门。

八、臭氧空气消毒机的使用

1. 用途　主要用于养殖场兽医室、大门口消毒室的环境空气的消毒，生产车间的空气消毒，如屠宰行业的生产车间、畜禽产品的加工车间及其他洁净区的消毒。臭氧是一种强氧化杀菌剂，消毒时呈弥漫扩散方式，因此消毒彻底、无死角，消毒效果好。O_3 稳定性极差，常温下 30min 后自行分解，因此消毒后无残留毒性，被公认为"洁净消毒剂"。图 2-17、图 2-18 是常用的臭氧空气消毒机。

图 2-17　两款移动式臭氧消毒机　　　　　图 2-18　壁挂式臭氧空气消毒机

2. 操作规程 ①将产品放置在待消毒场内的特定（平稳、散热良好）位置，为达到最佳的臭氧消毒效果，须关闭门窗；②接通电源，电压表显示当前电压，轻轻揭开时间继电器的外壳，根据实际使用需要，调试时间继电器使其与空间消毒相对应的消毒时间项一致（具体操作参考时间继电器安装使用说明书）；③打开设备开关，指示灯亮，延时数秒（根据当前空气湿度情况而定，湿度越大，时间越长，一般1～30s），电流表显示当前电流；④根据实际使用需要调节臭氧浓度，机器顶上的臭氧风口有臭氧输出，独特的大风口设计，臭氧在短时间内充满空间，达到更好的消毒灭菌效果。

九、大型车辆消毒通道的利用

全自动喷雾车辆消毒通道（图2-19），采用地感测控技术，实现无人值守车辆防疫消毒；当需要消毒的车辆行驶至消毒通道时，消毒系统自动启动；当消毒车辆离开车辆消毒通道时，消毒系统自动关闭，同时车辆消毒通道进入待机状态，等待下一辆消毒车辆。喷雾时广角扇面喷射30～100μm超微粒子，对车辆前、后、上、下、左、右六面喷射，喷射范围广，消毒均匀、彻底。整套消毒系统可安装任何平整地面，能迅速移动和安装，既可永久固定使用也可应急使用。

图2-19　全自动喷雾车辆消毒通道

1. 用途　对畜牧养殖场、农场、饲料厂、屠宰场、畜禽交易市场、畜牧工业园区进出口通行的车辆消毒；发生紧急疫情时，安装于疫区高速公路、收费站、省界道口等实施车辆防疫消毒；此外，该设备具有高压清洗用途，可对进出车辆进行清洗。

2. 消毒方法　①车辆的构造为厢式货车或栏式多层货车时，采取整车消毒的方法，包括车辆轮胎的侧面，底面及上部等进行全方位消毒，消毒时喷出的药液将车体浸湿时效果最佳。②消毒设施通过感应控制，以超低容量高压喷雾的方式，短时间、高效地进行消毒。③喷雾设施设有防冻装置，在−40℃环境下可无故障正常运行。喷雾管路设有自动排空及防冻装置。

3. 车辆消毒过程　车辆进入→感应器感应→阻止栏杆启动（下降）→车辆停止→启动电机、高压泵，启动自动投药机→消毒药剂喷出→停止喷药→自动投药机停止→阻止栏杆启动（上升）→车辆离开。

车辆消毒通道

十、生物消毒发酵池的利用

生物消毒常用于废弃物处理，其设施主要有发酵池或沼气池。发酵池的结构见图2-20。

发酵池适用于动物养殖场，多用于稀粪便的发酵处理。

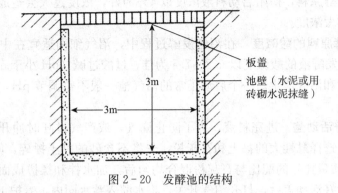

图 2-20　发酵池的结构

（一）生物消毒发酵池利用规程

（1）选址。要求距离养殖场 200m 以外，远离居民、河流、水源等。

（2）修建消毒池。用砖或水泥砌成圆形或方形的池子。

（3）装入粪便污物。先在池底放一层干粪，然后将每天清理的粪便污物等倒入池内。

（4）封池。快满时在表面盖一层干粪或杂草，再封上泥土，盖上盖板，以利于发酵和保持卫生。

（5）出粪清池。根据季节不同，经 1～3 个月发酵即可出粪清池，此期间可两个或多个发酵池轮换使用。

（二）生物消毒发酵池的要求

新建成的或已大换料的沼气池，从进料开始，到能够正常而稳定地产生沼气的过程称为沼气发酵的启动。为了使新建的沼气池产气快、产气好，初次装料时应达到以下要求：

1. 加入丰富的接种物　为了加快沼气发酵启动的速度和提高沼气池产气量，要向沼气池加入含有丰富沼气细菌的物质，称为接种物。收集一定量的优质接种物，要达到发酵原料的 10%～30%，把接种物和发酵原料均匀混合，加入池内。如果接种物太少，可进行扩大培养，将收集的接种物和大于接种物 3 倍的发酵原料均匀混合，进行厌氧富集培养，每天搅动一次，待正常产气时和发酵原料混合入池。

2. 原料的预处理　当接种物用量小于 10% 或原料为风干粪、人粪、鲜羊粪、鲜禽粪等时，在入池前必须进行预处理，进行堆沤使发酵细菌大量繁殖，减缓酸化作用，防止结壳。将原料加水拌匀，加水量以料堆下部不出水为宜，料堆上加盖塑料膜，以便聚集热量和菌种的繁殖。水温在 15℃ 左右堆沤 4d，20℃ 以上堆沤 2～3d。

3. 选用优质的发酵原料　沼气发酵原料是产生沼气的物质基础，各种有机物质，如畜禽尿、作物秸秆、农副产品加工的废水剩渣及生活污水都可作为沼气发酵原料。碳氮比调整为（20～30）：1 加快发酵速度，提高产气量。不要单独用鸡粪、人粪和红薯渣启动，这类原料在沼气细菌少的情况下，料液容易酸化，使发酵不能正常进行。

4. 掌握好发酵料液浓度和水量　家用沼气池发酵原料一般用总固体浓度来表示发酵料液浓度。它是指原料的总固体（干物质）质量占发酵料液质量的百分比。一般第一次加料为池体积的 80%～85%，$6m^3$ 的池子加 4.8～5.1m^3；$8m^3$ 的池子加 6.4～6.8m^3；$10m^3$ 的池子加 8～8.5m^3。一次性投料一定要超过进、出料管下口上沿 15cm，以封闭发酵间。第一次投料浓度一般采用 6% 以下，夏季浓度以 6%～8% 为宜，低温季节以 10%～12% 为宜。以禽粪、人粪为主的发酵原料，初始启动料液浓度以 4% 为好，浓度过大会造成料液酸化，待产气正常后再逐渐加大浓度。

5. 调节好发酵原料的酸碱度　在沼气发酵过程中，沼气细菌适宜在中性或微碱的环境中生长繁殖。池中发酵液的酸碱度以 6.8～7.5 为佳，过酸过碱（pH 小于 5.0 或 pH 大于 8）都不利于原料发酵和沼气产生。一个启动正常的沼气池一般不需调节 pH，在发酵过程中可自动调节达到平衡。

6. 仔细密封好活动盖　进完料液，为了防止漏气，或产气过旺时冲开活动盖，必须对活动盖进行密封。选择黏性大的黏土和石灰粉，先将不含砂的黏土捶碎，筛去粗粒和杂物，按（3～5）：1（质量比）的配比与石灰粉混合均匀后，加水拌和揉搓成面团状，即可用来密封活动盖。密封好活动盖后，打开沼气开关，将水灌入蓄水圈内，养护 1～2d 就可关闭开关使用。

7. 启动与放气试火　选择晴天将预处理的原料和准备好的接种物混合后投入池内，加水密封好活动盖，3～5d 后试火。初期，所产生的气体主要是酸化作用产生的二氧化碳，同时封池时气箱内有大量空气，气体中甲烷含量低，不能燃烧。所以，当沼气压力表上的水柱达到 40cm 以上时，应放气试火。第一次放出的主要是二氧化碳和空气，一般点不着。第二次当压力表上升到 20cm 以上水柱时，再次试火，如果能点燃，说明沼气发酵已经正常启动，以后即可使用。

（三）注意事项

（1）生物发酵消毒法不能杀灭芽孢，若粪便中含有炭疽、气肿疽等芽孢杆菌时，则应焚毁或加有效化学药品处理。

（2）为减少堆肥过程中产生的有机酸，促进纤维分解菌的生长繁殖，可加入适量的草木灰、石灰等调节 pH。

（3）在粪便中加入 10%～20% 已腐熟的堆肥土，可增加高温纤维菌的含量，促进发酵。

（4）堆肥池内温度一般以 50～60℃ 为宜，气温高有利于提高堆肥效果和堆肥速度。

◆ 职业测试

1. 判断题

（1）高压清洗机是依靠出水的冲击力大于污垢与物体表面附着力，将污垢剥离、冲走，达到清洗物体表面的一种清洗设备。　　　　　　　　　　　　　　　　（　　）

（2）高压清洗机可用于冲洗养殖场场地、畜舍建筑、养殖场设施、设备、车辆等。　　　　　　　　　　　　　　　　　　　　　　　　　　　　　　（　　）

（3）高压清洗机容器内的液体要经常检查。　　　　　　　　　　　　　（　　）

（4）应经常检查高压清洗机软管是否有裂缝和泄漏处。在检查确定所有软管接头都在原位锁定之前，不要启动设备。在断开软管连接之前，总是要先释放掉清洗机的压力。每次使用后要排干净软管里的水。　　　　　　　　　　　　　　　　　（　　）

（5）高压清洗机在未使用喷枪时，总是需将设置扳机处于安全锁定状态。（　　）

（6）高压清洗剂在满足清洗要求的前提下，尽可能地使用最低压力来工作。（　　）

（7）高压清洗机在接通供应水并让适当的水流过喷枪杆之前，决不要启动设备。然后将

所需要的清洗喷嘴连接到喷枪杆上。 （　　）

（8）不要让高压清洗机在运转过程中处于无人监管的状态。不要将喷枪对着自己或其他人。 （　　）

（9）紫外灯管的清洁，应用毛巾蘸取无水乙醇擦拭其灯管，并不得用手直接接触灯管表面。 （　　）

（10）紫外灯的杀菌强度会随着使用时间逐渐衰减，故应在其杀菌强度降至70%后，及时更换紫外灯，也就是紫外灯使用1 400h后更换紫外灯。 （　　）

（11）在粪便中加入10%～20%已腐熟的堆肥土，可增加高温纤维菌的含量，促进发酵。 （　　）

（12）紫外线灯操作人员进入洁净区时应提前10min关掉紫外线灯。 （　　）

（13）紫外线对不同的微生物有不同的致死剂量，消毒时应根据微生物的种类选择适宜的照射时间。 （　　）

（14）种蛋室空气消毒常用的方法是紫外线消毒。 （　　）

（15）喷雾器有两种，一种是手动喷雾器，一种是机动喷雾器。 （　　）

（16）高压蒸汽灭菌器加热，水沸腾1～15min，打开排气阀门，放出冷空气，待冷气放完关闭排气阀门，使压力逐渐上升至设定值，维持预定时间，停止加热，待压力降至常压时，排气后即可取出被消毒物品。 （　　）

（17）高压蒸汽灭菌器若消毒液体时，则应慢慢冷却，以防止因减压过快造成液体的猛烈沸腾而冲出瓶外，甚至造成玻璃瓶破裂。 （　　）

（18）消毒是采用物理、化学或生物学措施杀灭病原微生物，主要是指将传播媒介中的病原杀灭或清除。 （　　）

（19）粪便多采用生物热消毒法消毒。 （　　）

（20）煮沸消毒可以利用沸水的高温作用杀死全部细菌及芽孢。 （　　）

（21）紫外线消毒的缺点是不能穿透不透明物体和普通玻璃。 （　　）

2. 实践操作题

（1）养殖场运输饲料、药品、活猪的车辆进场常携带病原，必须严格消毒处理。某养殖场的运输车辆现需要消毒，请选择适宜的消毒设备，并实施消毒。

（2）高压蒸汽灭菌器是养殖场兽医室、畜牧兽医类实验室等用来高压灭菌的重要设备。常用于玻璃器皿、纱布、金属器械、培养基、橡胶制品、生理盐水、针具等消毒灭菌。请用普通手提式高压蒸汽灭菌器对1 000mL普通琼脂培养基进行消毒。

（3）江苏省泰州市某奶牛场饲养300头奶牛，请为该场提供一份消毒设备需求清单，并为该场设计一个生物消毒发酵池建设方案。

任务2-2　免疫设备使用

◆ 任务描述

动物免疫的目的是将易感动物群转变为非易感动物群，从而降低疫病带来的损失。生产中免疫所用药物的种类不同、剂型不同、饲养规模不同，需选择合适的免疫设备，并结合免疫对象实际，选择合理的免疫途径，以此提高动物机体的免疫应答能力，从而使某一免疫程序适用于特定动物群，并在实施免疫后起到降低特定动物群体发病率的作用。

◆ 能力目标

在学校教师和企业技师共同指导下，完成本学习任务后，希望学生获得：

（1）熟练操作各类免疫设备、工具的能力。

（2）学习动物免疫新知识和预防接种新技术的能力。

（3）查找不同免疫设备安装与使用的相关资料并获取信息的能力。

（4）根据动物预防接种工作计划选用免疫设备、工具的能力。

（5）在教师、技师或同学帮助下，主动参与评价自己及他人任务完成程度的能力。

（6）根据工作需要，自主地解决免疫设备、工具问题的能力。

（7）经过完整实际工作过程训练，从事动物免疫工作岗位的能力。

◆ 学习内容

一、注射器的安装与使用

（一）连续注射器的使用

1. 构成　主要由支架、玻璃管、金属活塞及单向导流阀等组件组成。连续注射器（图2-21）的特点是能够按照动物防疫员调节好的免疫剂量自动吸取疫苗，以达到连续注射的目的。连续注射器有多种款式，每次最大注射剂量一般为2～5mL，最大误差不超过2%。连续注射器适宜进行皮下、肌内注射，家禽防疫时常用。注射时宜平行操作，防止疫苗中的极少量气体进入动物体内。使用后要及时用清水冲洗干净、消毒、晾干后备用。

图2-21　连续注射器　　　　　　　　　　　　　2mL连续注射器的使用

2. 作用原理　单向导流阀在进、出药口分别设有自动阀门，当活塞推进时，出口阀打开而进口阀关闭，药液由出口阀射出，当活塞后退时，出口阀关闭而进口阀打开，药液由进口吸入玻璃管。

3. 适用范围　适用于家禽、小动物注射。防疫用金属针头一般分为牛用、猪（羊）用和家禽用三种。家禽使用9～12号针头为宜，应按家禽的大小及胖瘦程度确定。仔猪使用12～16号（2.5cm）针头，育成猪和成年猪使用16～18号（4.0cm）针头，牛使用16～20号（4.0cm）针头，绵羊和山羊使用12～18号（2.5～4.0cm）针头。防疫注射针头使用频率高、损耗大，一方面要选购正规厂家生产的质量好的针头，另一方面防疫时应尽量多准备一些各种规格的备用针头。防疫中要经常检查针头是否完好，有无针尖卷曲、起刺或堵塞等现象，已损坏的或无法再利用的均应无害化废弃。注射器和针头应洁净无菌。一支注射器只能用于一种疫苗的接种，接种时针头要逐头（只）更换。

4. 使用方法及注意事项 ①调整所需剂量并用锁定螺栓锁定，注意所设定的剂量应该是金属活塞前后移动的刻度数。②药剂导管插入药物容器内，同时容器瓶再插入一支进空气用的针头，使容器与外界相通，避免容器产生负压，最后针头朝上连续推动活塞，排出注射器内空气直至药剂充满玻璃管，即可开始注射动物。③特别注意注射过程要经常检查玻璃管内是否存在空气，有空气立即排空，否则影响注射剂量。

5. 保养方法 ①连续注射器使用后及时用蒸馏水或烧开过的水彻底洗净各部位，以免药液残留。②用医用硅油或石蜡涂抹转向阀和 O 形圈，用干净布擦干零部件后组装包好，放干燥处保存。

（二）金属注射器的使用

1. 构成 主要由金属支架、玻璃管、橡皮活塞、剂量螺栓等组件组成，最大剂量有10mL、20mL、30mL、50mL 等 4 种规格，特点是轻便、耐用、剂量大，适用于猪、牛、羊等中大型动物注射。图 2 - 22 为一款兽用金属注射器。

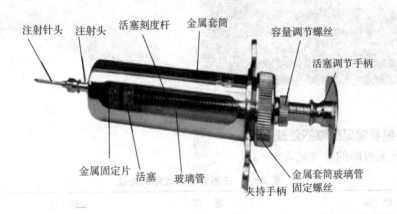

图 2 - 22　兽用金属注射器

2. 使用方法

（1）装配金属注射器。先将玻璃管置于金属套管内，插入活塞，拧紧套筒玻璃管固定螺丝，旋转活塞调节手柄至适当松紧度。

（2）检查是否漏水。抽取清洁水数次，以左手食指轻压注射器药液出口，拇指及其余三指握住金属套管，右手轻拉手柄至一定距离（感觉到有一定阻力），松开手柄后活塞可自动回复原位，则表明各处接合紧密，不会漏水，即可使用。若拉动手柄无阻力，松开手柄，活塞不能回原位，则表明接合不紧密，应检查固定螺丝是否上正拧紧，或活塞是否太松，经调整后，再行抽试，直至符合要求为止。

（3）针头的安装。消毒后的针头，用医用镊子夹取针头座，套上注射器针座，顺时针旋转半圈并略施向下压力，针头装上；反之，逆时针旋转半圈并略施向外拉力，针头卸下。

（4）装药剂。利用真空把药剂从药物容器中吸入玻璃管内，装药剂时应注意先把适量空气注进容器中，避免容器内产生负压而吸不出药剂。剂量一般掌握在最大剂量的 50% 左右，吸药剂完毕，针头朝上排空管内空气，最后按需要剂量调整计量螺栓至所需刻度，每注射一次动物调整一次。

3. 注意事项

（1）金属注射器不宜用高压蒸汽灭菌或干热灭菌，因其中的橡皮圈及垫圈易于老化。一般使用煮沸消毒法灭菌。

（2）每注射一次动物都应调整计量螺栓。

（三）玻璃注射器的使用

玻璃注射器由针筒和活塞两部分组成（图 2-23）。通常在针筒和活塞后端有数字号码，同一注射器针筒和活塞的号码相同。使用玻璃注射器的注意事项包括以下三项：

（1）使用玻璃注射器时，针筒前端连接针头的注射器头易折断，应小心使用。

（2）活塞部分要保持清洁，否则可使注射器活塞的推动困难，甚至损坏注射器。

（3）使用玻璃注射器消毒时，要将针筒和活塞分开用纱布包裹，消毒后装配时针筒和活塞要配套安装，否则易损坏或不能使用。

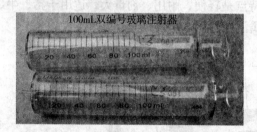

图 2-23　玻璃注射器

（四）注射器常见故障的处理

注射器常见故障的处理见表 2-1。

表 2-1　注射器常见故障的处理

故　障	原　因	处理方法	注射器种类
药剂泄露	装配过松	拧紧	金属、连续
药剂反流活塞背后	活塞过松	拧紧	金属
推药时费劲	活塞过紧	放松	金属
	玻璃盖磨损	更换	金属
药剂打不出去	针头堵塞	更换	金属、连续
活塞松紧无法调整	橡胶活塞老化	更换	金属
空气排不尽（或装药时玻璃管有空气）	装配过松	拧紧	连续
	出口阀有杂物	清除	连续
	导流管破洞	更换	连续
	金属活塞老化	更换活塞和玻璃管	连续
注射推药力度突然变轻	进口阀有杂物，药剂回流	清除	连续
药剂进入玻璃管缓慢或不进入	容器产生负压	更换或调整容器上的吸入阀或释放阀	连续

(五) 断针的处理

出现断针事故时，可采用下列方法处理。

(1) 残端部分针身显露于体外时，可用手指或镊子将针取出。

(2) 断端与皮肤相平或稍凹陷于体内者时，可用左手拇指、食指垂直向下挤压针孔两侧，使断针暴露体外，右手持镊子将针取出。

(3) 断针完全深入皮下或肌肉深层时，应进行标识处理。

为了防止断针，注射过程中应注意以下事项：

(1) 在注射前应认真仔细地检查针具，对认为不符合质量要求的针具，应剔出不用。

(2) 避免过猛、过强地行针。

(3) 在行针过程中，如发现弯针时，应立即出针，切不可强行刺入。

(4) 对于滞针等要及时正确地处理，不可强行硬拔。

二、气雾免疫机的使用

气雾免疫机适用于牛、羊、禽的大群气雾免疫，可分为汽油动力和电动力两种。

1. 汽油动力气雾免疫机　该机型主要用于牧区大群牲畜布鲁氏菌疫苗免疫等。汽油动力气雾免疫机主要由汽油机、空气压缩机、气雾喷枪、储气罐、贮液瓶等构成（图 2-24）通过传动装置驱动空气压缩机，压缩空气经储气罐稳压、冷却后，经胶管送入气雾喷枪，使贮液瓶内的药液（疫苗）在负压作用下，通过气雾喷枪喷出呈 10 μm 以下的气雾微粒，悬浮于空气中，使牲畜通过呼吸道吸入体内（肺部）产生免疫效果。

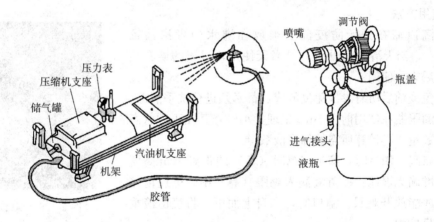

图 2-24　汽油动力气雾免疫机结构

2. 电动气雾免疫机　这是一种小型气雾免疫机，主要用于禽群的气雾免疫。该机开关设在喷头手握处，操作方便、射程远，喷头可 360°旋转，操作过程无死角、噪声低、雾滴粒度均匀、药液不回流。图 2-25 为一款电动气溶胶气雾发生器。

(1) 操作方法。使用前仔细阅读使用说明书。将配好的药液装入气雾免疫机储药箱中，并拧紧储药箱盖。将给药机电源插头连接到可移动电源上。打开给药机启动开关，旋转流量旋钮，调整雾滴大小、流量、喷距至最佳位置，进行操作。操作完毕，关闭给药机开关。加入清水，清除药液，开机片刻，收好存放。

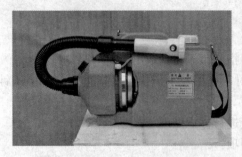

图 2-25 电动气溶胶气雾发生器（左）及其喷头构造（右）

（2）注意事项。使用前应检验电源线及插头、插座，安装接地保护，确保用电安全。储药箱溶液不超过规定容量，操作时储药箱稍保持前高后低。使用过程中，操作人员须有防护、戴口罩、眼镜，以免药物接触造成不良反应。给药机进气阀保持清洁，以免杂物进入损坏主机。操作时喷头禁止对准人体。

（3）常见故障及排除方法。如机器不运转，可能是由电源线断路、机器开关故障、电压低或主机故障造成的，此时应检查线路、插座、开关、电压是否正常，如主机故障应联系生产厂家维修；如不能喷雾或喷雾量小，则可能是进气阀或喷头有阻塞，应清除阻塞物，也可能是送风管密封不好或储药箱输水管损坏所致，此时应更换送风管或输水管。

三、滴口瓶的使用

滴口瓶（图 2-26）主要应用于家禽的点眼、滴鼻、滴口免疫。

1. 使用方法

（1）滴口瓶在开始防疫前必须放在沸水中煮沸消毒30min 左右，当天清洗消毒后只供当天使用，过夜的器具须重新消毒后方可使用。

（2）免疫前后所有参加免疫的成员都必须进行洗手消毒。

（3）滴眼瓶在使用前用 1mL 生理盐水检查其在正常状态下的水滴数量，再计算所需的稀释液数量。

（4）点眼、滴鼻时，滴头与鸡眼（鼻）的距离 1cm 高度往下滴，准确无误地将疫苗液滴入鸡眼（鼻）中，待疫苗完全吸收后才能放开鸡只。滴口时，应自上而下，将疫苗液垂直滴入禽只口中。

图 2-26 滴口瓶

2. 注意事项

（1）每次分装配好的疫苗液时，所取的量不得超过 5mL，剩下的疫苗液要封好瓶口，放入冰袋下面。

（2）免疫时不能将滴口瓶靠近手心。

（3）免疫后滴口瓶必须经过 100℃沸水消毒处理，保管好备用。

四、疫苗冷藏箱的使用

疫苗对温度敏感，从疫苗制造的厂家到疫苗使用的现场之间的每一个环节，都可能因温度过高而导致其失效。为了保证计划免疫所应用的疫苗从生产、贮存、运输、分发到使用的整个过程有妥善的冷藏设备，使疫苗始终置于规定的保冷状态之下，保证疫苗的合理效价不受损害，需要储存、运输冷藏设施、设备即疫苗冷藏箱。

1. 结构疫苗冷藏箱（图2-27）　主要采用食品级的环保材料，配有不锈钢锁扣，底部配有橡胶防滑垫，无毒无味，抗紫外线，不易变色，表面光滑，容易清洗，保温效果好，不怕摔碰，可终身使用。产品配合冰袋使用，保冷效果更好。持续冷藏保温时间可达数天。

图2-27　疫苗冷藏箱

2. 保温效果　将冰袋放入－20℃冰柜里冷冻24h充分蓄冷。按照标准配置，疫苗冷藏箱内温度保持在8℃以下可以达到90h，适用于各种中远距离低温药品运输。

五、液氮罐的使用

液氮罐（图2-28）可用于保存马立克氏病疫苗，液氮罐使用是否正确，直接影响疫苗的使用效果。

1. 液氮罐的检查　在充填液氮之前，首先要检查外壳有无凹陷，真空排气口是否完好。若被碰坏，真空度则会降低，严重时进气不能保温，这样罐上部会结霜，液氮损耗大，失去继续使用的价值。其次，检查罐的内部，若有异物，必须取出，以防内胆被腐蚀。液氮罐上真空嘴、安全阀的封条及铅封不能损坏。

图2-28　液氮罐

2. 液氮罐的放置　液氮罐要存放在通风良好的阴凉处，不要在太阳光下直晒。由于其制造精密及其固有特性，无论在使用或存放时，液氮罐均不准倾斜、横放、倒置、堆压、相互撞击或与其他物件碰撞，要做到轻拿轻放并始终保持直立。

3. 液氮罐的保管　液氮罐闲置不用时，要用清水冲洗干净，将水排净，用鼓风机吹干，常温下放置待用。具体的刷洗办法：首先把液氮罐内提筒取出，液氮移出，放置2~3d，待罐内温度上升到0℃左右，再倒入30℃左右的温水，用布擦洗。然后再用清水冲洗数次，放在室内安全不易翻倒处，自然风干，或如前所述用鼓风机风干。注意在整个刷洗过程中，动作要轻缓，倒入水的温度不可超过40℃，总质量不超过2kg为宜。

4. 液氮补充　不立即使用的马立克氏病疫苗要进行保存。在保存过程中，要定期给盛放疫苗的液氮罐补氮。根据磅秤显示质量及实际情况定期补充液氮（一般每周补充 2 次），并做好记录。从补氮罐向疫苗罐倒液氮时，要戴塑胶手套，面部远离罐体或戴上防护罩。将液氮罐放在阴暗、通风、安全的地方，最好与宿舍、仓库、办公室等保持一定的距离。液氮保存的疫苗最好由专人负责保管。

◆ 职业测试

1. 判断题

（1）兽用连续注射器主要由支架、玻璃管、金属活塞及单向导流阀等组件组成。（　　）

（2）兽用连续注射器一般每次最大注射剂量为 2～5mL，最大误差不超过 2%。（　　）

（3）金属注射器不宜采用高压蒸汽灭菌或干热灭菌法，因其中的橡皮圈及垫圈易于老化。一般使用煮沸消毒法灭菌。　　　　　　　　　　　　　　　　　　　　（　　）

（4）金属注射器每接种一头动物都应调整计量螺栓。　　　　　　　　　　　（　　）

（5）使用玻璃注射器时，针筒前端连接针头的注射器头易折断，应小心使用。（　　）

（6）活塞部分要保持清洁，否则可使注射器活塞的推动困难，甚至损坏注射器。（　　）

（7）玻璃注射器消毒时，要将针筒和活塞分开用纱布包裹，消毒后的针筒和活塞要配套安装，否则易损坏或不能使用。　　　　　　　　　　　　　　　　　　　　　（　　）

（8）疫苗冷藏箱是指为保证疫苗从疫苗生产企业到接种单位运转过程中的质量而装备的储存、运输冷藏设施、设备。　　　　　　　　　　　　　　　　　　　　　　　（　　）

（9）疫苗对温度敏感，从疫苗制造的部门到疫苗使用的现场之间的每一个环节，都可能因温度过高而导致其失效。　　　　　　　　　　　　　　　　　　　　　　　（　　）

（10）马立克氏病液氮疫苗使用是否正确将直接决定疫苗的免疫效果。　　　（　　）

（11）保存疫苗的液氮罐应根据实际情况定期补充液氮并做好记录。　　　　（　　）

（12）从补氮罐向疫苗罐倒液氮时，要戴塑胶手套，面部远离罐体或戴上防护罩。　　　　　　　　　　　　　　　　　　　　　　　　　　　　　　　　　　　　（　　）

（13）将液氮罐放在阴暗、通风、安全的地方，最好与宿舍、仓库、办公室等保持一定的距离。液氮保存的疫苗最好由专人负责保管。　　　　　　　　　　　　　　　（　　）

2. 技能操作题

（1）某肉鸭养殖场拟进行雏鸭病毒性肝炎疫苗接种，请你进场给几名饲养员培训兽用连续注射器及金属注射器的使用操作，并明确使用注意事项。

（2）某养鸡户饲养的 1 500 只 70 日龄蛋鸡，于 2016 年 11 月 15 日早晨接种 H_9 禽流感油佐剂疫苗，采用胸部肌内注射方法，刚注射二十几只，就发现有 2 只注射完疫苗的鸡突然死亡，另有 2 只精神沉郁，伏卧不起。畜主怀疑疫苗质量有问题，经剖检诊断，确定鸡只死亡原因是接种操作不当，防疫员将疫苗注入肝脏所致，请分析原因并进行鸡肌内注射操作示范。

（3）某养鸭场饲养 2 000 只樱桃谷鸭，请为该场提供一份免疫设备需求清单，并实施鸭瘟免疫接种。

任务 2-3　其他设备使用

◆ 任务描述

近年来，我国各类动物疫情频发，虽然疫情表现形式各不相同，但重要的一点是病毒和细菌的大量传播与人们的生产生活方式关系密切。例如，动物扑杀与尸体处理不当就是一个重要的方面，如何规范动物扑杀与尸体处理已成为亟待解决的社会问题。

◆ 能力目标

在学校教师和企业技师共同指导下，完成本学习任务后，希望学生获得：

(1) 熟练使用各类动物扑杀器、尸体处理设备的能力。

(2) 学习病害动物及病害动物产品无害化处理的新知识和新技术的能力。

(3) 查找不同无害化处理设施设备安装与使用的相关资料和获取信息的能力。

(4) 制订动物扑杀计划和解决问题的能力。

(5) 在教师、技师或同学帮助下，主动参与评价自己及他人任务完成程度的能力。

(6) 根据工作环境的变化，自主地解决动物扑杀及无害化处理的能力。

(7) 经过完整实际工作过程训练，从事动物扑杀及无害化处理岗位工作的能力。

◆ 学习内容

一、扑杀器的使用

1. 便携式动物扑杀器（图 2-29）

(1) 特点。①一体化电源，配备大容量电瓶，扑杀时间长，操作简便，效率高；②可变长度电击棍（580mm、1 000mm、1 500mm），适合小、中、大型动物扑杀，携带方便，操作简单；③手柄配备安全开关，极大地提高了操作人员的安全性和设备的安全运行；④配备两个 4W 荧光应急灯；⑤可交流、直流两种方式充电；⑥具有过载、过温、低压等多种报警和保护功能。

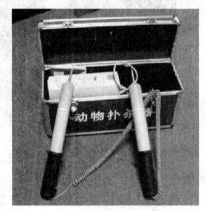

图 2-29　便携式动物扑杀器

(2) 使用。在动物疫病防治及疫情控制与扑灭工作中，经常遇到染疫动物的扑杀问题，过去扑杀染疫动物主要采用枪杀、刀杀、锤击、注射药物等原始方法，这些方法安全性差，扑杀速度慢，动物不易保定，特别是大牲畜保定更为困难。便携式动物扑杀器，主要用于扑杀染疫的家畜，具体结构是取两根绝缘棒，在棒的端部固定金属体，金属体接 220V 的交流电。携带方便、容易操作、扑杀效率高。

(3) 扑杀对象。①小型动物（如鼠、猫和犬等），平均扑杀时间为 1~2s；②中型动物（如猪、羊和犬等），平均扑杀时间为 2~5s；③大型动物（如牛、马和驴等），平均扑杀时间为 6~10s。

2. 推车式动物扑杀器（图 2 - 30）

（1）功能。适用于猪、牛、羊、犬的扑杀，充电 10h 一次可连续扑杀 200 头动物。交流直流电两用，输入电压 220V，输出电压可超过 260V。

（2）扑杀对象。猪、羊和犬等中型动物，平均扑杀时间为 2~5s。牛、马和驴等大型动物，平均扑杀时间为 6~10s。

（3）特点。推车式动物扑杀器质量大，底部安装有滚动轮，可推行，长途搬运需要利用车辆运载。

图 2 - 30　推车式动物扑杀器

二、防护用具的使用

1. 免疫人员、检疫人员　在工作中必须穿工作服和胶靴（图 2 - 31、图 2 - 32）、戴手套、口罩、防护帽；工作结束或离开现场时，在场地出口处脱掉防护装备，用肥皂洗手，清水彻底冲洗，有条件的应洗浴；工作服须用 70℃ 以上热水浸泡 10min 或用消毒剂浸泡，然后再用肥皂洗涤，于阳光下晾晒；胶靴等要清洗消毒，其他一次性用品也应经高压灭菌或消毒液浸泡后方可废弃。

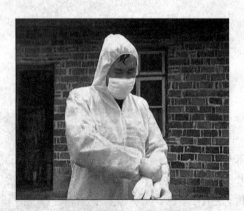

图 2 - 31　佩戴防护用具的工作人员

图 2 - 32　防疫用胶靴

2. 督查人员、扑疫人员　在进入感染或可能感染的场所和无害化处理地点时，应穿防护服和胶靴、护目镜（图 2 - 33）、口罩或标准手术口罩、可消毒的橡胶手套；工作完毕后，在场地出口处脱掉防护装备，并将脱下的防护装备置于容器内进行消毒处理，对换衣区域进行消毒，人员用消毒水洗手、洗浴。图 2 - 34 为身穿防护服的疫情处理人员。

3. 实验室人员　在从事解剖、病料采集、样品检测时应穿工作服、戴口罩、手套、防护帽；工作结束后应对场地及其设施进行彻底消毒，工作服须用 70℃ 以上热水浸泡 10min 或用消毒剂浸泡，然后再用肥皂洗涤，于阳光下晾晒；一次性物品必须作无害化处理；人员要用消毒水洗手，清水冲洗，有条件的要洗浴。

图 2-33 护目镜

图 2-34 身穿防护服的疫情处理人员

三、动物尸体焚化炉的使用

动物尸体焚化炉（图 2-35、图 2-36）主要针对国家规定的染疫动物及其产品、病死、毒害或者死因不明的动物尸体，经检验对人畜健康有危害的动物和病害动物产品、国家规定应该进行无害化处理的动物和动物产品，进行安全无害化处理。动物尸体焚化过程中所产生的热油烟废气，送经特殊设计的不锈钢水喷淋水箱，适度冷却降温，在降温过程中所产生的蒸汽经烟汽集箱凝集，经这样一个过程后所排出气体可达到环保的要求。

1. 适用对象 适用于大型肉联加工厂、实验室、宠物公司等场所动物的焚化。

图 2-35 大型动物尸体焚化炉

图 2-36 小型动物尸体焚化炉

2. 配置 配有空气控制燃烧系统、旋风集尘器，一次和二次喷燃燃烧器及自动控制。

（1）密闭式高温瞬间燃烧系统。炉内温度高达 800～1 000℃时，燃烧气体在氧气不充足的情况下会发生还原反应，动物体中的水分在高温下瞬间蒸发成油脂及水蒸气，这些能促进燃烧气体再次燃烧。

（2）旋风室。在旋风室（二次燃烧室）旋转未燃气体，利用离心力进行集尘的同时，延长排出气体的滞留时间，提高集尘和二次燃烧的效果。

（3）二次燃喷燃燃烧器。提高二次燃烧室的温度，促进再燃效果。

（4）焚烧炉的运行控制采用自动程序控制，降低了工人的劳动强度，焚烧的炉门、清灰门的设计均采用子母口形式的全密封结构，焚烧时炉内与炉外完全隔绝，形成负压燃烧，杜绝了二次污染的可能性，尤其对传染性危险医疗废弃物的处理，更能彰显其独有的优势。

四、动物尸体湿化机的使用

湿化机就是利用湿化原理将病害动物的尸体或病变部分进行高温杀菌的机器设备（图2-37）。经湿化机化制后动物尸体可熬成工业用油，同时产生其他残渣。用湿化机可以处理患有烈性传染病动物肉尸。

图2-37　动物尸体湿化机

1. 湿化原理　利用高压饱和蒸汽，直接与畜尸组织接触，当蒸汽遇到畜尸而凝结为水时，则放出大量热能，可使油脂溶化和蛋白质湿热水解，同时借助于高温与高压，将病原体完全杀灭。

2. 使用对象　湿化机主要可以处理：炭疽、鼻疽、牛瘟、牛肺疫、恶性水肿、气肿疽、狂犬病、羊快疫、羊肠毒血症、肉毒梭菌中毒症、羊猝狙、马流行性淋巴管炎、马传染性贫血病、马鼻腔肺炎、马鼻气管炎、蓝舌病、非洲猪瘟、猪瘟、口蹄疫、猪传染性水疱病、猪痢疾、急性猪丹毒、牛鼻气管炎、黏膜病、钩端螺旋体病（已黄染肉尸）、李氏杆菌病、布鲁氏菌病、鸡新城疫、马立克氏病、禽流感、小鹅瘟、鸭瘟、兔病毒性出血症、野兔热、兔产气荚膜梭菌病等传染病和恶性肿瘤或两个器官发现肿瘤的病畜禽整个尸体；从其他患病畜禽各部分割除下来的病变部分和内脏。

湿化机目前在病害猪无害化处理方面应用较多。

五、动物尸体干化机的使用

1. 干化原理　将动物尸体或病害动物产品放入化制机内，热蒸汽不直接接触化制的肉尸，而循环于夹层中，肉尸受干热与压力的作用而达到化制的目的。

2. 使用　利用大型干化机，应将原料分类、分切后投入化制。此法不适用于化制大块原料和全尸，亦不能用于患有炭疽等芽孢杆菌类疫病，以及牛海绵状脑病、痒病的染疫动物及产品、组织的处理。

◆ 职业测试

1. 判断题

(1) 免疫人员、检疫人员在工作中必须穿防护服。　　　　　　　　　　（　　）

(2) 防护服如用70℃以上热水浸泡需不少于10min。　　　　　　　　（　　）

(3) 狂犬病、猪瘟、口蹄疫病死动物尸体都不可采用湿化机处理。　　（　　）

(4) 动物尸体焚化炉主要用于国家规定的染疫病动物及其产品，病死、毒害或者死因不明的动物尸体，经检验对人畜健康有危害的动物和病害动物产品、国家规定应该进行无害化处理的动物和动物产品安全无害化处理。　　　　　　　　　　　　　　　（　　）

(5) 湿化机是将病害动物的尸体或病变部分进行高温杀菌的机器设备。（　　）

(6) 经湿化机化制后动物尸体可熬成食用油，同时产生其他残渣。　　（　　）

(7) 湿化机可以处理炭疽、鼻疽、牛瘟、牛肺疫病死畜的尸体。　　（　　）

(8) 湿化机不可以处理新城疫、马立克氏病、高致病性禽流感病死禽的尸体。　（　　）

(9) 动物尸体干化是将尸体放入化制机内受干热与压力的作用而达到化制的目的。
　　　　　　　　　　　　　　　　　　　　　　　　　　　　　　　（　　）

(10) 焚化炉一般配有空气控制燃烧系统、旋风集尘器，一次和二次喷燃烧器及自动控制。　　　　　　　　　　　　　　　　　　　　　　　　　　　　　（　　）

2. 技能操作题

(1) 根据国家有关规定，需要使用动物尸体湿化机处理的疫病包括哪些？请利用湿化机实施养殖场动物尸体的湿法化制。

(2) 某地组织规模化养猪场口蹄疫疫情紧急处理演练，当地动物卫生监督机构邀请你参与疫情防控工作，请你负责人员防护用具的管理与使用培训，请写出培训要点并进行防护用具穿戴演示。

动物养殖防疫管理

学校学时	12 学时	企业学时	12 学时
学习情境描述	《中华人民共和国动物防疫法》明确规定，动物饲养场（养殖小区）和隔离场所、动物屠宰加工场所以及动物和动物产品无害化处理场所应当有完善的动物防疫制度。按照高级动物疫病防治员的管理能力培养目标，将养殖防疫管理项目分为畜禽养殖场的防疫设施规划与建设、防疫制度建设、防疫计划编制、日常饲养防疫管理、兽医卫生管理和畜禽标识佩戴与养殖档案管理等6个典型工作任务，此6个工作任务均在学校与畜禽养殖企业或校内生产性实训基地中完成，采取工学交替方式进行学习与训练		
学校学习目标		企业学习目标	
掌握不同畜禽养殖场防疫设施的规划与建设；动物防疫制度制订；防疫计划编制；日常饲养防疫管理、兽医卫生管理和畜禽标识佩戴与养殖档案管理等养殖防疫管理的基本理论知识		会规划不同畜禽养殖场防疫设施及设计平面图；会为不同养殖场制订动物防疫制度；会编制不同畜禽养殖场动物防疫计划；会测定饲料中细菌总数；会实施杀虫、灭鼠和生物热处理粪便等卫生管理防疫工作、会给动物佩戴标识及填写不同畜禽养殖场的养殖档案等	

任务 3-1　防疫设施规划与建设

◆ 任务描述

防疫设施是养殖场避免或减少疫病发生与流行的重要基础设施。完善的畜禽养殖场防疫设施的规划与建设，不仅方便日常饲养管理，而且有利于消毒制度的制订和执行，为畜禽安全，健康、生态饲养提供防疫保障。根据高级动物疫病防治员管理能力的培养目标和典型工作任务分析，畜禽养殖场的防疫设施规划与建设任务可分为养殖场选址、场区规划布局两个方面，在学习的基础上分析典型案例，明确防疫设施规划与建设的主要内容与注意事项。

◆ 能力目标

在学校教师和企业技师共同指导下，完成本学习任务后，希望学生获得：
(1) 掌握不同畜禽养殖场防疫设施的规划与建设的选址要求并会科学选址。
(2) 熟悉不同畜禽养殖场规划布局及平面图设计。
(3) 遵守养殖场规划与建设的安全和环保规范。
(4) 按照工作规范参与完成养殖场防疫设施的规划与建设任务。
(5) 养殖场防疫设施规划与建设的协调、管理与技术指导能力。
(6) 查找不同畜禽养殖场防疫设施的规划与建设相关资料并获取信息的能力。
(7) 经过完整实际工作过程训练，从事养殖场防疫设施的规划与建设岗位工作的能力。

◆ 学习内容

一、养殖场选址

1. 总体要求 养殖场选址应符合本地区农牧业生产发展总体规划、土地利用发展规划、城乡建设发展规划和环境保护规划的要求。选择场址应遵守珍惜和合理利用土地的原则，不应占用基本农田，尽量利用荒地建场。分期建设时，选址应按总体规划需要一次完成，土地随用随征，预留远期工程建设用地。场址应水源充足，排水畅通，供电可靠，交通便利，地质条件能满足工程建设要求。选址时可按表3-1的推荐值估算所需占地面积。在规定的自然保护区、水源保护区、风景旅游区、受洪水或山洪威胁及泥石流、滑坡等自然灾害多发地带以及自然环境污染严重的地区或地段不应建场。

表 3-1 畜禽养殖场场区占地面积估算

场 别	饲养规模	占地面积（m²/头）	备 注
奶牛场	100~400 头成乳牛	160~180	按成乳牛计
肉牛场	年出栏育肥牛 1 万头	16~20	按年出栏量计
种猪场	200~600 头基础母猪	60~80	按基础母猪计
商品猪场	600~3000 头基础母猪	50~60	按基础母猪计
绵羊场	200~500 只母羊	10~15	按成年种羊计
奶山羊场	200 只母羊	15~20	按成年母羊计
种鸡场	1 万~5 万只种鸡	0.6~1.0	按种鸡计
蛋鸡场	10 万~20 万只产蛋鸡	0.5~0.8	按种鸡计
肉鸡场	年出栏肉鸡 100 万只	0.2~0.3	按年出栏量计

2. 地势、地形要求 场地要地势高燥，向阳背风，排水良好。如果场地地势低洼，排水不畅，容易积水，则有利于寄生虫和昆虫如蚊、蝇、蜱、螨等的滋生繁殖，养殖场和畜禽舍易污染，消毒效果差。场地地形要开阔，有利于通风换气，维持场区良好的空气环境。山区建场应选在稍平缓坡上，坡面向阳，总坡度不超过25%，建筑区坡度应在2.5%以内，以便于场内运输和管理。山区建场还要注意地质构造，避开断层、滑坡、塌方的地段，也要避

开坡底和谷地以及风口，以免受山洪和暴风雪的袭击。

3. 环境要求 新建场址周围应具备就地无害化处理粪尿、污水的足够场地和排污条件，并通过畜禽场建设环境影响评价，同时应满足卫生防疫要求。动物饲养场、养殖小区选址应避免养殖生产活动污染周围环境，同时不受周围环境污染，一般来说，应距离生活饮用水源地、动物屠宰加工场所、动物和动物产品集贸市场 500m 以上；距离种畜禽场 1 000m 以上；距离动物诊疗场所 200m 以上；动物饲养场（养殖小区）之间距离不少于 500m；距离动物隔离场所、无害化处理场所 3 000m 以上；距离城镇居民区、文化教育科研等人口集中区域及公路、铁路等主要交通干线 500m 以上。种畜禽场应当距离生活饮用水源地、动物饲养场、养殖小区和城镇居民区、文化教育科研等人口集中区域及公路、铁路等主要交通干线 1 000m以上；距离动物隔离场所、无害化处理场所、动物屠宰加工场所、动物和动物产品集贸市场、动物诊疗场所 3 000m 以上。

4. 土壤要求 场地土壤要求透水性、透气性好，容水性及吸湿性小，毛细作用弱，导热性小，保温良好；不被有机物和病原微生物污染；没有地质化学环境性地方病；地下水位低和非沼泽性土壤。在不被污染的前提下，选择砂壤土建场较理想。如土壤条件差，可通过对畜禽舍的合理设计、施工、使用和管理，弥补当地土壤的缺陷。

5. 水源要求 养殖场的水源要充足，水质良好，并且便于防护，不受周围污染，使水质经常处于良好状态。自备井应建在畜禽场粪便堆放场等污染源的上方和地下水位的上游，水量丰富，水质良好，取水方便，避免在低洼沼泽或容易积水的地方打井。水井附近 30m 范围内，不得建有渗水的厕所、渗水坑、粪坑及垃圾堆等污染源。

二、养殖场规划布局

创造良好的防疫条件和减少对外部环境的污染是现代集约化养殖场规划建设和生产经营面临的首要问题。根据畜禽场的生产工艺要求，按功能分区布置各个建（构）筑物的位置，为畜禽生产提供一个良好的生产环境。畜禽场一般应划分生活管理区、辅助生产区、生产区和隔离区。充分利用场区原有的地形、地势，保证建筑物具有合理的朝向，满足采光、通风要求，并有足够的防火间距。场区地形复杂或坡度较大时，应作台阶式布置，每个台阶高度应能满足行车坡度要求。场区地面标高除应防止场地被淹外，还应与场外标高相协调。

（一）功能分区规划

养殖场的功能分区是否合理，各区建筑布局是否得当，不仅影响基建投资、经营管理、生产组织、劳动生产率和经济效益，而且影响场区的环境状况和防疫卫生。因此，认真做好养殖场的分区规划，确保场区各种建筑物的合理布局，十分必要。畜禽场一般应划分生活管理区、辅助生产区、生产区和隔离区（图 3-1）。生活管理区和辅助生产区应位于场区常年主导风向的上风和地势较高处，隔离区位于场区常年主导风向的下风处和地势较低处。

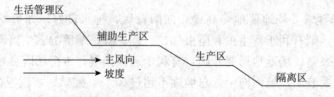

图 3-1 养殖场各区依地势、风向配置示意

1. 生活管理区 生活管理区是养殖场进行经营管理与社会联系的场所，一般应位于场区全年主导风向的上风处或侧风处，并且应在紧邻场区大门内侧集中布置。主要布置管理人员办公用房、技术人员业务用房、职工生活用房、人员和车辆消毒设施及门卫、大门和场区围墙。主要包括办公室、接待室、会议室、技术资料室、餐厅、职工值班宿舍、厕所、传达室、警卫值班室以及围墙和大门，外来人员第一次更衣消毒室和车辆消毒设施等。

2. 辅助生产区 养殖场的辅助生产区主要布置供水、供电、供热、设备维修、物资仓库、饲料贮存等设施，这些设施应靠近生产区的负荷中心布置，与生活管理区没有严格的界限要求。饲料库可以建在与生产区围墙同一平行线上，用饲料车直接将饲料送入料库，要求仓库的卸料口开在辅助生产区内，仓库的取料口开在生产区内，杜绝外来车辆进入生产区，保证生产区内外运料车互不交叉使用。

3. 生产区 生产区是畜禽生活和生产的场所，该区主要布置各种畜禽舍和相应的挤奶厅、乳品预处理间、孵化厅、蛋库、剪毛间、药浴池、家畜采精室、人工授精室、胚胎移植室、装车台、选种展示厅等。为利于防疫，养禽场的孵化厅和奶牛场的乳品加工，应与畜禽圈舍保持一定距离或有明显分区。

生产区应位于全场中心地带，地势应低于管理区，并在其下风向。与其他区域之间应用围墙或绿化隔离带严格分开，在生产区入口处设置第二次人员更衣消毒室和车辆消毒设施。这些设施都应设置两个出入口，分别与生活管理区和生产区相通。生产区的规划必须兼顾将来技术进步和改造的可能性，可按照分阶段、分期、分单元建场的方式进行规划。

生产区内不同年龄段的畜禽要分小区规划。如鸡场，育雏区、育成区和产蛋区严格分开，并加以隔离，日龄小的鸡群放在安全地带（上风向、地势高的地方）。一些大型鸡场则可以专门设置育雏场、育成场（三段制）或育雏育成场（二段制）和成年鸡场，隔离效果更好，更有利于消毒和疾病控制。

4. 隔离区 隔离区是用来隔离、治疗和处理患病畜禽的场所。为防止疫病传播和蔓延，该区应在生产区的下风向，并在地势最低处，而且应远离生产区。隔离舍尽可能与外界隔绝。该区四周应有自然或人工的隔离屏障，设单独的道路与出入口。

隔离区主要设置兽医室、隔离舍、尸体解剖室、病尸高压灭菌或焚烧处理设备及养殖场废弃物、粪便和污水储存与处理设施。隔离区应处于全场全年主导风向的下风向和场区地势最低处，并应与生产区之间设置适当的卫生防疫间距和绿化隔离带。隔离区内的粪便污水设施也应与其他设施保持适当的卫生距离。隔离区与生产区有专用道路相通，与场区外有专用大门和道路相通。

（二）畜禽舍设置

应按生产工艺流程顺序排列设置，其朝向、间距合理。生产区畜禽舍朝向一般应以其长轴南向，或南偏东或偏西4°以内为宜，这样不仅可以合理利用主导风向，改善通风条件，以获得良好的圈舍环境，而且夏天防暑冬天保温。每相邻两栋长轴平行的畜禽舍间距，无舍外运动场时，两平行侧墙的间距控制在8~15m为宜；有舍外运动场时，相邻运动场栏杆的间距控制在5~8m为宜。每相邻两栋畜禽舍端墙之间的距离不小于15m为宜。适宜的畜舍间距应根据采光、通风、防疫和消防几点综合考虑，畜禽舍间距应不小于南面畜禽舍檐高的3~5倍。畜禽舍内地面标高应高于舍外地面标高0.2~0.4m，并与场区道路标高相协调。

（三）场区道路设置

养殖场道路包括与外部联系的场外主干道路和场内内部道路。场外主干道路担负着全场的货物、产品和人员的运输，其路面最小宽度应能保证两辆中型运输车辆的顺利错车，约为6.0～7.0m。场内道路的功能不仅是运输、同时也具有卫生防疫作用，因此道路规划设置要满足分流和分工、联系简捷、路面质量、路面宽度、绿化防疫等要求。

场区道路要求在各种气候条件下能保证通车，防止扬尘。道路的设置应不妨碍场内排水，路两侧也应有排水沟、绿化。应分别有人员行走和运送饲料的清洁道、供运输粪污和病死畜禽的污物道及供畜禽产品装车外运的专用通道。场区道路设计标高应略高于场外路面标高。

清洁道也作为场区的主干道，宜用水泥混凝土路面，也可用平整石块或条石路面。宽度一般为3.5～6.0m，路面横坡1.0%～1.5%，纵坡0.3%～8.0%为宜。

污物道路面可同清洁道，也可用碎石或砾石路面及石灰渣土路面。宽度一般为2.0～3.5m，路面横坡2.0%～4.0%，纵坡为0.3%～8.0%为宜。

场内道路一般与建筑物长轴平行或垂直布置，清洁道与污物道不宜交叉。道路与建筑物外墙最小距离，当无出入口时1.5m为宜，有出入口时3.0m为宜。

（四）场区绿化设置

绿色植物不仅能吸收二氧化碳、二氧化硫、氟化氢、氯气、氨、汞和铅等，对灰尘和粉尘也有很好的阻挡、过滤和吸附作用，大大减少空气中有害物质的数量。因此，养殖场应该大力提倡绿化造林，选择适合当地生长、对人畜无害的花草树木进行场区绿化，绿化率不低于30%，以达到净化场区空气、减少畜禽致病因素的目的。树木与建筑物外墙、围墙、道路边缘及排水明沟边缘的距离应不小于1m。

1. 场界林带的设置　在场界周边种植乔木和灌木混合林带，乔木如杨树、柳树、松树等，灌木如刺槐、榆叶梅等。特别是场界的西侧和北侧，种植混合林带宽度应在10m以上，以起到防风阻沙的作用。树种选择应适应当地气候特点。

2. 场区隔离林带的设置　主要用于分隔场区和防火。常用杨树、槐树、柳树等，两侧种以灌木，总宽度为3～5m。图3-2为某肉鸡场隔离带绿化实景。

3. 场内外道路两旁的绿化　常用树冠整齐的乔木和亚乔木以及某些树冠呈锥形、枝条开阔、整齐的树种。在建筑物的采光地段，不应种植枝叶过密、过于高大的树种，可根据道路宽度选择树种的高矮，以免影响自然采光。图3-3为某肉鸡场道路绿化实景。

图3-2　某肉鸡场隔离带绿化实景　　　　图3-3　某肉鸡场道路绿化实景

4. 运动场的遮阴林 在运动场的南侧和西侧，应设1～2行遮阴林。多选枝叶开阔，生长势强，冬季落叶后枝条稀疏的树种，如杨树、槐树、枫树等。运动场内种植遮阴树时，应选遮阴性强的树种。

(五) 粪污处理

粪污处理工程设施是现代集约化养殖场建设必不可少的项目，从建场伊始就要统筹考虑。其规划设计是粪污处理与综合利用工艺设计，主要内容一般应包括：粪污收集（即清粪）、粪污运输（管道和车辆）、粪污处理工程建筑物（池、坑、塘、井、泵站等）的形式与建设规模。其规划原则首先考虑其作为农田肥料的原则；充分考虑劳动力资源丰富的国情，不要一味追求全部机械化；选址时避免对周围环境的污染。还要充分考虑养殖场所处的地理与气候条件，严寒地区堆粪时间长，场地较大，且收集设施与输送管道要防冻。

粪污处理工程除满足家畜每日粪便排泄量外，还需要将全部的污水排放量一并加以考虑。

场区实行雨污分流的原则，对场区自然降水可采用有组织的排水。对场区污水应采用暗管排放，集中处理。

养殖场设置粪尿处理区。此区距畜禽舍30～50m，并在畜禽舍的下风向。储粪场和污水池要进行防渗处理，避免污染水源和土壤。要利用树木等将蓄粪池遮挡起来，建设安全护栏，并为蓄粪池配备永久性的盖罩。

(六) 防护设施设置

养殖场场界要划分明确。规模较大的养殖场，四周应建较高的围墙或较深的防疫沟，以防止场外人员或其他动物进入场区。为了更有效地切断外界的污染因素，必要时往沟内放水。应该指出，用刺网隔离是不能达到安全目的的，最好采用围墙，以防止野生动物侵入。在场内各区域间，也可设较小的防疫沟或围墙，或结合绿化培植隔离林带。不同年龄的畜群最好不集中在一个区域内，并应使它们之间留有足够的卫生防疫距离（100～200m）。

在养殖场大门及各区域、畜舍的入口处，应设相应的消毒设施，如车辆消毒池、人员的脚踏消毒槽或喷雾消毒室、更衣换鞋间等。场区出入口处设置与门同宽，长4m、深0.3m以上的消毒池。装设紫外线杀菌灯，应强调安全时间（3～5min），通过式（不停留）的紫外线杀菌灯照射达不到安全目的，因此，有些养殖场安装有定时通过指示器（定时打铃）的设备。对养殖场的一切卫生防疫设施，必须建立严格的检查制度予以保证。

畜禽场大门应位于场区主干道与场外道路连接处，设施设置应使外来人员或车辆经过强制性消毒，并经门卫放行才能进场。围墙距一般建筑物的间距不应小于3.5m，围墙距畜禽舍的间距不应小于6m。建筑物布局应紧凑以节约用地。

生产区与生活管理区和辅助生产区应设置围墙或树篱严格分开，在生产区入口处设置第二次更衣消毒室和车辆消毒设施。这些设施一端的出入口开在生活管理区内，另一端的出入口开在生产区内。

◆ 任务案例

江苏省某乳牛养殖场存栏800头乳牛，场区分为生活、行政管理区，生产区，生产辅助区，粪污处理区四个功能区（图3-5～图3-7）。其中生活、行政管理区包括行政办公、财务结算、会议培训、接待、门卫及宿舍、食堂等；生产区主要包括各种不同的牛舍，如产牛舍、犊牛舍、青年牛舍、育成牛舍、成乳牛舍、公牛舍等以及与生产有关的挤乳厅和乳品处理间等

一些辅助设施；生产辅助区包括饲料库、饲料加工车间、青贮池、机械车辆库、兽医室、采精
授精室、液氮生产车间、配电房、锅炉房、干草棚等；粪污处理区主要是处理全场的雨水和生
活污水、生产区牛群的粪尿以及牛舍清洗或消毒时的污水。该乳牛场的牛舍群采用多列式设置
形式，每栋牛舍独立成为一个单元。牛舍向阳的一侧设有运动场，内设凉棚、饮水池。

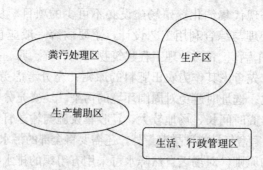

图 3-4　某奶牛场功能分区示意

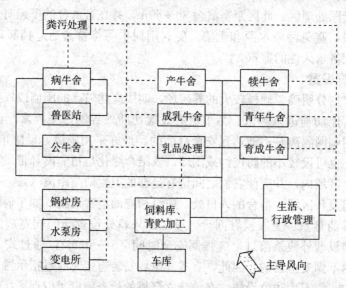

图 3-5　某奶牛场分区示意

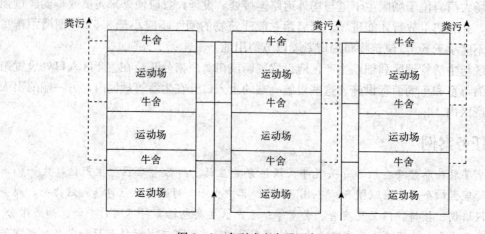

图 3-6　多列式牛舍平面布置示意

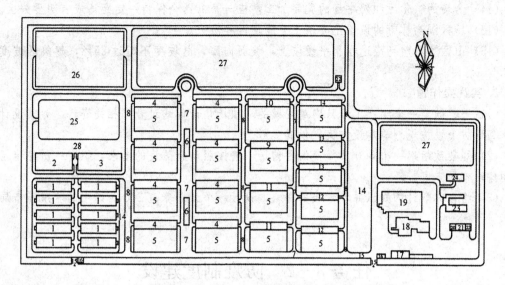

图 3-7　某 800 头奶牛场总平面规划

1. 饲料青贮　2. 兽医站　3. 病牛舍　4. 成乳牛舍　5. 运动场　6. 挤乳厅　7. 净道　8. 污道
9. 幼牛舍　10. 产牛舍　11. 育成牛舍　12. 青年牛舍　13. 犊牛舍　14. 公牛舍　15. 消毒池
16. 门卫　17. 车库　18. 办公楼　19. 食堂　20. 水泵房　21. 锅炉房　22. 配电室　23. 宿舍楼
24. 浴室　25. 沼气站　26. 牛粪堆积场　27. 发展用地　28. 绿化隔离带

◆ 职业测试

1. 判断题

(1) 公猪、妊娠母猪、哺乳母猪、仔猪一般单栏饲养。（　　）

(2) 畜舍的间距主要是由采光间距来决定。（　　）

(3) 通常管理区在畜牧场最大风向的上风向处，而隔离区应布置在下风向处。（　　）

(4) 畜舍应建在地势高燥、地下水位较低、周围排水通畅的地方。（　　）

(5) 畜禽场一般分为生活管理区、辅助生产区、生产区、隔离区。（　　）

(6) 分区分类饲养是大型养殖场降低防疫工作难度，提高防疫效果的重要措施。（　　）

(7) 畜禽场大门应位于场区主干道与场外道路连接处，设施设置应使外来人员或车辆须经过强制性消毒，并经门卫放行才能进场。（　　）

(8) 生产区与生活管理区和辅助生产区应设置围墙或树篱严格分开，在生产区入口处设置第二次更衣消毒室和车辆消毒设施。（　　）

(9) 规模较大的养殖场，四周应建较高的围墙或较深的防疫沟，以防止场外人员及其他动物进入场区。（　　）

(10) 粪污处理工程除满足家畜每日粪便排泄量外，还需要将全部的污水排放量一并加以考虑。（　　）

(11) 畜禽舍内地面标高应略高于舍外地面标高，并与场区道路标高相协调。（　　）

(12) 隔离区是用来治疗、隔离和处理患病畜禽的场所。（　　）

(13) 防疫设施是养殖场避免或减少疫病发生与流行的重要基础设施。（　　）

（14）禽场的孵化厅和奶牛场的乳品加工，应与畜禽圈舍保持一定距离或有明显分区。

（15）场区隔离林带的设置主要用于分隔场区和防火。　　　　　　　　　（　　）

（16）山区建养殖场应选在稍平缓坡上，坡面向阳，总坡度不超过25%，建筑区坡度应在2.5%以内。　　　　　　　　　　　　　　　　　　　　　　　　（　　）

2. 实践操作题

（1）王某欲建一个年产1万只肉鸡规模的养殖场，请你通过查阅相关资料，为其设计一个养鸡场防疫设施规划与建设方案，供其参考。

（2）刘某欲新建一个500头规模的种猪场，请按照动物防疫的要求，拟定一份种猪场选址和建设布局方案。

（3）结合你学过的知识并参考相关资料，设计一个计划养殖200头奶牛的养殖场布局平面图。

任务 3-2　防疫制度建设

◆ 任务描述

了解企业规章制度的概念和作用，完成养殖企业人员管理制度、车辆及用具管理制度、兽医消毒制度、免疫接种制度、防疫管理制度等养殖防疫制度的学习。

◆ 能力目标

在学校教师和企业技师共同指导下，完成本学习任务后，希望学生获得：

（1）增强业绩源于管理的企业制度意识和从业能力。

（2）提高养殖疫病风险意识和企业岗位安全意识。

（3）对企业管理制度提出专业性的合理化建议的能力。

（4）为养殖企业制定切合实际的防疫管理制度的能力。

（5）鉴别养殖企业防疫制度优劣的能力。

（6）全面执行养殖企业防疫制度的能力。

◆ 学习内容

（一）动物疫病和动物防疫的概念

1. 动物疫病　指由某些特定病原体（如细菌、病毒和寄生虫）引起的疾病，包括传染病和寄生虫病。传染病指由细菌、病毒等病原微生物引起，具有一定的潜伏期和临床症状并具有传染性的动物疫病，如高致病性禽流感、高致病性猪蓝耳病、口蹄疫等。寄生虫病指由寄生虫引起的动物疫病，如猪囊尾蚴病、旋毛虫病、血吸虫病等。动物寄生虫寄生方式多种多样，生活史复杂，既能造成动物机体的机械性损伤，又能通过夺取营养或分泌毒素危害动物健康。动物疫病不仅是养殖业生产的大敌，也会严重危害人体健康和公共卫生安全。

2. 动物防疫　《中华人民共和国动物防疫法》对动物防疫一词作了法律上的界定，即包括动物疫病的预防、控制、诊疗、净化、消灭和动物、动物产品的检疫，以及病死动物、病害动物产品的无害化处理。预防、控制、诊疗、净化、消灭疫病主要是对养殖场存栏动物而言的，目的是保障养殖安全、降低疫病风险与损失；检疫是对进入市场流通、社会流动的活体动物、动物产品两者而言，目的是防范疫病传播、保障食品安全和人体健康；无害化处理则是对养殖、运输、展览、交易、屠宰、加工等各个关节出现的病死动物、病害动物产品而言的，既是动物防疫的措施，也是检疫后的处理措施，目的是消灭病原，防止病原扩散传播疫病，危害人体健康。三者之间有着密切的关系：都是动物防疫的重要内容。这实际上是以法律的形式对动物防疫工作、动物防疫活动涉及的范围做了界定，所有从业人员应当在这个范围内行使权利、履行职责或开展相关活动。随着科学技术的进步和研究方法、研究对象的具体化，同时由于动物检疫工作的法律强制性以及实施主体、检疫对象、检疫标准和处理方法的法定性特点，逐步形成了动物防疫技术和动物检疫技术两门科学。

3. 动物防疫技术 动物防疫技术是运用动物医学的基本知识和基本理论来研究动物疫病的预防、控制、净化、消灭的科学。

国务院农业农村主管部门根据国内外动物疫情以及保护养殖业生产和人体健康的需要，会同国务院卫生健康等有关部门对动物疫病进行风险评估，并制定、公布动物疫病预防、控制、净化、消灭措施和技术规范。省、自治区、直辖市人民政府农业农村主管部门会同本级人民政府卫生健康等有关部门开展本行政区域的动物疫病风险评估，并落实动物疫病预防、控制、净化、消灭措施。从事动物饲养、屠宰、经营、隔离、运输以及动物产品生产、经营、加工、贮藏等活动的单位和个人，依照动物防疫法和国务院农业农村主管部门的规定，做好免疫、消毒、检测、隔离、净化、消灭、无害化处理等动物防疫工作，承担动物防疫相关责任。

国家对严重危害养殖业生产和人体健康的动物疫病实施强制免疫。国务院农业农村主管部门确定强制免疫的动物疫病病种和区域。省级人民政府农业农村主管部门制定本行政区域的强制免疫计划；根据本行政区域动物疫病流行情况增加实施强制免疫的动物疫病病种和区域，饲养动物的单位和个人应当履行动物疫病强制免疫义务，按照强制免疫计划和技术规范，对动物实施免疫接种，并按照国家有关规定建立免疫档案、加施畜禽标识，保证可追溯。

（二）动物疫病防控的技术路线

动物疫病防控的技术路线要点是：第一，要进行免疫；第二，要进行疫病监控，监测中未见异常的通过检疫后进入交易市场或屠宰加工，监测中发现动物疫情或疑似疫情的，进行疫情报告；第三，由各级动物疫病预防控制中心、国家参考实验室和区域性实验室进行诊断，根据诊断结果划定疫点、疫区和受威胁区；第四，对疫区进行强制封锁，并按有关规定实施强制扑杀、无害化处理和消毒，同时通过流行病学调查追溯疫源，并加强效果监测；第五，在一个最长潜伏期后经验收合格解除封锁，逐步恢复生产和交易。

（三）企业规章制度的概念和作用

企业规章制度是企业制定的组织劳动过程和进行劳动管理的规则和制度的总和。建立健全规章制度，有助于企业实现科学管理，规范企业和员工的行为，实现企业的正常运营，树立企业良好形象，提高劳动生产率和经济效益，对促进企业的长远发展具有重要的作用。同时，完善的规章制度可以使企业得到合作伙伴的信任，容易赢得商业机会。

企业的规章制度不仅是公司规范化、制度化管理的基础和重要手段，同时也是预防和解决劳动争议的重要依据。鉴于劳动关系中劳动者和用人单位之间的从属关系，由于国家法律法规对企业管理的有关事项一般缺乏十分详尽的规定，事实上用人单位依法制定的规章制度在劳动管理中可以起到类似于法律的效力。因而用人单位的合法的规章制度或内部劳动规则，作为企业内部的"法律"在此起到了补充法律规定的作用。

养殖企业防疫制度是养殖生产管理规范化、制度化的前提和基础，也是养殖生产管理及技术人员的行为准则和管理依据。合理、规范的防疫制度不仅有助于养殖场提高饲料、饮水、兽药的管理、使用水平，而且可以提高免疫、消毒、检疫、无害化处理的工作效率和工作质量。

◆ 实践案例

一、××种鸡基地防疫制度

为了保证鸡群的健康，使生产顺利进行，为市场提供物超所值的产品，防疫工作是养鸡场日常工作中非常关键的一环，因此防疫制度的制定与实施是全场工作的重点，其他任何工作和制度的制定都不能与其相违，任何人都不能凌驾于该制度之上，任何生产工作必须服从服务于该制度。

1. 人流的控制

（1）本场为防疫重地，谢绝外人参观。如需要进场，必须按本场防疫制度执行，不允许外单位人员在场留宿。

（2）本场所有人不得在家中饲养任何禽类，并尽可能避开各类畜禽饲养场及加工点，严禁把禽类产品带入场内。

（3）本场所有员工居住地与接触区域内发现畜禽疫情及时报告，并采取一定的隔离措施。

（4）凡进入本场的人员，必须在场门口更换生活区用鞋，换完生活区用鞋后需按规定路线和要求进入各自区域。

（5）需进入生产区的人员，进入更衣室更换自己的所有衣物，并放到专用更衣柜，进入浴室淋浴。淋浴后进入生产区专用更衣室，换上干净的生产区工作服进入生产区。

（6）所有员工一旦进入生产区，不得随意出入，完成工作后方可按规定路线返回生活区。

（7）进入鸡舍人员，必须踩踏消毒池或消毒盆1min，并把鞋底和周围刷干净，不留杂物，消毒盆内的消毒液等要经常更换并保持药效，进入鸡舍时必须洗手。

（8）在捡种蛋前、输精前、捡死鸡后必须先洗手消毒。

（9）所有员工不得串栋、越界工作，如：育雏区域、育成区域不得互相走动，管理人员检查工作时，必须按从幼龄到老龄的顺序进行，或先健康后不健康的鸡群，并注意更衣洗澡消毒。

（10）更衣室内不得洗私人物品，非生产人员不得随意进入更衣室。

（11）所有员工在生产区内走动时必须沿规定的路线走动，即走水泥路，不得走土路或草地，场区由消毒组定期消毒。

（12）本场所有员工，必须要做好在疫情多发季节或发病时进行无限期封舍、封场的思想准备。

2. 物流的控制

（1）任何与生产无关的物品不得带入更衣室和生产区。

（2）任何需带入生产区的工具及物品必须在熏蒸箱熏蒸 20min 后方可带入，车辆须经过高压冲洗消毒才能进入生产区。

（3）生活区及生产区的废弃物一律放入垃圾桶或放到指定地点，不得随便乱扔，保持场区清洁。

（4）每天的死鸡不得随便乱放，按兽医要求定时送往死鸡存放处，由兽医人员统一处理。严禁出售病死鸡。

（5）鸡舍所有工具和物品要定点使用，不得串栋使用。

（6）各工作场所随时保持整洁干净、卫生，物品码放整齐。

（7）做好灭鼠、防虫、灭蝇等工作。

（8）进入鸡舍后的物品要定期进行熏蒸消毒，工作服随时清洗消毒保持整洁。

（9）按要求认真保管好饲料、输精器具，不得污染。

（10）外单位车辆不经批准不得进入场区，所有进入场区的车辆司机必须更衣洗澡方能进入生产区，内部特殊车辆（运煤车、运料车等）及司机必须按规定路线和要求进行工作。

（11）生产区的车辆不得擅自开出生产区。

3. 消毒制度

（1）进入场区的所有物品、人员、车辆必须按规定进行冲洗消毒或熏蒸消毒。

（2）每天消毒组负责全场环境消毒。

（3）每天坚持带鸡消毒，定期更换消毒药。

（4）生产部门安排的集体工作完成后，立即进行带鸡消毒、环境消毒，如淘汰鸡、转群等。

（5）空舍消毒。进鸡前，清除鸡舍粪便和垃圾，舍内如能进行火焰消毒的地方，都要火焰消毒；火焰消毒后，要彻底清扫，高压冲洗做到无粪迹，无死角，鸡舍要按要求消毒 2~3 遍，空舍 2~3 周，经兽医监测合格后，方能进鸡。

（6）鸡舍内笼具、墙壁、枙架等用 0.3%~0.5% 次氯酸钠或 1% 甲醛溶液喷洒消毒。

（7）按每立方米空间，甲醛溶液 42mL，高锰酸钾 21g 的剂量熏蒸鸡舍。

（8）下水道用漂白粉或消毒液进行消毒。

（9）饮水器定期消毒。

（10）输精器械，按要求每天进行冲洗、浸泡、消毒、烘干备用。

（11）种蛋盘用消毒液浸泡 24h 后冲洗干净，无杂物、污物后送进蛋库备用。

（12）种蛋消毒。

①每天清扫产蛋网，不得有杂物、污物、粪便、鸡毛，种蛋上无尘迹。

②每天捡蛋 2~3 遍，捡蛋前要洗手消毒，别除脏蛋、破蛋、裂纹蛋、软蛋、畸形蛋等，捡蛋时不得戴手套，捡蛋时不得捡死鸡或匀料等其他可能污染种蛋或饲料的工作。

③隔夜蛋不能留做种蛋。

④捡完种蛋后，立即在鸡舍内按要求熏蒸消毒 20min（每立方米空间 28mL 甲醛，14g 高锰酸钾），消毒结束后立即送往种蛋库。

（13）种蛋库的消毒。

①种蛋库内除蛋库人员，其他人员不得随意进入。

②种蛋库内不得码放其他与种蛋库工作无关的物品，脏蛋、软蛋不能入种蛋存贮间。

③种蛋要保持干净卫生，每天清理地面，并用消毒液擦洗。

（14）更衣室要保持干净卫生，无杂物蜘蛛网等。由巡夜人员每天对更衣室进行熏蒸消毒，并由洗衣房人员，对地面进行清洗消毒，每天打扫各更衣室卫生。

（15）饲料的熏蒸消毒。每次来料时，在饲料大库进行熏蒸消毒（按每立方米甲醛溶液42mL，高锰酸钾21g），定期对来料进行采样，监测营养指标及卫生指标，留样备查。

（16）以上所有消毒效果，由兽医进行监测，发现问题及时解决。

4. 疫病防治

（1）严格执行防疫制度，做好人、物、车辆的控制，保证鸡群的健康。

（2）每日由兽医管理人员对鸡群进行巡察，坚持每天剖检病死鸡，发现疫情及时汇报，并采取有效措施。

（3）预防投药。根据鸡群日龄、季节变化、剖检病理变化、应激现状等给予鸡群适当预防投药。

（4）结合本场的实际情况，制定有效的免疫程序，免疫程序的调整必须经过统一的论证。疫苗的购入要有固定程序，保证质量，并开展小群试验，进行抗体监测等。

（5）消毒和抗菌药的使用需经消毒杀菌试验、药敏试验进行筛选，择优选用。

（6）定期进行抗体监测。对新城疫、产蛋下降综合征、传染性法氏囊病、高致病性禽流感等应定期进行抗体监测。

（7）疾病净化。为了保证公司产品质量，提高鸡只的生产性能，对疾病净化工作要坚持不懈。

①鸡白痢。各代次种鸡上笼前普检一次，以后按要求定期抽检，超标则普检，阳性鸡全部淘汰。家系鸡群留种前普检。

②鸡白血病。留种蛋前普检一次，以后按要求定期抽检，超标则普检，阳性鸡全部淘汰。家系鸡群留种前普检。

5. 防疫制度的落实与运行

（1）防疫是鸡群健康的保证，是本场工作重点，任何人都必须服从防疫制度。

（2）培训。所有上岗人员都要经过防疫制度、工作纪律、奖罚制度的培训，并经考核合格后方可上岗。

（3）督察。人人都是监督员，对违反防疫制度的现象，每个人都有权纠正，此项工作设有专职监督员，兽医对全场的各个环节的防疫进行监督检查，发现漏洞及时修补，发现问题及时上报、处理，主管兽医对所有监督员进行监察。

（4）奖惩制度。

①凡是违反防疫制度的人员，不管是管理人员还是普通职工，一律进行批评教育，依情节轻重给予经济处罚、降薪、降职、撤职、辞退，经济处罚200元起。如对违反防疫制度的人员进行包庇、讲情，则对其一并进行处理。

②对监督防疫制度有功人员给予一定的物质和精神奖励，对于发现并及时采取措施弥补防疫漏洞的人员给予奖励，对工作认真负责，表现突出的兽医监督员给予奖励。

二、××市养猪场动物防疫管理制度

1. 免疫制度

(1) 遵守《中华人民共和国动物防疫法》，按照××市兽医主管部门的统一布置和要求，认真做好口蹄疫、高致病性猪蓝耳病、猪瘟等强制性免疫病种的免疫工作。

(2) 严格按照场内制定的免疫程序做好其他疫病的免疫接种工作，严格按照免疫规程操作，确保免疫质量。

(3) 遵守国家关于生物安全方面的规定，使用来自合法渠道的合法疫苗产品，不得使用实验产品或中试产品。

(4) 在××市动物疫病预防控制中心的指导下，根据本场实际，制定科学合理的免疫程序，并严格遵守。

(5) 建立疫苗出入库制度，严格按照要求贮运疫苗，确保疫苗的有效性。

(6) 废弃疫苗按照国家规定无害化处理，不乱丢乱弃疫苗及疫苗包袋物。

(7) 疫苗接种及反应处置由取得合法资质的兽医进行或在其指导下进行。

(8) 遵守操作规程、免疫程序接种疫苗并严格消毒，防止带毒或交叉感染。

(9) 疫苗接种后，按规定佩戴免疫标识，并详细记入免疫档案。

(10) 免疫接种人员按国家规定做好个人防护。

(11) 定期对主要病种进行免疫效价监测，及时改进免疫计划，完善免疫程序，使本场的免疫工作更科学更有效。

2. 用药制度

(1) 场内预防性或治疗性用药，必须由兽医决定，其他人员不得擅自使用。

(2) 兽医使用兽药必须遵守国家相关法律法规规定，不得使用非法产品。

(3) 必须遵守国家关于休药期的规定，未满休药期的生猪不得出售、屠宰，不得用于食品消费。

(4) 树立合理科学用药观念，不乱用药。

(5) 不擅自改变给药途径、投药方法及使用时间等。

(6) 做好用药记录，包括：动物品种、年龄、性别、用药时间、药品名称、生产厂家、批号、剂量、用药原因、疗程、反应及休药期。必要时应附医嘱。

(7) 做好添加剂、药物等材料的采购和保管记录。

3. 检疫申报制度

(1) 本场饲养的生猪在本市内出售或迁移，提前向××市动物卫生监督机构或其派出的报检点申报检疫，并取得动物检疫合格证明。

(2) 本场饲养的生猪迁移出市外，应将生猪运至指定地点，向××市动物卫生监督机构或派出的换证处申报，并取得动物检疫合格证明。

(3) 自宰自食生猪，在屠宰前向××市动物卫生监督机构或者派出的报检点申报检疫，经检疫合格后，方可屠宰、食用。

(4) 引进种用公、母猪，在引进之前，须向××市动物卫生监督机构申报备案并办理审批手续，经依法批准后方可引入。引入后按规定进行隔离、观察、加强免疫，期满后经检疫合格再合群。

（5）跨省引进商品型饲养生猪，在引进前须向××市动物卫生监督机构申报备案，引入后按规定进行隔离、观察、加强免疫，期满后经检疫合格再合群。

4. 疫情报告制度

（1）义务报告人。驻场兽医当怀疑发生传染病时应立即向当地动物卫生监督机构或畜牧兽医站报告。

（2）临时性措施。

①将可疑传染病病畜隔离，派人专管和看护。

②对病畜停留过的地方和污染的环境、用具进行消毒。

③病畜死亡时，应将其尸体完整地保存下来。

④在法定疫病认定人到来之前，不得随意急宰，病畜的皮、肉、内脏未经兽医检查不许食用。

⑤发生可疑需要封锁的传染病时，禁止畜禽进出养殖场。

⑥限制人员流动。

（3）报告内容。

①发病的时间和地点。

②发病动物种类和数量、同群动物数量、免疫情况、死亡数量、临床症状、病理变化、诊断情况。

③已采取的控制措施。

④疫情报告的单位、负责人、报告人及联系方式。

（4）报告方式。书面报告或电话报告、紧急情况时应电话报告。

5. 消毒制度

（1）养殖场大门和圈舍门前必须设消毒池，并保证消毒液的消毒效果；场内还应设更衣室、淋浴室、消毒室、病畜隔离舍。

（2）养殖场定期采用清扫、冲洗、光照和使用化学药品等多种方法相结合进行消毒。

（3）选择高效低毒、人畜无害的消毒药品，消毒药应根据消毒目的、对象选择贮备，对环境、生态及动物有危害的药不得选择。

（4）圈舍每天清扫1～2次，周围环境每周清扫1次，及时清理污物、粪便、剩余饲料等物品，保持圈舍、场地、用具及圈舍周围环境的清洁卫生，对清理的污物、粪便、垫草及饲料残留物应通过生物发酵、焚烧、深埋等进行无害化处理。

（5）定期进行消毒灭源工作，一般圈舍和用具一周消毒一次，周围环境一月消毒一次。发病期间做到一天消毒一次。疾病发生后进行彻底消毒。

（6）场内工作人员进出场要更换衣服和鞋，场外的衣物鞋帽不得穿入场内，场内使用的外套、衣物不得带出场外，同时定期进行消毒。

（7）所有人员进入养殖区必须经过消毒池和消毒室，并对手、鞋消毒。消毒池的药液每周至少更换一次。

（8）产房消毒。进入产房前，地面和设备应冲洗干净并严格消毒，母猪全身洗刷干净并消毒后进入产房，分娩前必须严格消毒乳房和阴部，分娩完毕，再用消毒药抹拭乳房、阴部和后躯，及时清洗产房。

（9）养殖场实行"干稀分离、雨污分流"排放，干粪实行发酵处理利用，尿污进入沼气池沼化处理利用，防止粪尿污染环境。

6. 生物安全处理制度

（1）当养殖场的生猪发生疫病死亡时，必须坚持"四不准一处理"原则：即不得随意处置及出售、转运、加工和食用，应进行深埋、化制、焚烧等无害化处理。

（2）养殖场必须根据养殖规模在场内下风口修一个生物安全处理化尸池。

（3）当养殖场发生重大动物疫情时，除对病死生猪进行生物安全处理外，还应根据动物防疫主管部门的决定，对同群或染疫的生猪进行扑杀和生物安全处理。

（4）当养殖场的生猪发生传染病时，一律不允许交易、贩运，就地进行隔离观察和治疗。

（5）生物安全处理过程必须在驻场兽医和当地动物卫生监督机构的监督下进行，并认真对生物安全处理的生猪数量、死因、体重及处理方法、时间等进行详细的记录、记载。

（6）生物安全处理结束后，必须彻底对其圈舍、用具、道路等进行消毒、防止病原传播。

（7）在生物安全处理过程中及疫病流行期间要注意个人防护，防止人畜共患病传染给人。

7. 畜禽标识

（1）新出生生猪，在出生后 30d 内加施畜禽标识；30d 内离开饲养地的，在离开饲养地前加施畜禽标识。

（2）猪在左耳中部加施畜禽标识，从外地引进的生猪需要再次加施畜禽标识，在右耳中部加施。

（3）生猪的标识严重磨损、破损、脱落后，应当及时加施新的标识，并在养殖档案中记录新标识编码。

（4）没有加施畜禽标识的，不得运出养殖场。

（5）畜禽标识不得重复使用。

8. 养殖档案

（1）养殖场应当建立养殖档案，载明以下内容。

①生猪的品种、数量、繁殖记录、标识情况、来源和进出场日期。

②饲料、饲料添加剂等投入品和兽药的来源、名称、使用对象、时间和用量等有关情况。

③检疫、免疫、监测、消毒情况。

④生猪发病、诊疗、死亡和生物安全处理情况。

⑤生猪养殖代码。

（2）养殖场应当依法向市畜牧食品局备案，取得畜禽养殖代码，作为养殖档案编号。

（3）饲养种猪应当建立个体养殖档案，注明标识编码、性别、出生日期、父系和母系品种类型，母本的标识编码等信息。生猪调运时应当在个体养殖档案上注明调出和调入地，个体养殖档案应当随同调运。

（4）养殖档案和防疫档案保存时间。商品猪 2 年，种猪长期保存。

◆ **职业测试**

1. 请分析上述实践案例中的具体条款涵盖了动物防疫的哪些措施并给予说明。

2. 请分析上述实践案例中关于"人"的要求有哪些，强调对"人"的规范说明了什么问题。

3. 上网查找畜牧兽医类企业资料，并对各企业的防疫规章制度给予比较分析，总结防疫制度的基本内容及框架。

4. 假设你是某猪场的兽医主管，请你为该猪场制定一份防疫管理制度。

5. 假设你是某奶牛场的总经理，请从奶牛场防疫角度考虑应该制定哪几方面的规章制度。

任务 3-3　防疫计划编制

◆ 任务描述

动物防疫计划编制任务根据高级动物疫病防治员的管理能力培养目标和养殖企业典型工作任务而安排。通过对所属区域养殖场动物防疫现状的实地考察和调查，为该区域制订一份动物防疫计划，为本区域畜禽安全、健康、生态饲养提供防疫管理依据。

◆ 能力目标

在学校教师和企业技师共同指导下，完成本学习任务后，希望学生获得：

(1) 能遵守动物防疫计划的药剂使用、兽医卫生和兽医监督等相关防疫规范。

(2) 具备按照防疫工作规范独立完成不同养殖场防疫计划编制工作任务的能力。

(3) 具有学习动物防疫新知识和新技术的能力。

(4) 具有查找不同畜禽养殖场防疫设施的规划与建设相关资料并获取信息的能力。

(5) 具有在教师、技师或同学帮助下，主动参与评价自己及他人任务完成程度的能力。

(6) 能不断积累经验，并能从某一养殖场动物防疫计划编制个案中寻找共性。

(7) 经过完整实际工作过程训练，具有履行编制养殖场动物防疫计划岗位职责的能力。

◆ 学习内容

一、区域性动物防疫计划的编制方法

编制区域性动物疫病防疫计划时，首先需要了解所属区域的全部情况。计划的基本情况部分，是整个计划提出的依据，预防接种计划表、诊断性检疫计划表、兽医监督和兽医卫生措施计划的具体内容，都是以基本情况所提供的资料为根据的；同时，这三部分内容又决定了生物制品和抗生素计划表、普通药械计划表及经费预算。因此，详细了解基本情况部分实际是给整个计划的编制打下了良好的基础。

为了详细了解基本情况部分，需要熟悉本地区的地理、地形、植被、动物数量、气候条件及气象学资料，了解各农牧场、畜禽养殖场等经营方向，尤其是要研究与明确目前和以往畜禽传染病在本地区的流行情况，为此需要搜集和阅读本地区以往的有关畜禽传染病的统计报表资料、疫病流行地图、细菌化验室的资料及尸体剖检报告等；当对上述资料产生疑问时，应亲自到现场作详细调查，加以补充和审查。应深入地分析本地区有哪些有利于或不利于某些传染病发生和传播的自然因素及社会经济因素，充分考虑到避免或利用这些因素的可能性。为了正确地拟订计划，应掌握本地区各种畜禽现有的以及一两年内可能达到的数量。

在拟订防疫措施的计划时，应充分考虑到现有兽医人员的力量及其技术水平，不要把经过努力仍不可能办到的事情勉强订入计划中；另一方面则应估计到在开展防疫工作过程中培养基层技术力量的可能性，或某些工作方面利用畜牧工作者和群众力量的可能性。如果当地的技术力量及设备条件等，不允许将所有应当采取的防疫措施相提并论时，应当把最重要而又有把握按计划实施的措施列为重点，较次要而又可以结合重点工作进行的措施项目，应考虑配合重点工作来实施。

在各种防疫工作的时间安排上，必须充分考虑到季节性的生产活动，务必使措施的实施和生产实际密切配合，避免互相冲突。当然，同样也应当考虑传染病的季节性。在计划使用的药械时，同样应坚持经济有效的原则，尽量避免使用贵重而不易获得的药械。计划初稿拟定后，首先应在本单位讨论，修订通过后，再征求有关单位和农牧场的意见，最后报请上级审核批准。

二、动物防疫计划编制内容

畜禽疫病区域性防疫计划的内容包括一般的传染病与寄生虫病的预防、某些慢性传染病与寄生虫病的检疫及控制、遗留疫情的扑灭等工作。编写计划时可以分成：基本情况，预防接种，诊断性检疫，兽医监督和兽医卫生措施，生物制品、抗生素和驱虫药贮备、耗损及补充计划，普通药械使用计划，经费预算等部分。

1. 简述基本情况　简述所属地区与流行病学有关的自然概况和社会、经济因素；畜牧业的经营管理，家畜家禽数目及饲养条件；兽医的工作条件，包括人员、设备、基层组织和以往的工作基础等；本地区及其周围地带目前和最近两三年的疫情，对来年疫情的估计等。

2. 制订预防接种计划　根据所属地区的基本情况，制订预防接种计划表（表3-2）。

表3-2　预防接种计划

接种疫苗名称	地区范围	畜别	应接种头数	计划接种的头数				
				第一季度	第二季度	第三季度	第四季度	合计

3. 制订诊断性检疫计划　结合所属地区动物疫病发生的基本情况，制订诊断性检疫计划（表3-3）。

表3-3　诊断性检疫计划

检疫疫病名称	地区范围	畜别	应检疫头数	计划检疫的头数				
				第一季度	第二季度	第三季度	第四季度	合计

4. 制订兽医监督和兽医卫生措施计划　制订兽医监督和兽医卫生措施计划主要包括除了预防接种和检疫以外的、以消灭现有动物疫病及预防出现新疫点为目的的一系列措施的实施计划，诸如修缮和改良畜舍的计划，改善饲养管理计划、推行家畜卡片制度的计划，建立合乎兽医卫生要求的水源及清理放牧地（填平污水坑、清除兽骨及改良土壤等）的计划，建设隔离室、产房、药浴池、贮粪池、尸体坑、畜禽墓地及畜产品加工厂的计划。

5. 制订生物制品及抗生素等药剂使用计划　根据所属地区的基本情况，结合所使用的生物制品及抗生素等药剂的特点，制订生物制品及抗生素等药剂使用计划（表3-4）。

表3-4 生物制品及抗生素等药剂使用计划

药剂名称	计量单位	全年需要量					库存		需要补充量					备注
		1季度	2季度	3季度	4季度	合计	数量	失效期	1季度	2季度	3季度	4季度	合计	

6. 制订普通药械使用计划 根据所属地区动物疫病发生与流行的基本情况，结合生物制品及抗生素等药剂使用计划，制订普通药械使用计划（表3-5）。

表3-5 普通药械计划

名称	用途	单位	现有数	需补充数	需要规格	代用规格	产地	需用时间	备注

7. 经费预算 经费预算一般按照开支项目分季度列表来表示。

◆ 职业测试

1. 判断题

（1）编制区域性动物疫病防疫计划首先需要了解所属区域的全部情况。（　　）

（2）在各种防疫工作的时间安排上必须充分考虑到季节性的生产活动。（　　）

（3）畜禽疫病区域性防疫计划的内容包括一般的传染病与寄生虫病的预防、某些慢性传染病与寄生虫病的检疫及控制、遗留疫情的扑灭等工作。（　　）

（4）在拟定防疫措施的计划时应考虑现有兽医人员的力量及其技术水平。（　　）

（5）动物防疫计划一般包括基本情况、预防接种、诊断性检疫、兽医监督和兽医卫生措施、生物制品贮备及抗生素和驱虫药贮备、耗损及补充计划、普通药械补充计划及经费预算等部分。（　　）

2. 实践操作题

（1）请你通过本任务的学习，编写一份1 000头种猪场的防疫计划。

（2）结合你学过的知识，请为江苏省泰州市海陵区某500头奶牛场编制一份防疫计划。

任务3-4 日常饲养防疫管理

◆ 任务描述

加强日常饲养防疫管理是养殖场预防动物疫病的重要基础工作。做好畜禽养殖场的饲养方式选择与饲养制度管理、人员管理、车辆及用具管理、饲料与饮水管理等饲养管理工作是避免或减少动物疫病发生与流行的重要措施。因此，日常饲养防疫管理任务是根据高级动物疫病防治员的管理能力培养目标和典型工作任务分析的需要安排。通过加强畜禽养殖场日常饲养防疫管理工作，为畜禽安全、健康、生态饲养提供管理防疫保障。

◆ 能力目标

在学校教师和企业技师共同指导下，完成本学习任务后，希望学生获得：

（1）不同畜禽养殖场人员、车辆及用具的防疫管理技术。

（2）不同畜禽养殖场饲料与饮水的防疫管理技术。

（3）按照工作规范独立完成养殖场饲养管理防疫工作任务。

（4）选择合适的饲养方式与制度，做好养殖场人员、车辆、用具、饲料与饮水等管理的能力。

（5）查找不同畜禽养殖场饲养管理养殖防疫的相关资料并获取信息的能力。

（6）不断积累经验，从不同畜禽养殖场日常饲养管理防疫个案中寻找共性。

（7）经过完整实际工作过程训练，从事不同畜禽养殖场饲养管理防疫工作的能力。

◆ 学习内容

一、饲养方式及饲养管理

1. 自繁自养饲养方式　所谓自繁自养饲养方式，就是畜禽养殖场为了解决本场仔畜禽的来源，根据本场拟饲养商品畜禽的规模，饲养一定数量的母畜禽的养殖方式。

执行自繁自养方式不仅可以降低生产成本，减少仔畜禽市场价格对本场的影响，也可防止由于引入患病动物及隐性感染动物而人为将病原带入本场。有条件自行繁殖的养殖场，如不是必要，切勿从外地引进种畜禽、种蛋。如果必须从外地或外场购入时，应从非疫区引进，不要从发病场或发病群或刚刚病愈的动物群引入，而且须经官方兽医人员检疫合格后方可引入。引入后应先隔离饲养 15~30d，经检查确认无任何传染病或寄生虫病时，方可入群。禁止来源不明的动物进入场内。严禁将参加过展览及送往集市或屠宰场不合格的动物运回本场混群饲养。

2. 全进全出饲养方式　所谓全进全出，就是指在一个相对独立的饲养单元之内，饲养同样日龄、同样品种和同样生产功能的畜禽，简单地说，就是在一个相对独立的饲养单元之内的所有畜禽，应当是同时引入（全进），同时被迁出予以销售、淘汰或转群（全出）。

实行全进全出的饲养方式，不仅有利于提高动物群体生产性能，而且有利于采取各种有效措施防治畜禽疫病。因为通过全进全出，使每批动物的生产在时间上有一定的间隔，便于对动物舍栏进行彻底的清扫和消毒处理，便于有效切断疫病的传播途径，防止病原在不同批次群体中形成连续感染或交叉感染。而畜禽场中经常有畜禽，则很难做到彻底消毒，也就很难彻底清除病原，因此常有"老场不如新场"的说法。

为便于落实全进全出的养殖制度，实施时可将其分为三个层次：一是在一栋动物舍内全进全出；二是在一个饲养户或养殖场的一个区域范围内全进全出；三是整个养殖场实行全进全出。一栋动物舍内全进全出容易做到，以一个饲养户或养殖场的一个区全进全出也不难，但要做到整个场全进全出就很困难，特别是大型养殖场，设计时可考虑分成小区，做到以小区为单位全进全出。

在我国目前的条件下，大中型畜禽场可以考虑以建分场和小场大舍的形式，个体或小型畜禽场可以走联合的道路，使畜禽生产不同阶段处于不同场，各自相对独立，保证全进全出的饲养制度得以贯彻。

3. 分区分类饲养方式　所谓分区分类饲养，包含几层含义：一是养殖场应实行专业化生产，即一个养殖场只养一种动物；二是不同生产用途的动物应分场饲养，如种畜禽和商品畜禽应分别养殖在不同场区；三是处于不同生长阶段的同种畜禽应分阶段饲养，如养猪场应分设仔猪舍、育成猪舍、后备猪舍、妊娠母猪舍、哺乳母猪舍等，便于及时分群饲养。

由于不同动物对同一种病原的敏感性以及同种动物对同种病原的敏感性均有不同，在同一畜禽场内，不同用途、不同年龄的动物群体混养时有复杂的相互影响，会给防疫工作带来很大的难度。例如，没有空气过滤设施的孵化厅建在鸡舍附近，孵化室和鸡舍的葡萄球菌、绿脓杆菌污染情况就会变得很严重。当育雏舍同育成鸡舍十分接近而隔离措施不严时，鸡群呼吸道疾病和球虫病的感染则难以控制。因此，对于大型畜禽场而言，严格执行分区分类饲养制度是减少防疫工作难度，提高防疫效果的重要措施。

4. 日常饲养管理　影响动物疫病发生和流行的饲养管理因素，主要包括饲料营养、饮水质量、饲养密度、通风换气、防暑或保温、粪便和污物处理、环境卫生和消毒、动物圈舍管理、生产管理制度、技术操作规程以及患病动物隔离、检疫等内容。这些外界因素常常可通过改变动物群与各种病原体接触的机会、改变动物群对病原体的一般抵抗力以及影响动物群产生特异性的免疫应答等作用，使动物机体表现出不同的状态。

实践证明，规范化的饲养管理是提高养殖业经济效益和综合性防疫水平的重要手段。在饲养管理制度健全的养殖场中，动物体的生长发育良好，抗病能力强，人工免疫的应答能力高，外界病原体侵入的机会少，因而疫病的发病率及其造成的损失相对较小。各种应激因素，如饲喂不及时、饮水不足、过冷、过热、通风不良导致的有害气体浓度升高、免疫接种、噪声、挫伤、疾病等因素长期持续作用或累积相加，达到或超过了动物能够承受的临界点时，可以导致机体的免疫应答能力和抵抗力下降而诱发或加重疾病。在规模化养殖场，人们往往将注意力集中到疫病的控制和扑灭措施上，而饲养管理条件和应激因素与机体健康的关系常常被忽略，从而形成了恶性循环。因此，动物疫病的综合防治工作需要在饲养管理条件和管理制度上进一步完善和加强。

二、养殖场人员的防疫管理

养殖场人员主要包括管理人员、畜牧及兽医技术人员、工勤人员以及外来人员。人员在畜禽场之间、畜禽舍之间流动，是养殖场最大的潜在传播媒介。当人员从一个畜禽场到另一个畜禽场，或从一个畜禽舍到另一个畜禽舍，病原体就会通过他们的鞋、衣服、帽子、手、甚至分泌物、排泄物等传播开来。因此，畜禽生产中必须高度重视对各类人员的防疫管理。

1. 人员的培训　加强防疫宣传，做好防疫培训，增强各级各类人员的防疫意识。在场内利用各种方式，如标语、口号加强防疫宣传。宣传的内容要简明扼要，易懂易记，除宣传经常性的防疫工作内容外，在不同情况下，根据防疫工作重点，制定专门的口号和标语。

利用各种方式，如讲座、进修、研讨会、录像、录音、考试等，对全体职工加强防疫培训。通过防疫宣传和培训，一定要使各级各类人员，包括场长、经理、饲养员、后勤人员、防疫人员都认识到防疫在畜禽生产中的重要性和自己对疫病发生所起的影响，掌握畜禽防疫的基本原则和了解基本技术。

2. 建立严格的人员防疫管理制度

（1）饲养人员要求。畜禽场工作的各类人员的家中，都不得饲养畜禽和鸟类，也不得从事与畜禽有关的商业活动、技术服务工作。否则，这些工作人员很容易把病原体从其他地点带至本场。

（2）人员消毒制度。在场工作的各类人员，进入生产区必须换鞋、更衣、洗澡，至少也应当换鞋和更换外套。进畜禽舍时要二次换鞋更衣。应当注意，生产区入口处、消毒室内的紫外线灯因数量少，很难照射到下半身，照射时间短，其消毒效果并不可靠；生产区入口处消毒池和畜禽舍门口的消毒盆也可因消毒液浓度或时间长久而失效，消毒效果也不理想，因此，只有更换已经消毒或灭菌的鞋子、工作服才是可靠的。生产区的入口处消毒室应当预备富余的消毒鞋靴、工作服，供外来人员使用。

（3）管理人员要带头遵守防疫制度。场长、经理、办公室的行政管理人员、兽医要严格遵守卫生规则、防疫制度。他们经常参观访问许多不同类型的畜禽养殖企业、畜禽疾病研究机构，在这些单位很容易被病原体污染。因此，管理人员如能严格遵守卫生规则和防疫制度，起模范带头作用，畜禽场的一切防疫制度都比较容易落实。

（4）饲养人员管理。饲养员应经常洗澡，换洗衣服、鞋袜、工作服，鞋、帽要经常消毒。每次进舍前需换工作服、鞋，并用紫外线照射消毒，手接触饲料和饮水前需用新洁尔灭或次氯酸钠等消毒。饲养员应固定岗位，不得串岗，随便进入其他畜禽舍。发生疫病畜禽舍的饲养员必须严格隔离，直至解除封锁。

（5）严格管理勤杂人员。场内的勤杂人员包括维修工、电工、司机、炊事员、清粪工，他们的工作地点不固定，经常从一栋畜禽舍到另一栋畜禽舍，他们的工具也随之转移，对他们严格管理也是畜禽场人员管理的重要内容。

（6）来宾接待。有时主管部门的领导会来畜禽场视察、检查，有时畜禽场还会邀请专家、学者来场指导。来宾们的活动范围很广，也经常出入其他畜禽场，因此，如果他们要进入生产区，也应和其他人员一样进行严格的更衣和消毒。

（7）拒绝无关来访。畜禽场周围居民，尤其是小孩，由于好奇，常希望到畜禽场参观，邻近的畜禽饲养者也愿意互相走访，更有甚者他们会带几只死畜禽请场内兽医帮助诊断，这些都是疾病传播的原因，对于个体畜禽饲养者来说更是如此。如果邻近畜禽场发生了一种新的疾病，可以通过电话讨论。总之，畜禽场应当拒绝一切无关人员的参观访问。

三、车辆及用具管理

畜禽场中可移动的车辆很多，如运粪车（图3-8）、运蛋车、料车（图3-9、图3-10）等，用具包括饮水器、喂料器（图3-11）、笤帚、铁锹等，这些车辆、用具除要定期消毒外，在管理上还应注意：生产区内部的大型机动车不能挂牌照，不能开出生产区，仅供生产区内部使用；外来车辆一律在场区大门外停放；畜禽舍内的小型用具，每栋舍内都要有完整的一套，不准互相借用、挪用；生产周转用具不得在畜禽饲养场间串用，生产区内畜禽舍内的生产周转用具不得带出生产区畜禽舍，一旦带出，经严格消毒后才能重新进入生产区或畜禽舍。不宜借用其他养殖场的车辆和用具。

图 3-8　养殖场运粪车

图 3-9　养殖场饲料车

图 3-10　散装饲料车

图 3-11　猪专用干湿喂料器

四、饲料的管理

1. 饲料管理总要求　购买饲料成品（图 3-12、图 3-13）或原料时应注意检查霉变情况，必要时可进行检验。有时曲霉菌对玉米、豆饼（粕）（图 3-14）、花生饼（粕）的污染虽肉眼检查不能发现，但足以造成畜禽尤其是家禽中毒。

饲料运输、保藏的过程中应防止发霉变质，运输饲料的卡车必须带有篷布。料仓应当不漏雨，并有防潮措施，还应当有防鼠、防鸟措施。老鼠和鸟类，一方面偷食饲料，更重要的是它们可能把病原微生物带进饲料中，从而传染畜禽群。

畜禽舍的小料库贮存的饲料一般不超过 2d 的饲喂量。

图 3-12　颗粒料

图 3-13　猪用复合预混料

图 3-14　豆粕

2. 饲料防霉措施 控制饲料原料的含水量，饲料原料的含水量要按国家标准执行，水分过高易于发霉，因此，谷物在收获后必须迅速干燥，使含水量在短时间内降到安全水分范围内，如稻谷含水量降到13%以下，大豆、玉米、花生的含水量分别降到12%、12.5%、8%以下。我国北方允许含水量略高，储运时应予注意，以防途中霉变。

（1）控制饲料加工过程中的水分和温度。饲料加工后如果散热不充分即装袋、储存，会因温差大导致水分凝结，易引起饲料霉变。特别是在生产颗粒饲料时，要注意保证蒸汽的质量，调整好冷却时间与所需空气量，使出机颗粒的含水量和温度达到规定的要求。一般而言，含水量在12.5%以下，温度一般可比室温高3～5℃。

（2）注意饲料产品的包装、储存与运输。饲料产品包装袋要求密封性能好，如有破损应停止使用。应保证有良好的储存条件，仓库要通风、阴凉、干燥，相对湿度不超过70%。还可采用二氧化碳或氮气等惰性气体进行密闭保存。储存过程中还应防止虫害、鼠咬。运输饲料产品应防止途中受到雨淋和日晒。

（3）应用饲料防霉剂。经过加工的饲料原料与配合饲料极易发霉，故在加工时可应用防霉剂。常用防霉剂主要是有机酸类或其盐类，例如丙酸、山梨酸、苯甲酸、乙酸及它们的盐类，其中以丙酸及其盐类丙酸钠和丙酸钙应用最广（图3-15、图3-16、图3-17）。目前多采用复合酸抑制霉菌的方法。

图3-15 饲料保鲜防霉剂　　图3-16 复合型饲料防霉剂　　图3-17 饲料复合防霉剂

3. 防沙门氏菌污染 饲料被沙门氏菌污染是导致畜禽沙门氏菌病传染的重要原因。各种饲料原料均可发现沙门氏菌，尤以动物性饲料原料为多见，如肉骨粉、肉粉、鱼粉、皮革蛋白粉、羽毛粉和血粉等。防止饲料污染沙门氏菌，应从饲料原料的生产、储运和饲料加工、运输、储藏及饲喂动物各个环节，采取相应的措施。

（1）选择优质原料。无论用屠宰废弃物生产血粉、肉骨粉，还是利用低值鱼生产鱼粉及液体鱼蛋白饲料，都应以无传染病的动物为原料，不用因传染病死亡的畜禽或腐烂变质的畜禽、鱼类及其下脚料作原料。

（2）科学加工处理。良好的发酵条件可抑制杂菌的生长，大大减少饲料中的有害细菌。通过发酵减少杂菌并快速干燥是保证发酵饲料安全的有效措施。动物性饲料要严格控制含水量，如发酵血粉的含水最应控制在8%以下，而且要严格密封包装。通过热处理可有效地从饲料中除去沙门氏菌。制粒和膨化时的瞬间温度均较高，对热抵抗力弱的沙门氏菌或大肠杆菌有较强的抑制、灭杀作用，应合理选用。

（3）正确使用。动物性饲料的包装必须严密，产品在运输过程中要防止包装袋破损和日晒雨淋；放置饲料的仓库应通风、阴凉、干燥、地势高；可防蚊、蝇、蟑螂等害虫和鼠、犬、猫、鸟类等动物的侵入；使用时，不宜在畜禽舍内堆放过多饲料。

（4）添加有机酸。在饲料中添加各种有机酸，如甲酸、乙酸、丙酸、乳酸等，降低饲料pH，可有效防止污染沙门氏菌。

4. 饲料中细菌总数的测定　饲料中细菌总数的测定原理是：试样经过处理，稀释至适当浓度，在一定条件［如用特定的培养基，在温度（30±1）℃培养（72±3）h等］下培养后，所得1g（mL）试样中含细菌总数。

饲料中细菌总数测定的方法步骤参考《饲料中细菌总数的确定 GB/T 13093—2006）》。饲料中细菌总数是指饲料试样经过处理后，在一定条件下（如培养成分、培养温度和时间等）培养后，所得1g（mL）试样中含细菌总数，主要作为判定饲料污染程度的依据。

五、饮水的管理

水是维持生命的主要物质，占动物组织成分的55%～60%。水能溶解动物体内所需要的营养物质，运送营养，排除废物。为动物提供安全的饮水，防止动物因饮水染疫，是做好饮水管理的根本目的。

1. 养殖场的水源　养殖场的饮用水以自来水为好，同时要自备水源。水源要远离污染源。水源周围50m内不得设置储粪场、渗漏厕所。水井设在地势高燥处，防止雨水、污水倒流引起污染。定期进行水质检测和微生物及寄生虫学检查，发现问题及时处理。

2. 水的细菌学指标　细菌学指标是评价水的质量指标之一，反映了水受到微生物污染的状况。水中可能含有多种细菌，其中以埃希氏杆菌属、沙门氏菌属及钩端螺旋体属最为常见。在饮水卫生要求上总的原则是水中的细菌越少越好。评价水质卫生的细菌学指标通常有细菌总数和总大肠菌群数。动物的饮用水和人的饮用水卫生安全指标是一致的。《生活饮用水卫生标准》（GB 5749—2006）规定饮用水消毒细菌学指标应达到如下标准：菌落总数≤100CFU/mL；总大肠菌群不得检出。

3. 水的消毒　天然水应消毒后供给。水消毒的方法很多，如氯化法、煮沸法、紫外线照射法、臭氧法、超声波法，目前应用最广的是氯化消毒法，因为此法消毒力强、设备简单、使用方便、费用低。常用的氯化消毒剂有液态氯、漂白粉（含有效氯30%）或漂白粉精（含有效氯60%～70%）、次氯酸钠、二氧化氯等。

集中式给水的氯化消毒主要用液态氯，经加氯机配成氯的水溶液或直接将氯气加入管道；分散式给水多用漂白粉精、漂白粉片以及二氧化氯。

4. 供水系统的清洗消毒　供水系统应定期冲洗（通常每周1～2次），可防止水管中沉积物的积聚。在集约化养殖场实行全进全出制时，于新动物群入舍之前，在进行动物舍清洁的同时，也应对供水系统进行冲洗。通常可先采用高压水冲洗供水管道内腔，而后加入清洁剂，经约1h后，排出药液，再以清水冲洗。清洁剂通常分为酸性清洁剂（如柠檬酸、醋等）和碱性清洁剂（如氨水）两类，使用清洁剂可除去供水管道中沉积的水垢、锈迹、水藻等，并与水中的钙或镁相结合。此外，在采用经水投药防治疾病时，于经水投药之前2d和用药之后2d，也应使用清洁剂来清洗供水系统。

◆ 任务案例

贵州省某地王某多年从事生猪养殖，为了准确把握饲料中卫生学评价标准，掌握所用饲料中细菌总数情况，正确判定饲料被污染程度，提高生猪生产中饲料安全意识和管理能力，根据饲料中细菌总数测定的方法步骤，设计了测定饲料中细菌总数的工作任务。

1. 工具材料的准备

(1) 工具及材料。分析天平（感量 0.1g）、振荡器（往复式）、粉碎机（非旋风磨，密闭要好）、高压灭菌器（灭菌压力 0~3kg/cm²）、冰箱、恒温水浴锅 [（46±1）℃]、恒温培养箱 [（30±1）℃]、微型混合器、灭菌三角瓶（100mL、250mL、500mL）、灭菌移液管（1mL、10mL）、灭菌试管（16mm×160mm）、灭菌玻璃珠（直径 5mm）、灭菌培养皿（直径 90mm）、灭菌金属勺、刀等。

(2) 培养基及试剂。营养琼脂培养基、磷酸盐缓冲液、0.85% 生理盐水、水琼脂培养基、常见消毒药品等。

2. 试样的制备 采样时必须特别注意样品的代表性并避免采样时的污染。首先准备好灭菌容器和采样工具，如灭菌牛皮纸袋或广口瓶、金属勺和刀，在卫生学调查基础上，采取有代表性的样品。

然后根据饲料仓库、饲料垛的大小和类型，分层定点采样，一般可分三层五点或分层随机采样，不同点的样品，充分混合后，取 500g 左右送检，少量存贮的饲料可使用金属小勺采取上、中、下各部位的样品混合作为试样。

3. 饲料中细菌总数测定工作流程 按照完成此项任务的工作要求，设计饲料中细菌总数测定工作流程（图 3-18）。

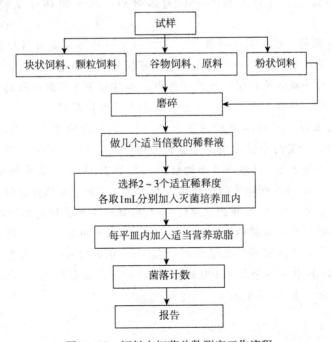

图 3-18 饲料中细菌总数测定工作流程

4. 试样稀释及培养

（1）以无菌操作称取试样 25g（或 10.0g），放入含有 225mL（或 90mL）稀释液或生理盐水的灭菌三角烧瓶内（瓶内预先加有适当数量的玻璃珠）。置振荡器上，振荡 30min。经充分振摇后，制成 1∶10 的均匀稀释液。最好置于均质器中以 8 000～10 000r/min 的速度处理 1min。

（2）用 1mL 灭菌吸管吸取 1∶10 稀释液 1mL，沿管壁慢慢注入含有 9mL 灭菌稀释液或生理盐水的试管内（注意吸管尖端不要触及管内稀释液），振摇试管，或放于微型混合器上，混合 30s，制成 1∶100 的稀释液。

（3）另取一支 1mL 灭菌吸管，按上述操作方法，进行 10 倍递增稀释，如此每递增稀释一次，即更换一支吸管。

（4）根据饲料卫生标准要求或对试样污染程度的估计，选择 2～3 个适宜稀释度，分别在进行 10 倍递增稀释的同时，即以吸取该稀释度的吸管移 1mL 稀释液于灭菌平皿内，每个稀释度做 2 个平皿。

（5）稀释液移入平皿后，应及时将凉至（46±1）℃的培养基［可放置（46±1）℃水浴锅内保温］注入平皿约 15mL，小心转动平皿使试样与培养基充分混匀。从稀释试样到倾注培养基之间，时间不能超过 30min。如估计试样中所含微生物可能在培养基平皿表面生长时，待培养基完全凝固后，可在培养基表面倾注凉至（46±1）℃的水琼脂培养基 4mL。

（6）待琼脂凝固后，倒置平皿于（30±1）℃恒温箱内培养（72±3）h 取出，计数平板内细菌总数目，菌落总数乘以稀释倍数，即得每克试样所含细菌总数。

5. 细菌总数的计算　进行平板菌落计数时，可用肉眼观察，如菌落形态小时可借助于放大镜检查，以防遗漏。在计算出各平板菌落数后，求出同稀释度两个平板菌落的平均值。

6. 菌落计数的报告　选取菌落数在 30～300 的平板作为菌落计数标准。每一稀释度采用两个平板菌落的平均数，如两个平板其中一个有较大片状菌落生长时，则不宜采用，而应以无片状菌落生长的平板作为该稀释度的菌落数，如片状菌落不到平板的一半，而另一半菌落分布又很均匀，即可计算半个平板后乘以 2 代表全平板菌落数。

（1）稀释度的选择。应选择平均菌落数在 30～300 的稀释度，乘以稀释倍数报告之（表 3-6 中例次 1）。如有两个稀释度，其生长的菌落数均在 30～300，视两者之比情况来决定，如其比值小于或等于 2，应报告其平均数；如大于 2，则报告其中较小的数字（表 3-6 中例次 2 及例次 3）。如所有稀释度的平均菌落数均大于 300，则应按稀释度最高的平均菌落数乘以稀释倍数报告之（表 3-6 中例次 4）。如所有稀释度的平均菌落数均小于 30，则应按稀释度最低的平均菌落数乘以稀释倍数报告之（表 3-6 中例次 5）。如所有稀释度均无菌落生长，则以小于 1 乘以最低稀释倍数报告之（表 3-6 中例次 6）。如所有稀释度的平均菌落数均不在 30～300，其中一部分大于 300 或小于 30 时，则以最接近 30 或 300 的平均菌落数乘以稀释倍数报告之（表 3-6 中例次 7）。

表3-6　稀释度选择及细菌总数报告方式

例次	稀释液及细菌总数			稀释液之比	细菌总数/[CFU/g（mL）]	报告方式/[CFU/g（mL）]
	10^{-1}	10^{-2}	10^{-3}			
1	多不可计	164	20	—	16 400	16 000 或 $1.6×10^4$
2	多不可计	295	46	1.6	37 750	38 000 或 $3.8×10^4$
3	多不可计	271	60	2.2	27 100	27 000 或 $2.7×10^4$
4	多不可计	多不可计	313	—	313 000	310 000 或 $3.1×10^5$
5	27	11	5		270	270 或 $2.7×10^2$
6	0	0	0	—	$<1×10$	<10
7	多不可计	305	12		30 500	31 000 或 $3.1×10^4$

（2）结果报告。细菌总数在100以内时，按其实有数报告；大于100时，采用两位有效数字，在两位有效数字后面的数值，以四舍五入方法计算。为了缩短数字后面的零数，也可用10的指数来表示。

◆ 职业测试

1. 判断题

（1）对于存栏万头以上规模的猪场，通常考虑以场为单位实行全进全出。　　（　　）

（2）畜牧场最大的污水源是生活污水。　　（　　）

（3）在进行饲料中细菌总数测定时，采样时必须特别注意样品的代表性并避免采样时的污染。　　（　　）

（4）同一养殖场内的生产用具可以相互借用。　　（　　）

（5）全进全出的饲养制度，有利于提高动物群体生产性能及采取各种有效措施防控畜禽疫病。　　（　　）

（6）评价水质卫生的细菌学指标通常有细菌总数和大肠菌群数。　　（　　）

（7）养殖场各类工作人员家中不宜饲养畜禽和鸟类。　　（　　）

（8）不管养殖规模大小，都应当提倡全进全出的饲养制度。　　（　　）

（9）坚持自繁自养是防止疫病发生的一项重要手段。　　（　　）

（10）菌落计数时应选择平均菌落数在30~300的稀释度。　　（　　）

（11）养殖场的饮用水以自来水为好，同时要自备水源。　　（　　）

（12）在饲料中添加各种有机酸，如甲酸、乙酸、丙酸、乳酸等，降低饲料pH，可有效防止污染沙门氏菌。　　（　　）

（13）饲养员应固定岗位，不得串岗，随便进入其他畜禽舍。　　（　　）

（14）生产区内部的大型机动车不能挂牌照，不能开出生产区，仅供生产区内部使用。　　（　　）

（15）畜禽舍的小料库贮存的饲料一般不超过2d的饲喂量。　　（　　）

2. 实践操作题

（1）你认为小型养殖场及农村养殖户应如何做到生产中饲料和饮水的卫生安全，请你设计一个方案，并具体操作。

（2）通过学习此任务的内容，请你为江苏省泰州市高港区某种鸡场设计一个养殖场相关人员的培训与管理方案，供该鸡场的场长参考。

任务 3-5 兽医卫生管理

◆ 学习任务

养殖场兽医卫生管理任务根据高级动物疫病防治员的管理能力培养目标和典型工作任务分析的需要安排。通过做好畜禽养殖场粪便的处理和利用、动物尸体的处理、其他废弃物的处理，以及养殖场的防虫灭虫和防鼠灭鼠等卫生管理防疫工作，可有效避免或减少养殖场动物疫病的发生与流行，为畜禽安全、健康、生态饲养提供技术环境保障。

◆ 能力目标

在学校教师和企业技师共同指导下，完成本学习任务后，希望学生获得：

（1）掌握不同杀虫剂和灭鼠药饵的使用技术。
（2）掌握各种畜禽养殖场废弃物的处理技术。
（3）遵守畜禽养殖场卫生管理防疫的安全和环保规范。
（4）按照工作规范独立完成养殖场卫生管理防疫工作任务。
（5）优化和改善养殖场卫生管理防疫的能力。
（6）查找不同畜禽养殖场卫生管理防疫工作的相关资料并截取信息的能力。
（7）经过完整实际工作过程训练，从事养殖场卫生管理防疫工作岗位的能力。

◆ 学习内容

一、废弃物处理

鸡场粪便无害化处理　猪场粪便无害化处理

（一）粪便的处理和利用

畜禽粪便中常常含有一些病原微生物和寄生虫卵，如果不进行消毒处理，容易造成污染和疾病传播。在畜禽粪污处理过程中，通过生产沼气、堆肥、沤肥、沼肥、肥水、商品有机肥、垫料、基质等方式进行畜禽粪污资源化合理利用是畜禽粪便处理首选途径。

1. 动物粪便的收集与存放　在养殖生产中，养殖场应及时对粪污进行收集、贮存，粪污暂存池（场）应满足防渗、防雨、防溢流、雨污分流等要求。粪便收集、运输过程中应采取防遗洒、防渗漏等措施。集中建立的畜禽粪便处理场与畜禽养殖区域的最小距离应大于2km，且处理场地应距离功能地表水体400m以上。

2. 固态粪便的处理和利用　干清粪或固液分离后的固体粪便可采用堆肥、沤肥、生产垫料等生物热消毒处理方式进行处理利用。固体粪便堆肥（生产垫料）宜采用条垛式、槽式、发酵仓、强制通风静态垛等需氧工艺，或其他适用技术，同时配套必要的混合、输送、搅拌、供氧等设施设备。固态堆肥处理时，其堆体温度维持50℃以上的时间不少于7d，或45℃以上不少于14d。固体畜禽粪便经过堆肥处理后应满足蛔虫卵死亡率≥95%、粪大肠菌群数≤10^5个/kg及堆体周围不应有活的蛆、苍蝇的蛹或新羽化的成蝇的卫生学要求。

3. 液态粪便的处理和利用 液体或全量粪污可通过氧化塘、沉淀池等进行无害化处理，也可采用异位发酵床工艺、完全混合式厌氧反应器（CSTR）、上流式厌氧污泥床反应器（UASB）等处理。液态粪便厌氧发酵可采用常温、中温或高温处理工艺，常温厌氧发酵处理水力停留时间不应少于 30d，中温厌氧发酵不应少于 7d，高温厌氧发酵温度维持（53±2）℃时间应不少于 2d。处理后的液态畜禽粪便应满足蛔虫卵死亡率≥95％，在使用粪液中不应检出活的钩虫卵，常温沼气发酵粪大肠菌群数≤10^5个/L，高温沼气发酵粪大肠菌群数≤100 个/L，粪液中不应有蚊蝇幼虫，池的周围不应有活的蛆、苍蝇的蛹或新羽化的成蝇的卫生学要求。沼气池粪渣必须达到固体畜禽粪便的卫生学要求方可作农肥。

4. 畜禽粪便堆肥处理工艺 主要有静态堆沤、条垛式堆肥、槽式堆肥和反应器堆肥 4 种。

（1）静态堆沤。指传统农业生产中的自然发酵，堆体底部可布置曝气系统，具有运行成本低、发酵周期长、占地面积大、产品质量不稳定等特点，在农村分散性有机废弃物处理中应用较多。

（2）条垛式堆肥。指将有机废弃物原料堆置成条垛型（图 3 - 19），发酵过程中利用自走式翻堆机对堆体进行翻抛（图 3 - 20），从而促进有机废弃物快速发酵的一种简易化堆肥处理技术，具有投资成本低、占地面积大、操作环境差、臭气不可控、发酵易受环境温度影响等特点，主要适用于中小规模养殖场废弃物处理。

图 3 - 19 粪便条垛　　　　　　　　图 3 - 20 粪便翻抛

（3）槽式堆肥。一般在密闭式发酵车间内进行，也可用废弃旧房屋进行，通过将有机废弃物原料堆置在发酵槽前端，利用槽式翻抛机移动物料（图 3 - 21、图 3 - 22），并在发酵槽底部布置曝气系统，使物料实现快速腐熟。槽式堆肥具有处理量大、发酵周期短、自动化程度高、臭气可收集处理、土建投资成本较高等特点，适用于大型规模养殖场废弃物集中处理。

图 3 - 21 槽式堆肥　　　　　　　　图 3 - 22 槽式堆肥翻抛处理

（4）反应器堆肥。指将有机废弃物放置于一体化堆肥反应器内，通过曝气、搅拌等功能实现废弃物的快速发酵腐熟，具有处理量小、发酵周期短、处理效果好、一次性投资成本高等特点，主要适用于小型养殖场废弃物处理。

（二）一般尸体的处理

养殖生产中产生的非正常死亡的动物尸体、流产胎儿、死胎、胎衣、手术脏器等，由于含有较多的病原微生物，容易分解腐败，散发恶臭，污染环境。特别是发生传染病的病死畜禽、蛋、尸体，处理不善，其病原微生物会污染大气、水源和土壤，造成疾病的传播和蔓延。因此，必须及时妥善地处理病死畜禽尸体。一般尸体的处理主要常用以下两种方法。

1. 高温处理法　此法是将畜禽尸体放入特制的高温锅（温度达 150℃）内或有盖的大铁锅内熬煮，达到彻底消毒的目的。鸡场也可用普通大锅，经 100℃ 以上的高温熬煮处理。此法可保留一部分有价值的产品，但要注意熬煮的温度和时间，必须达到消毒的要求。

2. 发酵法　将尸体抛入尸坑内，利用生物热的方法进行发酵，从而起到消毒灭菌的作用。动物尸体处理发酵池（图 3-23）一般为井式，深达 9~10m，直径 2~3m，坑口有一个木盖，坑口高出地面 30cm 左右。将尸体投入池内，堆到距池口 1.5m 处，盖封木盖，经 3~5 个月发酵处理后，尸体即可完全腐败分解。

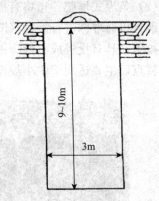

图 3-23　动物尸体处理发酵池

在处理尸体时，不论采用哪种方法，都必须将病畜禽的排泄物、各种废弃物等一并进行处理，以免造成环境污染。

（三）其他废弃物处理

动物生产中，除了动物粪便、尸体能够造成污染以外，生活污水、饲料残渣或霉变饲料、环境垃圾等也应严格处理，防止污染环境和饲料、饮水。

生活污水可直接排放入污水处理池。被病原体污染的污水，可用沉淀法、过滤法、化学药品处理法等进行消毒。比较实用的是化学药品消毒法。方法是先将污水处理池的出水管用一木闸门关闭，将污水引入污水池后，加入化学药品（如漂白粉或生石灰）进行消毒。消毒药的用量视污水量而定（一般每升污水用 2~5g 漂白粉）。消毒后，将闸门打开，使污水流出（图 3-24）。

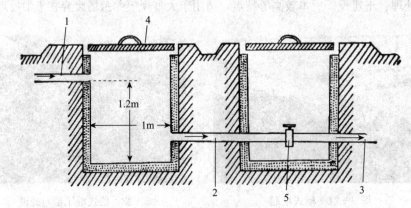

图 3-24　生活污水处理池

饲料残渣、霉变饲料可同粪便混合处理，环境垃圾可通过焚烧、深埋等方法处理。

二、有害媒介生物的管理

有害媒介生物就是肉眼可见的、可对畜禽生产带来安全隐患的生物。畜禽养殖场内有害媒介生物主要是指节肢动物（蚊、蝇、虻和蜱等）、鼠类、一些野生鸟类和宠物（犬、猫等），它们都是疫病发生和流行的传播媒介，不可忽视。因此，养殖场等应加强动物管理，及时发现并驱赶混入动物群中的野生动物或其他畜禽，严格采取杀虫灭鼠措施，切断传播途径。

（一）防虫灭虫技术

畜禽养殖中主要的致病害虫有蚊、苍蝇、蟑螂、白蛉、蠓、虻、蚋等吸血昆虫以及虱、蜱、螨、蚤和其他害虫等。一方面，它们可通过直接叮咬动物传播疾病，如蚊可传播疟疾、乙型脑炎、丝虫病等。同时，叮咬造成局部的损伤、奇痒、皮炎、过敏影响畜禽健康，降低机体免疫功能。另一方面，害虫通过携带的病原微生物污染环境、器械、设备以及饮水、饲料等，也会间接传播疫病。因此，杀灭致病害虫有利于保持畜禽养殖场、屠宰厂、加工厂等场所环境卫生，减少疫病传播，维护人和动物的健康。

1. 防虫灭虫的方法

（1）环境卫生防虫法。搞好养殖场环境卫生，保持环境清洁干燥，是减少或杀灭蚊、蝇、蠓等昆虫的基本措施。如蚊虫需在水中产卵、孵化和发育，蝇蛆也需在潮湿的环境及粪便等废弃物中生长。因此，应填平无用的污水池、土坑、水沟和洼地。定期疏通阴沟、沟渠等，保持排水系统畅通。对贮水池、贮粪池等容器加盖，并保持四周环境的清洁，以防昆虫如蚊蝇等飞入产卵。对不能加盖的贮水器，在蚊蝇滋生季节，应定期换水。永久性水体（如鱼塘、池塘等），蚊虫多滋生在水浅而有植被的边缘区域，修整边岸，加大坡度和填充浅湾，能有效地防止蚊虫滋生。圈舍内的粪便应及时清除并堆积发酵处理。

（2）物理杀灭法。利用机械方法以及光、声、电等物理方法，捕杀、诱杀或驱逐蚊蝇。我国生产的多种紫外线或其他光诱器，特别是四周装有电栅，通有将220V变为5500V的10mA电流的蚊蝇光诱器，杀虫效果良好。此外，可以发出声波或超声波并能将蚊蝇驱逐的电子驱蚊器等（图3-25、图3-26），也具有防虫效果。

图3-25 室内用吸入式灭蚊器

图3-25 养殖用吸入式灭蚊器

（3）化学杀灭法。使用天然或合成的毒物，以不同的剂型（粉剂、乳剂、油剂、水悬剂、颗粒剂、缓释剂等），通过不同途径（胃毒、触杀、熏杀、内吸等），毒杀或驱逐昆虫。此法使用方便、见效快，是杀灭蚊蝇等害虫的有效方法。常用杀虫剂的性能及使用方法如下。

①马拉硫磷。棕色油状液体，强烈臭味。对人、畜毒害小，适于畜禽舍内使用。防治蚊（幼）、蝇、蚤、蟑螂、螨等。0.2%～0.5%乳油喷雾，灭蚊、蚤；3%粉剂喷洒灭螨、蜱。

②二溴磷。黄色油状液体，微辛辣，毒性较强。防治蚊（幼）、蝇、蚤、蟑螂、螨、蜱等，50%的油乳剂。0.05%～0.1%用于室内外蚊、蝇、臭虫等，野外用5%浓度。

③杀螟松。红棕色油状液体，蒜臭味，低毒、无残留。防治蚊（幼）、蝇、蚤、臭虫、螨、蜱等。40%的湿性粉剂灭蚊蝇及臭虫；2mg/L灭蚊。

④地亚农。棕色油状液体，酯味，中等毒性。防治蚊（幼）、蝇、蚤、臭虫、蟑螂及体表害虫。滞留喷洒0.5%，喷浇0.05%；撒布2%粉剂。

⑤皮蝇磷。白色结晶粉末，微臭，低毒，但对农作物有害。防治体表害虫，0.25%喷涂皮肤，1%～2%乳剂灭臭虫。

⑥辛硫磷。红棕色油状液体，微臭，低毒，日光下短效。防治蚊（幼）、蝇、蚤、臭虫、螨、蜱等。2g/m² 室内喷洒灭蚊蝇；50%乳油剂灭成蚊或水体内幼蚊。

⑦双硫磷。棕色黏稠液体，低毒稳定。防治蚊（幼）、人蚤等，5%乳油剂喷洒，0.5～1mL/L撒布，1mg/L颗粒剂撒布。

⑧杀虫畏。白色固体，有臭味，微毒。防治家蝇及家畜体表寄生虫（蝇、蜱、蚊、虻、蚋），20%乳剂喷洒，涂布家畜体表，50%粉剂喷洒体表灭虫。

⑨毒死蜱。白色结晶粉末，中等毒性。防治蚊（幼）、蝇、螨、蟑螂及仓储害虫，2g/m²喷洒物体表面。

⑩害虫敌。淡黄色油状液体，低毒，防治蚊（幼）、蝇、蚤、蟑螂、螨、蜱，2.5%的稀释液喷洒，2%粉剂，1～2g/m²撒布，2%气雾。

⑪西维因。灰褐色粉末。防治蚊（幼）、蝇、臭虫、蜱，25%的可湿性粉剂和5%粉剂撒布或喷洒。低毒。

⑫速灭威。灰黄色粉末，中毒。防治蚊、蝇，25%的可湿性粉剂和30%乳油喷雾灭蚊。

⑬双乙威。白色结晶，芳香味，中等毒性。防治蚊、蝇，50%的可湿性粉剂喷雾，2g/m²喷洒灭成蚊。

⑭残杀威。白色结晶粉末，中等毒性。防治蚊（幼）、蝇、蟑螂，2g/m²用于灭蚊、蝇，10%粉剂局部喷洒灭蟑螂。

⑮丙烯菊酯。原药为淡黄色、油状液体，低毒。防治蚊、蝇、蟑螂等害虫，可用0.5%粉剂局部喷洒或含0.6%丙烯菊酯的蚊香烟熏，与其他杀虫剂配伍使用。

⑯胺菊酯。原药为白色结晶，微毒。防治蚊、蝇、蟑螂、臭虫、跳蚤、虱子、蜚蠊等害虫，可用含0.3%胺菊酯的乳油剂喷雾，须与其他杀虫剂配伍使用。

2. 防虫灭虫注意事项

（1）减少污染。利用生物或生物的代谢产物防治害虫，对人畜安全，不污染环境，有较长的持续杀灭作用。如保护好益鸟、益虫等，可充分利用天敌杀虫。

（2）正确选择杀虫剂。不同杀虫剂有不同的杀虫谱，要选择高效长效、速杀、广谱、低毒无害、低残留和廉价的杀虫剂。

(二) 防鼠灭鼠技术

鼠是许多疫病病原的储存宿主，可通过排泄物污染、机械携带及咬伤畜禽的方式，直接或间接传播多种传染病，如鼠疫、钩端螺旋体病、脑炎、流行性出血热、鼠咬热等。另外，鼠盗食糟蹋饲料，破坏畜禽舍建筑、设施等，对养殖业危害极大。因此，必须采取防鼠灭鼠措施，消除鼠患。

1. 防鼠措施 鼠的生存和繁殖同环境和食物来源有直接的关系。破坏其生存条件和食物来源则可控制鼠的生存和繁殖。

(1) 防止鼠类进入建筑物。鼠类多从墙基、天棚、瓦顶等处窜入室内。在设计施工时注意：畜禽舍和饲料仓库应是砖、水泥结构，设立防鼠沟，建好防鼠墙，门窗关闭严密。墙基最好用水泥制成，碎石和砖砌的墙基，应用灰浆抹缝。墙面应平直光滑。砌缝不严的空心墙体，鼠易隐匿营巢，要填补抹平。为防止鼠类爬上屋顶，可将墙角处做成圆弧形。墙体上部与天棚衔接处应砌实，不留空隙。瓦顶房屋应缩小瓦缝和瓦、椽间的空隙并填实。用砖、石铺设的地面，应衔接紧密并用水泥灰浆填缝。各种管道周围要用水泥填平。通气孔、地脚窗、排水沟（粪尿沟）出口均应安装孔径小于1cm的铁丝网，以防鼠窜入。及时堵塞畜禽舍外上下水道和通风口处等的管道空隙。

(2) 清理环境。鼠喜欢黑暗和杂乱的场所。因此，畜禽舍、屠宰厂和加工厂等地要通畅、明亮，物品要放置整齐，使鼠不易藏身。畜禽舍周围不能堆放杂物，及时清除生活垃圾，发现鼠洞要立即堵塞。

(3) 断绝食物来源。大量饲料应装袋，放在离地面15cm的台或架上，少量饲料可放在水泥结构的饲料箱或大缸中，并且要加金属盖，散落在地面的饲料要立即清扫干净，老鼠无法接触到饲料，则会离开畜禽舍。

(4) 改造厕所和粪池。鼠可吞食粪便，厕所和粪池极易吸引鼠，因此，应改造厕所和粪池的结构，使老鼠无法接触到粪便，同时也使鼠失去藏身的地方。

2. 灭鼠措施

(1) 器械灭鼠。灭鼠措施主要有夹、关、压、卡、翻、扣、淹、粘、电等，也可采用电灭鼠和超声波灭鼠等方法，简便易行、效果确实（图3-27、图3-28）。

图3-27 高压电子捕鼠器

图3-28 超声波电子驱鼠器

(2) 熏蒸灭鼠。某些药物在常温下易气化为有毒气体或通过化学反应产生有毒气体，这类药剂通称熏蒸剂。利用有毒气体使鼠吸入而中毒致死的灭鼠方法称为熏蒸灭鼠。此法不必考虑鼠的习性，兼有杀虫作用，对畜禽较安全。主要用于仓库及其他密闭场所灭鼠，还可以灭杀洞内鼠。目前使用的熏蒸剂有化学熏蒸剂如磷化铝等和灭鼠烟剂。

（3）毒饵灭鼠（化学灭鼠）。将化学药物加入饵料或水中，使鼠死亡的方法称为毒饵灭鼠。毒饵灭鼠效率高、使用方便、成本低、见效快，缺点是能引起人、畜中毒，有些老鼠对药剂有选择性、拒食性和耐药性。所以，使用时须选好药剂和注意使用方法，以保证安全有效，禁用国家不准使用的灭鼠剂（如氟乙酰胺、毒鼠强）。一般情况下，4～5月份是各种鼠类觅食、交配期，也是灭鼠的最佳时期。灭鼠药剂种类很多，主要有灭鼠剂、熏蒸剂、烟剂、化学绝育剂等。养殖场的鼠类以孵化室、饲料库、畜禽舍最多，是灭鼠的重点场所。投放毒饵时，要防止毒饵混入饲料或被人畜误食。鼠尸应及时清理，以防被动物误食而发生二次中毒。选用鼠长期吃惯了的食物作饵料，突然投放，饵料充足，分布广泛，以保证灭鼠的效果。常用的化学药物及特性如下。

①特杀鼠2号（复方灭鼠剂）。为慢性灭鼠剂，安全，有特效解毒剂。浓度0.05%～1%，可用浸渍法、混合法配制毒饵，也可配制毒水使用。

②特杀鼠3号。为慢性灭鼠剂，安全，有特效解毒剂。浓度0.005%～0.01%，配制方法同特杀鼠2号。

③敌鼠（二苯杀鼠酮、双苯杀鼠酮）。为慢性灭鼠剂，对猫、犬有一定危险，有特效解毒剂。浓度0.05%～0.3%，可用黏附法配制毒饵。

④敌鼠钠盐。为慢性灭鼠剂，对猫、犬有一定危险，有特效解毒剂。浓度0.05%～0.3%，配制毒水使用。

⑤杀鼠灵（灭鼠灵）。为慢性灭鼠剂，猫、犬和猪敏感，有特效解毒药。浓度0.025%～0.05%，可用黏附法、混合法配制毒饵。

⑥杀鼠迷（香豆素、立克命、萘满）。为慢性灭鼠剂，安全，有特效解毒剂。浓度0.0375%～0.075%，可用黏附法、混合法和浸泡法配制毒饵。

⑦氯敌鼠（氯鼠酮）。为慢性灭鼠剂，犬较敏感，有特效解毒剂。浓度0.005%～0.025%，可用黏附法、混合法和浸泡法配制毒饵。

⑧大隆（沙鼠隆）。为慢性灭鼠剂，不太安全，有特效解毒剂。浓度0.001%～0.005%，可用浸泡法配制毒饵。

⑨溴敌隆（乐万通）。为慢性灭鼠剂，兔、猪、犬、猫和家禽等需注意安全，有特效解毒剂。浓度0.005%～0.01%，可用黏附法、混合法配制毒饵。

⑩磷化锌。为熏杀药，高毒，无特效解毒药。室内（密闭3～7d），6～12g/m³，直接投放鼠洞0.5～2片，每片3.3g。

⑪C型肉毒梭菌毒素。为生物毒素，安全性好。配制成水剂毒素毒饵或冻干毒素毒饵。

◆ 任务案例

辽宁省某地林某多年从事生猪养殖，为了做好猪场的卫生管理防疫工作，提高粪便处理利用能力和动物疫病的防范意识，彻底杀灭猪场害虫和老鼠，正确处理粪便，根据卫生管理防疫工作流程及要求，该场实施了杀虫、灭鼠和生物热处理粪便等卫生管理防疫工作。

1. 工具材料等准备 主要包括常用杀虫药、灭鼠药、饵料、杀虫灭鼠器械等。在专门的场所设置堆放坑或发酵池、干草或秸秆等。

2. 养殖场的清洁　全面打扫养殖场动物圈舍，做到清洁卫生，无粪便、无污水、无垃圾。

3. 药物的配制　按照杀虫剂或灭鼠药使用说明，根据实际需要药液量，配制杀虫药液或准备好灭鼠药，制作杀虫剂或灭鼠药饵。

4. 发酵池的准备　在养殖场技术人员的带领下，实地察看发酵池结构，如无现成的发酵池则在距养殖场 200m 以外无居民、溪流及水井的地方，挖两个发酵池（大小根据实际需要而定），池的边缘与池底用砖砌后再抹上水泥，使其不透水。

5. 养殖场杀虫的实施　动物舍内外药物杀虫可用敌敌畏 1kg 加水 500L，喷洒地面、墙壁，也可用蝇毒磷 1kg 加水 400L 喷洒地面、墙壁；灭蚊、蝇可用 0.2％除虫菊酯煤油溶液喷雾；灭蜱可用二氯苯醚菊酯 15g，加酒精 0.6L 再加水 22L 喷雾。灭蝇也可用粘蝇纸、捕蝇器或捕蝇拍进行捕灭。粘蝇纸的做法是 2 份松香加 1 份蓖麻油涂在纸上，放在蝇虫聚集的地方，可保持粘蝇特性 2 周。

6. 养殖场灭鼠的实施　可以使用捕鼠器捕鼠，也可使用化学药物灭鼠。常用的灭鼠药有：消化道灭鼠药磷化锌，每平方米撒布的饵料中应含 0.5g，老鼠食后多在 24h 内死亡；敌鼠钠盐，饵料中应含 0.25％～0.5％，连续放药 3～5d，在 5～7d 内出现死鼠高峰；使用这两种灭鼠药要妥善处理鼠尸，以免被其他动物吃掉引起中毒。熏蒸药物可用氯化苦或灭鼠烟剂。氯化苦可用器械将药物直接喷入鼠洞，每洞 5～10mL，以土封洞口。灭鼠烟剂需与研细的硝酸钾或氯化钾按 6∶4 比例混合，分装成包，每包 15g，用时点燃投入鼠洞，以土封洞口。

7. 生物热消毒的实施　每天将清除的粪便及污物等倒入池内，直到快满时，在粪便表面铺一层杂草，上面用一层泥土封好，经过 1～3 个月取出作肥料用。堆粪前在距养殖场 100m 以外的地方设一个堆粪场，在地面挖一个深约 20cm、宽约 1m 的沟，长度随粪便多少而定。先将干草或秸秆堆至 25cm 厚，其上堆放欲消毒的粪便、垫草及污物等，高可达 1m，然后在粪堆外面再铺上 10cm 厚的谷草，并覆盖 10cm 厚的土，如此堆放 3 周，取出作肥料用。

◆ 职业测试

1. 判断题

(1) 粪便经堆肥处理可以杀灭其中的所有病原。　　　　　　　　　　　　　　　(　　)

(2) 中毒动物的内脏、乳房、脑、胴体淋巴结及毒物渗透处的组织应废弃。　　(　　)

(3) 已确诊为炭疽的病畜，胴体可作为工业原料，或者整体焚烧，严禁食用。　(　　)

(4) 及时堵塞畜禽舍外上下水道和通风口处等的管道空隙可有效防鼠。　　　　(　　)

(5) 畜禽舍、屠宰厂和加工厂等地要通畅、明亮，物品要放置整齐，使害鼠不易藏身。

　　　　　　　　　　　　　　　　　　　　　　　　　　　　　　　　　　　　(　　)

(6) 使用毒饵灭鼠须选好药剂和注意使用方法，以保证安全有效，禁用国家不准使用的灭鼠剂。

　　　　　　　　　　　　　　　　　　　　　　　　　　　　　　　　　　　　(　　)

(7) 养殖场可利用机械方法以及光、声、电等物理方法捕杀、诱杀或驱逐蚊蝇。(　　)

(8) 畜禽粪便中常常含有一些病原微生物和寄生虫卵，如果不进行消毒处理，容易造成污染和疾病传播。   （　　）

（9）焚烧法是消灭一切病原微生物最有效的方法，常用于处理一些危险的传染病病畜的粪便。   （　　）

（10）磷化锌为消化道灭鼠药。   （　　）

（11）搞好养殖场环境卫生，保持环境清洁干燥，是减少或杀灭蚊、蝇、蠓等昆虫的基本措施。   （　　）

（12）害虫通过携带的病原微生物污染环境、器械、设备以及饮水、饲料等，也会间接传播疫病。   （　　）

（13）堆粪法适用于干涸粪便（如马、羊、鸡粪等）的处理。   （　　）

（14）养殖场被病原体污染的污水可用沉淀法、过滤法、化学药品处理法等进行消毒。   （　　）

（15）养殖场的饲料残渣、霉变饲料可同粪便混合处理。   （　　）

2. 实践操作题

（1）在有利于疫病防制及不污染环境的前提下，如何充分利用养殖场的畜禽粪便？通过学习此任务的内容，请你设计一个充分利用养殖场的畜禽粪便的方案，供养殖场参考。

（2）某奶牛场的场长，计划对该场进行一次全面的杀虫、灭鼠。通过学习此任务的内容，请你为该养殖场设计一个全面杀虫、灭鼠的实施方案，并组织该场人员实施杀虫和灭鼠。

任务 3-6　畜禽标识佩戴与养殖档案管理

◆ 任务描述

畜禽标识佩戴与养殖档案管理任务根据高级动物疫病防治员的管理能力培养目标和对动物防疫岗位典型工作分析安排。做好畜禽养殖场的畜禽标识佩戴与养殖档案管理工作，可有效防控畜禽养殖场动物疫病的发生与流行，尤其是重大动物疫病，保障畜禽产品质量安全，为畜禽安全、健康、生态饲养提供技术支撑和防疫保障。

◆ 能力目标

在学校教师和企业技师共同指导下，完成本学习任务后，希望学生获得：

（1）掌握不同畜禽标识申购、发放、佩戴、回收及销毁等畜禽标识管理与使用的技术。

（2）识别不同畜禽的标识，并会填写不同养殖场的养殖档案。

（3）遵守不同畜禽标识的管理与使用及填写不同养殖场的养殖档案工作的规范。

（4）按照工作规范独立完成畜禽养殖场的畜禽标识佩戴与养殖档案管理工作任务。

（5）查找不同畜禽养殖场畜禽标识佩戴与养殖档案管理工作任务相关资料并获取信息的能力。

（6）根据工作环境的变化，运用工作经验，自主地解决问题，并不断反思的能力。

（7）经过完整实际工作过程训练，从事畜禽标识佩戴与养殖档案管理工作岗位的能力。

◆ 学习过程

一、建设追溯体系的意义

2006年农业部颁布实施《畜禽标识和养殖档案管理办法》，启动动物标识及疫病可追溯体系（以下简称追溯体系）建设工作，目前追溯体系建设已在全国范围内全面开展，并在动物及动物产品追溯管理和重大动物疫病防控工作中发挥积极作用。农业农村部动物标识及疫病可追溯体系致力于建立一个现代化的防疫、检疫、监督网络平台。利用现代信息技术工具，在动物生命周期过程中，采集免疫、产地检疫、道路监督、屠宰检疫四大业务环节的信息，信息通过无线数据通信平台汇集到中央数据中心。

建立动物标识及疫病可追溯体系，是充分利用现代科技，发展现代农业，推进健康养殖，提高动物管理水平的要求；是开展动物流行病学调查、进行动物疫病追踪，提高重大动物疫病防控水平的要求；是对动物及动物产品实施全程有效监管和追踪溯源，提升动物卫生监管水平，确保畜产品安全，建立畜产品消费信心的要求；是与国际上广泛推行动物标识和可追溯体系的大趋势接轨，防止动物及动物产品国际贸易技术壁垒的要求；是畜牧兽医行业的一项基础工作，非常必要。

追溯体系建成后具有重大的社会意义，同时体现了社会公益性。追溯体系推动了动物疫病防控从被动管理向主动管理转变。各级兽医管理机构可以利用管理平台，即时准确掌握辖区内防疫检疫工作开展情况，及时分析、查找防疫漏洞和薄弱环节，提前采取有效措施，进一步夯实防疫工作基础，强化防检疫监管能力，直接促进基础免疫等重要防控措施的落实。追溯体系实现了动物源性食品从生产到消费的全程实时监管。追溯体系基本满足了管理部门对牲畜从出生到屠宰各环节一体化全程追踪监管的技术需求，实现了对生猪从出生到屠宰上市全程实时监管。

追溯体系实现了重大动物疫情及动物产品质量安全事件快速追踪。如果牲畜及其产品出现问题，就可以立即利用追溯体系追查到牲畜的产地、饲养者、防疫检疫责任人，追查到牲畜及其产品的流动路线。县级以上人民政府畜牧兽医行政主管部门应当根据畜禽标识、养殖档案等信息对畜禽及畜禽产品实施追溯和处理。

二、畜禽标识管理与使用

畜禽标识是指经农业农村部批准使用的耳标、电子标签、脚环以及其他承载畜禽信息的标识物。畜禽标识是追溯体系建设的基本信息载体，新型畜禽标识采用二维码技术，除了用于标识畜禽个体身份以外，还提供了快捷采集信息的方式，为信息采集提供了快速通道。

（一）畜禽标识识别

1. 畜禽标识一般样例　畜禽标识实行一畜一标，它的核心部分是二维码和数字编码。二维码是采用加密技术的行业专用码，具有贮存、防伪等多种功能。数字编码应当具有唯一性，由1位畜禽种类代码（猪、牛、羊的种类代码分别为1、2、3）、6位县级行政区域代码、8位标识顺序号共15位数字及专用条码组成，图3-29为样例。数字编码形式为：×（种类代码）-××××××（县级行政区域代码）-××××××××（标识顺序号）。

1位畜禽种类代码 —————— 1510132 —————— 6位县级区域编码

—————— 8位标识序号

图 3-29　畜禽标识样例

2. 不同牲畜耳标样式　畜禽标识最常见的是农业农村部规定全国统一使用的二维码牲畜耳标（以下简称牲畜耳标）。

（1）耳标组成及结构。牲畜耳标由主标和辅标两部分组成。主标由主标耳标面、耳标颈、耳标头组成。辅标由辅标耳标面和耳标锁扣组成。

（2）耳标形状。

①猪耳标。圆形。主标耳标面为圆形，辅标耳标面为圆形（图3-30、图3-31）。

②牛耳标。铲形。主标耳标面为圆形，辅标耳标面为铲形（图3-32、图3-33）。

图 3-30　猪耳标示意

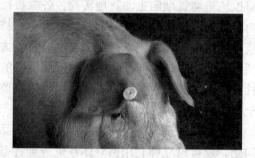

图 3-31　佩戴耳标的猪

图 3-32　牛耳标示意

图 3-33　佩戴耳标的牛

③羊耳标。半圆弧的长方形。主标耳标面为圆形，辅标耳标面为带半圆弧的长方形（图3-34、图3-35）。

（3）牲畜耳标颜色。猪耳标为肉色，牛耳标为浅黄色，羊耳标为橘黄色。

图 3-34 羊耳标示意

图 3-35 扫描羊耳标的信息

（4）耳标编码。耳标编码由激光刻制，猪耳标刻制在主标耳标面正面，排布为相邻直角两排，上排为主编码，右排为副编码。牛、羊耳标刻制在辅标耳标面正面，编码分上、下两排，上排为主编码，下排为副编码。专用条码由激光刻制在主、副编码中央（图 3-36、图 3-37、图 3-38）。

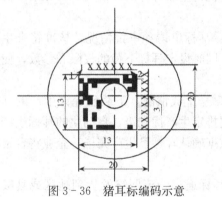

图 3-36 猪耳标编码示意
1.代表猪 2.县行政区划代码 3.动物个体连续码

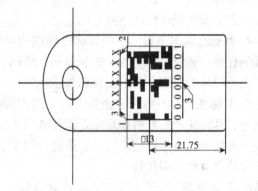

图 3-37 羊耳标编码示意
1.代表羊 2.县行政区划代码 3.动物个体连续码

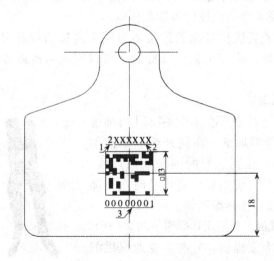

图 3-38 牛耳标编码示意
1.代表牛 2.县行政区划代码 3.动物个体连续码

（二）畜禽标识申购与发放管理

农业农村部制定并公布了畜禽标识技术规范，生产企业生产的畜禽标识应当符合该规范规定。省级人民政府畜牧兽医行政主管部门应当建立畜禽标识及所需配套设备的采购、保管、发放、使用、登记、回收、销毁等制度。省级动物疫病预防控制机构统一采购畜禽标识，逐级供应。畜禽标识生产企业不得向省级动物疫病预防控制机构以外的单位和个人提供畜禽标识。

畜禽标识申购与发放必须在网络上进行相关标识的申请，审核，审批，生产，发放等管理，从生产到注销具有严格的管理制度。具体流程如下：

1. 耳标申请　县级管理机构根据本辖区耳标需求数量，通过网上申请该数量的耳标。申请以任务作为单位，申请任务畜种由用户指定。

2. 耳标审核　市级耳标管理机构查看并对县级机构的耳标申请任务进行审核，审核意见作为上级耳标管理机构审批耳标的参考意见。

3. 耳标审批　省级（自治区、直辖市）耳标管理机构对提交的耳标申请进行审批，审批时指定耳标生产厂商。如果审批通过，由中央管理机构生成耳标的序列号码；如果审批未通过，则不能生成耳标的序列号码。

4. 耳标生成与下载　中央耳标管理机构定期查看耳标申请和审批情况，核准符合生产标准的任务，通过系统生成耳标编码和二维码数据。同时设定耳标下载的权限和参数，使耳标厂商可以从中央服务器下载耳标数据。

5. 耳标生产　耳标生产企业定期上网查看耳标序号生成情况，下载已允许生产的耳标序列号。耳标生产企业根据耳标定购任务的交货日期排定生产优先级，自动化的耳标生产线完成生产任务。待生产完工后，企业通过网上上传数据确认耳标已生产完毕，企业将合格的耳标发货到县级管理机构。

6. 耳标发货　生产完毕后，生产企业将合格的耳标通过物流网络发货到地区或县级管理机构，同时通过移动智能识读器将发货信息传至中央服务器。

7. 耳标签收　县级管理机构收到耳标后，以任务为单位，核对耳标包装箱信息，如果信息无误，通过网上或移动智能识读设备签收耳标。

8. 耳标发放　乡镇或县机构耳标管理员通过网上或移动设备向防疫员发放耳标，将领用信息传至中央服务器。防疫员领用耳标后，可以完成为畜禽佩带耳标和其他的防疫工作。

（三）牲畜耳标的佩戴

1. 佩戴时间　新出生牲畜，在出生后 30d 内加施牲畜耳标；30d 内离开饲养地的，在离开饲养地前加施；从国外引进的牲畜，在到达目的地 10d 内加施。牲畜耳标严重磨损、破损、脱落后，应当及时重新加施，并在养殖档案中记录新耳标编码。

2. 佩戴工具　耳标佩戴工具使用耳标钳（图 3-39），耳标钳由牲畜耳标生产企业提供，并与本企业提供的牲畜耳标规格相配备。

3. 佩戴位置　首次在左耳中部加施，需要再次加

图 3-39　耳标钳

施的，在右耳中部加施。猪、牛、羊在左耳中部加施畜禽标识，需要再次加施畜禽标识的，在右耳中部加施。

4. 消毒　佩戴牲畜耳标之前，应对耳标、耳标钳、动物佩戴部位进行严格的消毒。

5. 佩带方法　用耳标钳将主耳标头穿透动物耳部，插入辅标锁扣内，固定牢固，耳标颈长度和穿透的耳部厚度适宜。主耳标佩戴于生猪耳朵的外侧，辅耳标佩戴于生猪耳朵的内侧。畜禽标识严重磨损、破损、脱落后，应当及时加施新的标识，并在养殖档案中记录新标识编码。

6. 登记　防疫人员对牲畜所佩戴的耳标信息进行登记。

(四) 牲畜耳标的回收与销毁

1. 回收　猪、牛、羊加施的牲畜耳标在屠宰环节由屠宰企业剪断收回，交当地动物卫生监督机构，回收的耳标不得重复使用。

2. 销毁　回收的牲畜耳标由县级动物卫生监督机构统一组织销毁，并作好销毁记录。

3. 检查　县级以上动物卫生监督机构负责牲畜饲养、出售、运输、屠宰环节牲畜耳标的监督检查。

4. 记录　各级动物疫病预防控制机构应做好牲畜耳标的订购、发放、使用等情况的登记工作。各级动物卫生监督机构应做好牲畜耳标的回收、销毁等情况的登记工作。

三、动物生命周期各环节全程监管

动物生命周期全程监管系统是动物标识及疫病可追溯体系建设的重要组成部分，是重大动物疫病和动物产品质量安全监管新的手段和先进技术举措。通过将饲养信息、防疫档案、检疫证明和监督数据传输到中央数据库，实现在发生重大动物疫病和动物产品安全事件时，利用牲畜唯一编码标识追溯原产地和同群畜，以实现快速、准确控制动物疫病的目的。

动物生命周期全程监管系统主要使用移动智能识读器来进行相关信息的采集和传输，在戴标防疫、产地检疫、运输监督、屠宰检疫等环节进行相关信息的监管。

在追溯体系中，采用移动智能识读器作为信息采集终端，实时地把饲养、产地检疫、运输、屠宰检疫四个环节的防疫、检疫和监督信息通过无线网络传送到中央数据中心。移动智能识读器具有以下主要功能：①无线数据通信；②二维码识读；③IC卡读写；④检疫票据打印。在防疫、检疫、监督工作中应用移动智能识读器可以实现如下目标：减少基层业务人员登记档案时大量的手工操作；采集的数据来自基层工作人员，真实可靠；信息即时传输到中央数据中心，数据可长期保存，并能实现实时准确查询（图3-40）。

1. 饲养环节　由防疫员为初生动物佩带耳标和免疫，扫描耳标二维码信息，录入疫苗信息，利用移动智能识读器将饲养信息存入IC卡中，通过网络将免疫信息上传到中央数据中心。

2. 产地检疫　由乡镇检疫员通过移动智能识读器扫描耳标二维码，在线查询免疫情况，检疫合格通过移动打印机出具机打产地检疫证；产地检疫证信息通过网络上传到中央数据中心。

3. 运输监督　运输监督员使用移动智能识读器扫描电子检疫证上的二维码可以鉴别电子检疫证的真伪，也可以通过网络在线查询。监督信息通过网络上传到中央数据中心。

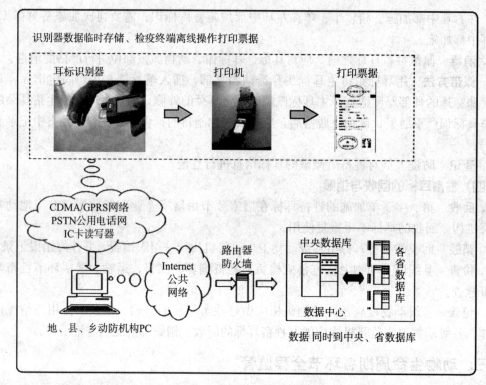

图 3-40　畜禽标识信息传输系统示意

4. 屠宰检疫　驻厂检疫员使用移动智能识读器扫描检疫证上的二维码进行信息查验和宰前检疫工作。动物产品出厂前,使用移动智能识读器开具电子检疫证,产品检疫证信息通过网络上传到中央数据中心。

5. 产地检疫　动物卫生监督机构实施产地检疫时,应当查验畜禽标识。没有加施畜禽标识的,不得出具检疫合格证明,应当在畜禽屠宰前,查验、登记畜禽标识。畜禽屠宰经营者应当在畜禽屠宰时回收畜禽标识,由动物卫生监督机构保存、销毁,畜禽标识不得重复使用。畜禽经屠宰检疫合格后,动物卫生监督机构应当在畜禽产品检疫标志中注明畜禽标识编码。

四、动物产品质量安全追溯系统

在追溯体系中使用识读设备读取动物标识二维码信息,并进行从畜禽标识向标准商品条码的转换和信息绑定工作,信息通过网络实时传输到中央数据中心。质量安全追溯的主要环节包括:

1. 屠宰厂标识转换　在屠宰厂的屠宰环节,驻厂检疫员在同步位检线使用识读设备识读畜禽标识,查验免疫、产地检疫等信息,检疫合格后由系统自动进行标识的转换,由畜禽标识二维码转换为标准商品条码(图 3-41),并以打印产品标签的方式附于动物胴体,随同产品出厂。

2. 超市(市场)标识分发　在超市畜产品分割柜台,售货员使用终端设备识读动物胴体标准商品编码,打印分割产品标签,附于最终消费者选购的商品包装上(图 3-42)。

图 3-41　屠宰厂标识转换　　　　　　图 3-42　超市（市场）标识转换

3. 消费者查验畜产品质量　消费者通过追溯体系提供的查询窗口（互联网、手机、移动智能识读设备）查询动物从出生到屠宰，从饲养地到餐桌的全程质量安全监管信息，实现畜禽产品的质量安全可追溯（图 3-43）。

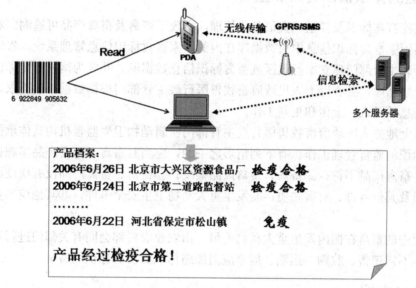

图 3-43　消费者查验畜产品质量数据流向

五、养殖档案管理与记载

畜禽养殖场应当建立养殖档案，载明以下内容：①畜禽的品种、数量、繁殖记录、标识情况、来源和进出场日期。②饲料、饲料添加剂等投入品和兽药的来源、名称、使用对象、时间和用量等有关情况。③检疫、免疫、监测、消毒情况；畜禽发病、诊疗、死亡和无害化处理情况。④畜禽养殖代码。⑤农业农村部规定的其他内容。

县级动物疫病预防控制机构应当建立畜禽防疫档案，载明以下内容：①畜禽养殖场：名称、地址、畜禽种类、数量、免疫日期、疫苗名称、畜禽养殖代码、畜禽标识顺序号、免疫人员以及用药记录等。②畜禽散养户：户主姓名、地址、畜禽种类、数量、免疫日期、疫苗名称、畜禽标识顺序号、免疫人员以及用药记录等。

畜禽养殖场、养殖小区应当依法向所在地县级人民政府畜牧兽医行政主管部门备案，取得畜禽养殖代码。畜禽养殖代码由县级人民政府畜牧兽医行政主管部门按照备案顺序统一编号，每个畜禽养殖场、养殖小区只有一个畜禽养殖代码。畜禽养殖代码由6位县级行政区域代码和4位顺序号组成，作为养殖档案编号。

饲养种畜应当建立个体养殖档案，注明标识编码、性别、出生日期、父系和母系品种类型、母本的标识编码等信息。种畜调运时应当在个体养殖档案上注明调出和调入地，个体养殖档案应当随同调运。养殖档案和防疫档案保存时间：商品猪、禽为2年，牛为20年，羊为10年，种畜禽长期保存。从事畜禽经营的销售者和采购者应当向所在地县级动物疫病预防控制机构报告更新防疫档案相关内容。销售者或采购者属于养殖场的，应及时在畜禽养殖档案中登记畜禽标识编码及相关信息变化情况。畜禽养殖场养殖档案及种畜个体养殖档案格式由农业农村部统一制定。畜禽标识和养殖档案记载的信息应当连续、完整、真实。

六、追溯体系信息管理和监督

我国实施畜禽标识及养殖档案信息化管理，实现了畜禽及畜禽产品可追溯。农业农村部建立了包括国家畜禽标识信息中央数据库在内的国家畜禽标识信息管理系统；省级人民政府畜牧兽医行政主管部门建立本行政区域畜禽标识信息数据库，并成为国家畜禽标识信息中央数据库的子数据库；县级以上人民政府畜牧兽医行政主管部门根据数据采集要求，组织畜禽养殖相关信息的录入、上传和更新工作。

县级以上地方人民政府畜牧兽医行政主管部门所属动物卫生监督机构具体承担本行政区域内畜禽标识的监督管理工作。有下列情形之一的，应当对畜禽、畜禽产品实施追溯：①标识与畜禽、畜禽产品不符；②畜禽、畜禽产品染疫；③畜禽、畜禽产品没有检疫证明；④违规使用兽药及其他有毒、有害物质；⑤发生重大动物卫生安全事件；⑥其他应当实施追溯的情形。

国外引进的畜禽在国内发生重大动物疫情，由农业农村部会同有关部门进行追溯。任何单位和个人不得销售、收购、运输、屠宰应当加施标识而没有标识的畜禽。

◆ 任务案例

河南省××养猪场，饲养母猪200头，品种为TOPIGS父母代种猪，年出栏5000头肥猪。根据建立畜禽养殖场养殖档案工作任务的要求，填写该养猪场养殖档案。

1. 绘制该养猪场平面图 该养猪场提供或自行绘制。

2. 编制该养猪场猪的免疫程序 结合本地区养猪及疫病情况，编制该养猪场猪的参考免疫程序（表3-7）。

表3-7 ××养猪场免疫程序（仅供参考）

时 间	疫苗名称、种类	免 疫 剂 量
出生后，乳前2h	猪瘟疫苗（细胞苗）	2头份
出生3d	伪狂犬病活疫苗	0.5头份，25~30d后二免1头份
出生10d	猪支原体肺炎疫苗	1头份（肋间注射入肺）
出生14d	猪副嗜血杆菌疫苗	1头份，15~21d后加强免疫

（续）

时　　间	疫苗名称、种类	免疫剂量
出生15d	猪大肠埃希氏菌灭活苗（水肿苗）	1头份
出生15d	链球菌疫苗	1头份，35～40d后二免
出生30d	猪O型口蹄疫灭活疫苗	1头份，30d后加强一次；
	猪瘟疫苗（细胞苗或脾淋苗）	2头份，30d后加强一次
断乳后7d	猪繁殖与呼吸综合征灭活疫苗	1头份，30d后二免
断乳后20～30d	猪丹毒猪肺疫二联疫苗	2头份
后备猪配种前40d	猪细小病毒灭活疫苗（3窝以后可不注射）	1头份，15～20d后二免
母猪配种前	猪瘟疫苗（细胞苗）	5头份（或脾淋苗2头份）
母猪配种前	猪O型口蹄疫灭活疫苗	1头份
母猪产前40d	$K_{88}K_{99}$灭活疫苗	1头份
母猪产前30～35d	猪繁殖与呼吸综合征灭活疫苗	1头份
母猪产前20d	$K_{88}K_{99}$灭活疫苗	1头份

注：①各种猪伪狂犬病冻干疫苗可以一年注射3次，每隔4个月一次。②每年的4—9月，对空怀母猪和种公猪注射1头份乙脑疫苗。③每年的10月至次年3月，各种猪注射1头份猪流行性腹泻、猪传染性胃肠炎和猪轮状病毒三联苗。④种公猪猪瘟、猪繁殖与呼吸综合征、猪O型口蹄疫、链球菌病、细小病毒病疫苗每年3次，每次按说明使用。⑤对散养户饲养的猪，除春秋两季注射猪瘟、猪O型口蹄疫灭活疫苗、猪繁殖与呼吸综合征灭活疫苗，仔猪每月定期补免。

3. 填写生产记录　结合养猪生产实际情况，按照变动记录，填写生产记录表（表3-8，部分填写样本）。

表3-8　××养猪场生产记录（头）

圈舍号	时　间	变动情况（数量）				存栏数	备注
		出　生	调　入	调　出	死　淘		
1	2016.1.1					50	
2	2016.1.1					86	
3	2016.1.1					100	
4	2016.1.1					100	
合　计						336	
1	2016.1.6	10		20	1	325	压死
1	2016.1.15	8				333	
……	……	……	……	……	……	……	……

注：①圈舍号，填写畜禽饲养的圈、舍、栏的编号或名称。不分圈、舍、栏的此栏不填。②时间，填写出生、调入、调出和死淘的时间。③变动情况（数量），填写出生、调入、调出和死淘的数量。调入的需要在备注栏注明动物检疫合格证明编号，并将检疫证明原件粘贴在记录背面。调出的需要在备注栏注明详细的去向。死亡的需要在备注栏注明死亡和淘汰的原因。奶牛场、蛋鸡场"出生"一栏填写产乳量（kg）、产蛋数，备注栏填写乳价、蛋价。④存栏数，填写存栏总数，为上次存栏数和变动数量之和。⑤此表按变动记录，无变动不需按日填写。

4. 填写饲料、饲料添加剂和兽药使用记录　根据饲料、饲料添加剂和兽药使用的实际情况，按照表3-9填写使用记录（部分填写样本）。

表 3-9　××养猪场饲料、饲料添加剂和兽药使用记录

开始使用时间	投入产品名称	生产厂家	批号/加工日期	用量	停止使用时间	备注（成分）
2016.1.1	仔猪预混料	××饲料有限公司	×饲审（2015）×××，20151203	4%	2016.3.6	微量矿物元素、维生素、合成氨基酸、药物添加剂、载体等
2016.1.1	玉米			××kg	2016.3.6	淀粉等
2016.1.1	豆粕			××kg	2016.3.6	蛋白质等
2016.3.5	母子安	××兽药有限公司	××××××	1%拌料	2016.3.9	××，××等
2016.4.26	氟奇	××药业有限公司	×××××	每千克体重×××g	2016.4.30	氟苯尼考
……	……	……	……	……	……	……

注：①养殖场外购的饲料应在备注栏注明原料组成。②养殖场自加工的饲料在生产厂家栏填写自加工，并在备注栏写明使用的药物饲料添加剂的详细成分。

5. 填写消毒记录　根据××养猪场消毒的实际情况，按照表 3-10 填写消毒记录（部分填写样本）。

表 3-10　××养猪场消毒记录

日期	消毒场所	消毒药名称	用药剂量	消毒方法	操作员签字
2016.1.1	猪舍．场区	百毒杀	1：500	喷洒	张××
2016.1.8	猪舍．场区	戊二醛	1：500	喷洒	张××
2016.1.15	猪舍．场区	碘制剂	1：600	喷洒	张××
……	……	……	……	……	……

注：①时间，填写实施消毒的时间。②消毒场所，填写圈舍、人员出入通道和附属实施等场所。③消毒药名称，填写消毒药的化学名称。④用药剂量，填写消毒药的使用量和使用浓度。⑤消毒方法，填写熏蒸、喷洒、浸泡、焚烧等。

6. 填写免疫记录　根据××养猪场免疫的实际情况，按照表 3-11 填写免疫记录（部分填写样本）。

表 3-11　××养猪场免疫记录

时间	圈舍号	存栏数量	免疫数量	疫苗名称	疫苗生产厂	批号（有效期）	免疫方法	免疫剂量	免疫人员	备注
2016.2.12	1～4	297	262	猪瘟脾淋苗	四川精华	2015022，201806	肌内注射	一头份	张××	
2016.2.19	1～4	281	262	猪O型口蹄疫苗	中农威特	1508072J，201806	肌内注射	2mL	张××	

（续）

时间	圈舍号	存栏数量	免疫数量	疫苗名称	疫苗生产厂	批号（有效期）	免疫方法	免疫剂量	免疫人员	备注
2016.2.26	1～4	303	262	猪蓝耳苗	齐鲁动保	1512052，201812	肌内注射	2mL，4mL	张××	
……	……	……	……	……	……	……	……	……	……	……

注：①时间，填写实施免疫的时间。②圈舍号，填写动物饲养的圈、舍、栏的编号或名称。不分圈、舍、栏的此栏不填。③批号，填写疫苗的批号。④数量，填写同批次免疫畜禽的数量，单位以头、只。⑤免疫方法，填写免疫的具体方法，如喷雾、饮水、滴鼻点眼、注射部位等方法。⑥备注，记录本次免疫中未免疫动物的耳标号。

7. 填写诊疗记录 根据××养猪场诊疗的实际情况，按照表3-12填写诊疗记录（部分填写样本）。

表3-12 ××养猪场诊疗记录

时间	畜禽标识编码	圈舍号	日龄	发病数	病因	诊疗人员	用药名称	用药方法	诊疗结果
2016.2.4	674288-674468	3～4	50～700d	200	感冒	张××	疫毒策	拌料	痊愈
2016.4.26	674201-674210	4	120～150d	10	气喘病	张××	氟奇	拌料	痊愈
2016.5.2	674088-674468	1～4	全群（怀孕母猪除外）	315	驱虫	张××	左旋咪唑	拌料	痊愈
……	……	……	……	……	……	……	……	……	……

注：①畜禽标识编码，填写15位畜禽标识编码中的标识顺序号，按批次统一填写。猪、牛、羊以外的畜禽养殖场此栏不填。②圈舍号，填写饲养动物的圈、舍、栏的编号或名称。不分圈、舍、栏的此栏不填。③诊疗人员，填写做出诊断结果的单位，如某某动物疫病预防控制中心。执业兽医填写执业兽医的姓名。④用药名称，填写使用药物的名称。⑤用药方法，填写药物使用的具体方法，如口服、肌内注射、静脉注射等。

8. 填写防疫监测记录 根据××养猪场防疫监测的实际情况，按照表3-13填写防疫监测记录（部分填写样本）。

表3-13 ××养猪场防疫监测记录

采样日期	圈舍号	采样数量	监测项目	监测单位	监测结果	处理情况	备注
2016.5.2	2	10	猪口蹄疫	动检所	合格		
2016.5.2	2	10	猪瘟	动检所	合格		
……	……	……	……	……	……	……	……

注：①圈舍号，填写动物饲养的圈、舍、栏的编号或名称。不分圈、舍、栏的此栏不填。②监测项目，填写具体的内容如布鲁氏菌病监测、口蹄疫免疫抗体监测。③监测单位，填写实施监测的单位名称，如某某动物疫病预防控制中心。企业自行监测的填写自检。企业委托社会监测机构监测的填写受委托机构的名称。④监测结果，填写具体的监测结果，如阴性、阳性、抗体效价数等。⑤处理情况，填写针对监测结果对畜禽采取的处理方法。如针对结核病监测阳性牛的处理情况，可填写为对阳性牛全部予以扑杀；针对抗体效价低于正常保护水平，可填写为对畜禽进行重新免疫。

9. 填写病死畜禽无害化处理记录 根据××养猪场病死猪无害化处理的实际情况，按照表3-14填写病死畜禽无害化处理记录（部分填写样本）。

表 3-14　××养猪场病死畜禽无害化处理记录

日期	数量	处理或死亡原因	畜禽标识编码	处理方法	处理单位 (或责任人)	备注
2016.1.6	1	压死		深埋	张××	未断奶没有标识
2016.5.4	1	肠炎脱水	674256	深埋	张××	
……	……	……	……	……	……	……

注：①日期，填写病死畜禽无害化处理的日期。②数量，填写同批次处理的病死畜禽的数量，单位为头、只。③处理或死亡原因，填写实施无害化处理的原因，如染疫、正常死亡、死因不明等。④畜禽标识编码，填写15位畜禽标识编码中的标识顺序号，按批次统一填写。猪、牛、羊以外的畜禽养殖场此栏不填。⑤处理方法，填写《畜禽病害肉尸及其产品病死及病害动物无害化处理规程》(GB 16548—2006)规定的无害化处理方法。⑥处理单位，委托无害化处理场实施无害化处理的填写处理单位名称，由本厂自行实施无害化处理的由实施无害化处理的人员签字。

◆ 职业测试

1. 判断题

(1) 新出生牲畜，在出生后30d内必须加施畜禽标识。　　　　　　　　　　　　（　　）

(2) 猪的耳标颜色为肉色，牛耳标为浅黄色，羊耳标为橘黄色。　　　　　　　（　　）

(3) 畜禽标识是指经农业农村部批准使用的耳标、电子标签、脚环以及其他承载畜禽信息的标识物。　　　　　　　　　　　　　　　　　　　　　　　　　　　　　　　（　　）

(4) 从国外引进畜禽，在畜禽到达目的地30d内加施畜禽标识。　　　　　　　（　　）

(5) 养殖档案和防疫档案保存时间与动物生命周期一致。　　　　　　　　　　（　　）

(6) 畜禽养殖代码由省级人民政府畜牧兽医行政主管部门按照备案顺序统一编号，每个畜禽养殖场、养殖小区只有一个畜禽养殖代码。　　　　　　　　　　　　　　　　（　　）

(7) 猪、牛、羊加施的牲畜耳标在屠宰环节由屠宰企业剪断收回，交当地动物卫生监督机构，回收的耳标可以重复使用。　　　　　　　　　　　　　　　　　　　　　　（　　）

2. 实践操作题

(1) 通过学习此任务的内容，请你给江苏省泰州市海陵区某养猪场的种猪、仔猪及育肥猪编制猪耳标的标识，并组织该场人员实施猪耳标的佩戴。

(2) 江苏省泰州市富农养鸡场，饲养了蛋鸡1 000只、肉鸡5 000只，通过学习此任务的内容，请你根据建立畜禽养殖场养殖档案工作任务的要求，填写该养鸡场养殖档案。

(3) 李某新建了一家1 000头规模种猪场，按照动物防疫的要求，需要准备耳标并及时佩戴，请你完成这项工作。

(4) 请在实习时运用你学过的知识，科学填写养殖场养殖档案。

项目四

动物疫病预防

学校学时	16 学时	企业学时	16 学时
学习情境描述	根据《中华人民共和国动物防疫法》规定，从事动物饲养、屠宰、经营、隔离、运输以及动物产品生产、经营、加工、贮藏等活动的单位和个人，应当依照本法和国务院兽医主管部门的规定，做好免疫、消毒等动物疫病预防工作。本项目根据动物疫病防治员国家职业标准的规定结合养殖生产中动物疫病预防的关键技术以及国家对动物疫病管理的实际，设计了消毒预防、免疫预防、药物预防、动物驱虫 4 个典型任务。学生学习后应掌握养殖场消毒、免疫、药物预防、动物驱虫技术的基本理论和操作技术		

学校学习目标	企业学习目标
1. 物理消毒的种类与常用方法 2. 化学消毒剂的种类及使用方法 3. 不同剂型消毒剂的配制方法 4. 不同消毒对象的消毒注意事项 5. 消毒效果的检查方法 6. 免疫计划与免疫程序的制定方法 7. 免疫用生物制品的种类、运送与使用方法 8. 畜禽免疫接种常用方法 9. 免疫效果监测及免疫失败原因分析 10. 预防药物及给药方法的选择 11. 个体及群体给药的方法 12. 动物驱虫的注意事项	1. 能熟练开展各种物理消毒操作 2. 会对畜禽粪便实施堆积发酵等生物热消毒操作 3. 能合理选择化学消毒剂并进行科学配制操作 4. 会从事浸洗、喷洒、熏蒸、气雾、拌和、撒布等消毒操作及进行消毒效果检查 5. 会根据养殖企业实际制定免疫计划和免疫程序 6. 会正确选择疫苗，并实施动物免疫 7. 能及时进行动物免疫反应的处理和免疫效果的监测 8. 能顺利开展饮水、拌料等大群给药操作 9. 能熟练实施动物驱虫

任务 4-1 消毒预防

◆ 任务描述

消毒预防任务根据动物疫病防治员的人才培养规划和对动物防疫岗位典型工作任务的分析安排，结合养殖场、孵化场、隔离场的防疫要求，通过教师提供的教学课件、网络资源、音像资料、网络课堂等参考资料，结合实践案例，制定消毒方案，在教师、企业技师的指导下完成消毒任务，从而为有效切断动物疫病的传播途径，阻止动物疫病的蔓延、扩散提供技术支持。

◆ 能力目标

在学校教师和企业技师共同指导下，完成本学习任务后，希望学生获得：
(1) 制订不同场所的消毒实施计划和实施方案的能力。
(2) 按照国家标准和行业标准的要求实施消毒的能力。
(3) 确定消毒剂的选用种类及其使用浓度、方法的能力。
(4) 实施不同消毒对象消毒效果检查的能力。
(5) 在教师、技师或同学帮助下，主动参与评价自己及他人任务完成程度的能力。
(6) 开展养殖场消毒工作组织和实施的能力。

◆ 学习内容

一、消毒常用方法的选择

(一) 物理消毒法

物理消毒法指应用物理因素杀灭或清除病原微生物及其他有害微生物的方法。物理消毒法包括清除、辐射、煮沸、干热、湿热、火焰焚烧及滤过除菌、超声波、激光、X射线消毒等，由于简便经济，常用于场地、设备、卫生防疫器具和用具的消毒。

1. 清除消毒 清除消毒，是指通过清扫、冲洗、洗擦和通风换气等手段达到清除病原体的目的，是最常用的一种消毒方法，也是日常的卫生工作之一。

用清扫、铲刮、冲洗等机械方法清除降尘、污物及污染的墙壁、地面以及设备上的粪尿、残余的饲料、废物、垃圾等，可除掉70%的病原体，并为化学消毒创造条件。机械清除并不能杀灭病原体，必须结合其他消毒方法使用。

通风换气的目的是排出畜禽舍内的污秽气体和水汽，换入新鲜空气。为减少或避免排出的污浊空气污染场区和其他畜禽舍，可采用纵向通风系统，风机安装在排污道一侧，畜禽舍之间保持40~50m的卫生间距。有条件的畜禽场，可以在通风口安装过滤器，过滤空气中的微粒和微生物，把经过过滤的舍外空气送入舍内，有利于舍内空气的新鲜洁净，如使用电除尘器来净化畜禽舍空气中的尘埃和微生物效果更好。

2. 紫外线照射 紫外线照射就是将待消毒的物品放在日光下曝晒或放在人工紫外线灯下，利用紫外线、灼热以及干燥等作用使病原微生物灭活而达到消毒的目的。紫外线可以杀灭各种微生物，包括细菌、真菌、病毒和立克次氏体等。此法较适用于畜禽圈舍的垫草、用具、进出人员等的消毒，对被污染的土壤、牧场场地表层的消毒均具有重要意义。一般常用的灭菌消毒紫外灯是低压汞气灯，紫外线波长为253.7nm。

（1）紫外灯的配置和安装。生产区入口消毒室宜按照不低于$1W/m^3$配置相应功率的紫外灯。例如：消毒室面积$25m^2$，高度为2.5m，其空间为$37.5m^3$，则宜配置40W紫外灯1支，或20W紫外灯2支，而后者的配置更好。如房间只需安装1支紫外灯，则应吊装在房间的正中央，如需配置2支紫外灯，则2支灯互相垂直安装为好。

紫外灯安装的高度应距天棚有一定的距离，照射时，灯管距离污染表面不宜超过1m，消毒有效区为灯管周围1.5~2m，所需时间为30min左右。

（2）生产人员紫外线消毒一般程序。在养殖场生产区入口，常用紫外线照射进行人员消毒。一般程序是：人员→沐浴→换工作服→经紫外线消毒→进生产区；或人员→脱掉外衣经紫外线照射消毒→换工作服→进生产区。

3. 电离辐射消毒 电离辐射是利用γ射线、伦琴射线或电子辐射能穿透物品，杀死其中的微生物的低温灭菌方法。由于是低温灭菌，适用于不耐热物品，可用于饲料和肉蛋成品的消毒灭菌。

4. 高温消毒 高温对微生物有明显的致死作用。所以应用高温进行灭菌是比较确实可靠而且也常用的物理方法。高温可以灭活包括细菌及繁殖体、真菌、病毒和抵抗力最强的细菌芽孢在内的一切微生物。高温消毒和灭菌方法主要分为干热消毒和灭菌法及湿热消毒和灭菌法。

（1）干热消毒和灭菌法。

①灼烧或焚烧消毒法。指直接用火焰灭菌，适用于金属笼具、地面、墙壁以及兽医使用的接种针、接种环、剪刀等耐热的金属器材。接种针、环、棒以及剖检器械等体积较小的物品可直接在酒精灯火焰上或点燃的酒精棉球火焰上灼烧，金属笼具、地面、墙壁的灼烧必须借助火焰消毒器进行。

焚烧主要是对病畜禽尸体、垃圾、污染的垫草、垫料和不可利用的物品器材直接点燃或在焚烧炉内烧毁，从而消灭病原。

②热空气灭菌法。又称干热灭菌法，需在电热干燥箱内进行。此法适用于干燥的玻璃器皿，如烧杯、烧瓶、吸管、试管、离心管、培养皿、玻璃注射器，针头，滑石粉，凡士林及液体石蜡等的灭菌。灭菌时将待灭菌的物品放入干燥箱内，使温度逐渐上升到160℃维持2h，可以杀死全部细菌及芽孢。

（2）湿热消毒和灭菌法。湿热灭菌法是灭菌效力较强的消毒方法。常用的有如下几种：

①煮沸消毒。即利用沸水的高温作用杀灭病原体。常用于针头、金属器械、工作服、工作帽等物品的消毒。煮沸温度100℃，10~20min可以杀死所有细菌的繁殖体，对于寄生虫，消毒时间应加长。若在水中加入5%~10%的肥皂或1%的碳酸钠，使溶液中pH偏碱性，可使物品上的污物易于溶解，同时还可提高沸点，增强杀菌作用。若加入2%~5%石炭酸，能增强消毒效果，经15min的煮沸可杀死炭疽杆菌的芽孢。煮沸消毒时间，一般从水沸腾时算起。

②流通蒸汽消毒。又称常压蒸汽消毒，即利用蒸笼或流通蒸汽灭菌器进行消毒灭菌。一般在100℃加热30min，可杀死细菌的繁殖体，但不能杀死芽孢和霉菌孢子，因此常在

100℃ 30min 灭菌后，将消毒物品置于室温下，待其芽孢萌发，第 2 天、第 3 天再用同样的方法进行处理和消毒。这样连续 3d 进行 3 次处理，即可保证杀死全部细菌及其芽孢。这种连续流通蒸汽灭菌的方法，称为间歇灭菌法。此消毒方法常用于易被高温破坏的物品，如血清培养基、牛乳培养基、糖培养基等的灭菌。若为了不破坏血清等，还可用较低一点温度如70℃加热 1h，连续 6 次，也可达到灭菌的目的。

③巴氏消毒法。是法国微生物学家巴斯德为葡萄酒消毒时发明，并以他的名字来命名的一种消毒方法。指在规定时间内以不太高的温度处理液体食品的一种加热灭菌方法。此法常用于啤酒、葡萄酒、鲜牛奶等食品的消毒以及血清的消毒。温度一般控制在 61～80℃。根据消毒物品性质确定消毒温度，牛奶 62.8～65.6℃，血清 56℃。牛奶消毒，有低温长时间巴氏消毒法（61～63℃加热 30min），或高温短时间巴氏消毒法（71～72℃加热 15s），然后迅速冷却至 10℃左右。这样可使牛奶中细菌总数减少 90％以上，并杀死其中的全部病原。

④高压蒸汽灭菌。利用高压灭菌器进行，通常压力达到 1×10^5 Pa，温度 121.3℃时，经过 30min 即可杀灭所有的细菌以及繁殖体和芽孢。此法具有灭菌速度快，效果可靠的特点，常用于玻璃器皿、纱布、金属器械、培养基、橡胶制品、生理盐水、针具等消毒灭菌。

（二）化学消毒法

化学消毒法就是利用化学药物（消毒剂）杀灭或清除病原体的方法。病原体的形态、生长繁殖、致病力、抗原性等都受化学因素的影响。各种化学物质对病原体的抑制、杀灭作用是不同的，有的使菌体蛋白质变性或凝固，有的可阻碍病原体的新陈代谢的某些环节。生产中，根据消毒的对象，选用不同的药物（消毒剂），进行清洗、浸泡、喷洒、熏蒸，以杀灭病原体。化学药物消毒是生产中最常用的消毒方法，主要应用于养殖场内外环境中，禽畜笼、舍、饲槽，各种物品表面及饮水消毒等。

1. 浸洗法 如对注射局部用酒精、碘酊棉球擦拭消毒；对一些器械、用具、衣物等的浸泡消毒。一般应洗涤干净后再行浸泡，药液要浸过物体，浸泡时间应长些，水温应高些。养殖场入口和畜禽舍入口处消毒槽内，可用浸泡药物的草垫或草袋对人员的靴鞋消毒。

2. 喷洒法 喷洒地面、墙壁、舍内固定设备等，可用细眼喷壶；对舍内空间消毒，则用喷雾器。喷洒要全面，药液要喷到物体的各个部位。

3. 熏蒸法 适用于可以密闭的畜禽舍和其他建筑物。这种方法简便易行，对房屋结构无损，消毒全面，如育雏舍、育成舍、饲料仓库等常用。常用的药物有福尔马林（40％的甲醛水溶液）、过氧乙酸水溶液。为加速蒸发，常利用高锰酸钾的氧化作用。实际操作中应注意：畜禽舍及设备必须清洗干净；畜禽舍进出气口、门窗和排气扇等的缝隙要糊严，不能漏气。

4. 气雾法 气雾是将消毒液倒入气雾发生器后喷射出的雾状微粒，能悬浮在空气中较长时间，可飘移穿透到畜禽舍周围及其空隙。气雾法是消灭空气及畜禽体表病原体的理想办法。畜禽舍的空气消毒和带畜（禽）消毒等常用。如禽舍空间全面消毒，每立方米用 5％的过氧乙酸溶液 25mL 喷雾。

5. 拌和法 对粪便、垃圾等污物消毒时，可用粉剂消毒药品与其拌和均匀，堆放一定时间，就能达到消毒的目的。如将漂白粉与粪便按 1∶5 的比例拌和均匀，可进行粪便的消毒。

6. 撒布法　将粉剂型消毒药均匀地撒布在消毒对象表面，如用生石灰加适量水使之松散后，撒布在潮湿地面、粪池周围及污水沟进行消毒。

（三）生物消毒法

利用自然界中广泛存在的微生物在氧化分解污物（如垫草、粪便等）中的有机物时所产生的大量热能来杀死病原体。畜禽养殖场中粪便和垃圾的堆积发酵，就是利用嗜热细菌繁殖产生的热量杀灭病原体。但此法只能杀灭粪便中的非芽孢性病原体和寄生虫幼虫及虫卵，不适于含芽孢及患危险疫病畜禽的粪便消毒。粪便、垫料采用此法比较经济，消毒后可作肥料。畜禽生产中常用的生物消毒方法有地面泥封堆肥发酵法和坑式堆肥发酵法等。

应注意的是生物发酵消毒法不能杀灭芽孢，若粪便中含有炭疽、气肿疽等芽孢杆菌时，则应焚毁或加入有效化学药品处理。为减少堆肥过程中产生的有机酸，促进纤维分解菌的生长繁殖，可加入适量的草木灰、石灰等调节 pH。此外，在粪便中加入 10%～20% 已腐熟的堆肥土，可增加高温纤维菌的含量，促进发酵。堆肥温度一般以 50～60℃ 为宜，气温高有利于提高堆肥效果和堆肥速度。

二、消毒剂的选择

用于杀灭或清除外环境中病原微生物或其他有害微生物的化学药物，称为消毒剂。各种消毒药物的理化性质不同，其杀菌或抑菌作用机理也有所不同，生产中应根据消毒对象、病原体特性、消毒剂杀菌能力等适当选择使用。

1. 含氯消毒剂　含氯消毒剂通过在水中产生具杀菌作用的活性次氯酸发挥消毒作用，包括有机含氯消毒剂和无机含氯消毒剂。一般来说，有效氯浓度越高，作用时间越长，消毒效果越好。可杀灭所有类型的微生物，对肠杆菌、肠球菌、牛分枝杆菌、金黄色葡萄球菌、口蹄疫病毒、猪轮状病毒、猪传染性水疱病病毒、胃肠炎病毒、新城疫病毒及传染性法氏囊病病毒有较强的杀灭作用，使用方便，价格适宜。缺点是对金属有腐蚀性，药效持续时间较短，久贮失效等。

（1）漂白粉。为白色颗粒状粉末，有氯臭味，有效氯含量为 25%～30%，久置空气中失效，大部分溶于水和醇。5%～20% 的悬浮液用于环境消毒。饮水消毒每 50L 水加 1g；1%～5% 的澄清液用于食槽、玻璃器皿、非金属用具消毒等，宜现配现用。

（2）漂粉精。为白色结晶，有氯臭味，含氯稳定。0.5%～1.5% 用于地面、墙壁消毒，每千克水加 0.3～0.4g 用于饮水消毒。

（3）氯胺- T。白色微黄晶体，有氯臭味，含有效氯 24%～26%。对细菌的繁殖体及芽孢、病毒、真菌孢子有杀灭作用。杀菌作用慢，但性质稳定。0.2%～0.5% 水溶液喷雾用于室内空气及表面消毒，1%～2% 浸泡物品、器材消毒，3% 的溶液用于排泄物和分泌物的消毒；0.1%～0.5% 用于黏膜消毒；饮水消毒，1L 水用 2～4mg。配制此消毒液时，加入一定量的氯化铵，可大大提高消毒能力。

（4）二氯异氰尿酸钠。商品名优氯净，含有效氯 60%～64%，另外强力消毒净、84 消毒液、速效净等均含有二氯异氰尿酸钠。为白色晶体、粉末状，有氯臭味。一般 0.5%～1% 溶液可以杀灭细菌和病毒，5%～10% 的溶液用于杀灭芽孢。环境器具消毒按 0.015%～0.02% 配制；饮水消毒，每升水加 4～6mg，作用 30min。本品宜现用现配。球虫卵囊消毒每升水加入 1～2mg。

（5）二氧化氯（ClO₂）。商品名益康、消毒王、超氯，制剂有效氯含量 5%。白色粉末，有氯臭，易溶于水。具有高效、低毒、除臭和不残留的特点。可快速杀灭所有病原微生物，可用于畜禽舍、场地、器具、种蛋、屠宰厂、饮水消毒和带畜禽消毒。含有效氯 5% 时，环境消毒，每升水加药 5～10mL，泼洒或喷雾消毒；饮水消毒，100L 水加药 5～10mL。用具、食槽消毒，每升水加药 5mg，浸泡 5～10min。现配现用。

2. 碘类消毒剂　碘类消毒剂为碘与表面活性剂（载体）及增溶剂等形成稳定的络合物，包括传统的碘制剂如碘水溶液、碘酊（碘酒）、碘甘油和碘附类制剂。碘附类制剂主要有聚维酮碘（PVP-I）和聚醇醚碘（NP-I）。本类消毒剂可杀死细菌、真菌、芽孢、病毒、结核杆菌等。对金属设施及用具的腐蚀性较低，低浓度时可以进行饮水消毒和带畜禽消毒。

（1）碘酊。俗称碘酒，为碘的醇溶液，红棕色澄清液体，杀菌力强。2%～2.5% 用于皮肤消毒。

（2）碘附。又称络合碘，红棕色液体，随着有效碘含量的下降逐渐向黄色转变。主要剂型为聚乙烯吡咯烷酮碘和聚乙烯醇碘等，性质稳定，对皮肤无害。0.5%～1% 用于皮肤消毒，10mg/L 用于饮水消毒。

（3）威力碘。红棕色液体。本品含碘 0.5%，1%～2% 水溶液用于畜禽舍、畜禽体表及环境消毒。5% 水溶液用于手术器械、手术部位消毒。

3. 醛类消毒剂　醛类消毒剂能产生自由醛基，在适当条件下与微生物的蛋白质及某些其他成分发生反应。包括甲醛、戊二醛、聚甲醛、邻苯二甲醛等。杀菌谱广，可杀灭细菌、芽孢、真菌和病毒；性质稳定，耐储存；受有机物影响小。有一定毒性和刺激性，有特殊臭味，受湿度影响大。

（1）福尔马林。市售商品为 36%～40% 甲醛水溶液。无色有刺激性气味的液体，90℃下易生成沉淀。对细菌繁殖体及芽孢、病毒和真菌均有杀灭作用，广泛用于防腐消毒。1%～2% 用于环境消毒，与高锰酸钾配伍熏蒸消毒畜禽舍等，可采用不同浓度。

（2）戊二醛。无色油状体，味苦。有微弱甲醛气味，挥发度较低。可与水、酒精进行任何比例的稀释，溶液呈弱酸性。碱性溶液有强大的灭菌作用。2% 水溶液，用 0.3% 碳酸氢钠调整 pH 在 7.5～8.5 范围可消毒不能用于热灭菌的精密仪器、器材。

（3）多聚甲醛。为甲醛的聚合物，含甲醛 91%～99%，为白色疏松粉末，常温下不能分解出甲醛气体，加热时分解加快，释放出甲醛气体与少量水蒸气。难溶于水，但能溶于热水，加热至 150℃ 时，可全部蒸发为气体。多聚甲醛的气体与水溶液，均能杀灭各种类型病原体。1%～5% 溶液作用 10～30min，可杀灭除细菌芽孢以外的各种细菌和病毒；杀灭芽孢时，需 8% 的浓度作用 6h。用于熏蒸消毒，用量为每立方米 3～10g，消毒时间为 6h。

4. 氧化剂类消毒剂　氧化剂是一些含不稳定结合态氧的化合物。这类化合物遇到有机物和某些酶可释放出初生态氧，破坏菌体蛋白或细菌的酶系统。分解后产生的各种自由基，如巯基、活性氧衍生物等破坏微生物的通透性屏障、蛋白质、氨基酸、酶等，最终导致微生物死亡。

（1）过氧乙酸。无色透明酸性液体，易挥发，具有浓烈刺激性，不稳定，对皮肤、黏膜有腐蚀性。对多种细菌和病毒杀灭效果好。0.4～2g/L，浸泡 2～120min；0.1%～0.5% 擦拭物品表面；或 0.5%～5% 用于环境消毒，0.2% 用于器械消毒。

（2）过氧化氢。商品名称双氧水，无色透明，无异味，微酸苦，易溶于水，在水中分解成水和氧。可快速灭活多种微生物。1%～2%用于创面消毒；0.3%～1%用于黏膜消毒。

（3）过氧戊二酸。有固体和液体两种。固体难溶于水，为白色粉末，有轻度刺激性。2%用于器械浸泡消毒和物体表面擦拭，0.5%用于皮肤消毒，雾化气溶胶用于空气消毒。

（4）臭氧。常温下为淡蓝色气体，有鱼腥臭味，极不稳定，易溶于水。臭氧对细菌繁殖体、病毒、真菌和枯草杆菌黑色变种芽孢有较好的杀灭作用；对原虫和虫卵也有很好的杀灭作用。30mg/m³，15min 圈舍内空气消毒；0.5mg/L 用于水消毒，作用 10min；15～20mg/L 用于疫区污水消毒。

（5）高锰酸钾。俗称 PP 粉、灰锰氧，紫黑色斜方形结晶或结晶性粉末，无臭，易溶于水，因其浓度不同而呈暗紫色至粉红色。低浓度可杀死多种细菌的繁殖体，高浓度（2%～5%）在 24h 内可杀灭细菌芽孢，在酸性溶液中可以明显提高杀菌作用。0.1%溶液可用于鸡的饮水消毒，杀灭肠道病原微生物；0.1%用于创面和黏膜消毒；0.01%～0.02%用于消化道清洗；用于体表消毒时使用的浓度为 0.1%～0.2%。

5. 酚类消毒剂 酚类消毒剂对细菌、真菌和带囊膜病毒具有灭活作用，对多种寄生虫虫卵也有一定杀灭作用。性质稳定，通常一次用药，药效可以维持 5～7d；有轻微腐蚀性，能损害橡胶制品；对人畜有害，且气味滞留，不能用于带畜禽消毒和饮水消毒，常用于空圈舍消毒；与碱性药物或其他消毒剂混合使用效果差。

（1）苯酚。又称石炭酸，白色针状结晶，弱碱性易溶于水、有芳香味。杀菌力强，3%～5%用于环境与器械消毒，2%用于皮肤消毒。

（2）煤酚皂。又称甲酚皂、来苏儿，由煤酚和植物油、氢氧化钠按一定比例配制而成。无色，见光和空气变为深褐色，与水混合成为乳状液体。毒性较低。3%～5%用于环境消毒，5%～10%用于器械消毒、处理污物，2%的溶液用于术前、术后皮肤消毒。

（3）复合酚。商品名农福、消毒净、消毒灵等，为棕色黏稠状液体，有煤焦油臭味，对多种细菌和病毒有杀灭作用。用水稀释 100～300 倍后，用于环境、禽舍、器具的喷雾消毒，稀释用水温度不低于 8℃；1∶200 倍可杀灭烈性传染病，如口蹄疫；1∶（300～400）倍药浴或擦拭皮肤，药浴 25min，可以防治猪、牛、羊螨虫等皮肤寄生虫病，效果良好。

（4）氯甲酚溶液。商品名菌球杀，一般为 5%的溶液。杀菌作用强，毒性较小。主要用于畜禽舍、用具、污染物的消毒。用水稀释 30～100 倍后用于环境、畜禽舍的喷雾消毒。

6. 表面活性剂类消毒剂 表面活性剂又称清洁剂或除污剂，生产中常用阳离子表面活性剂，其抗菌广谱，对细菌、霉菌、真菌、藻类和病毒均具有杀灭作用。产品性质稳定、安全性好、无刺激性和腐蚀性。对常见病毒如马立克氏病病毒、新城疫病毒、猪瘟病毒、口蹄疫病毒等均有良好的杀灭效果，但对无囊膜病毒消毒效果不好。要避免与阴离子活性剂如肥皂等共用，也不能与碘、碘化钾、过氧化物等合用，否则会降低消毒的效果。不适用于粪便、污水消毒及细菌芽孢消毒。

（1）新洁尔灭。又称苯扎溴铵，市售的一般为浓度 5%的苯扎溴铵水溶液。无色或淡黄色液，振摇产生大量泡沫。对革兰氏阴性细菌的杀灭效果比对革兰氏阳性菌强，能杀灭有囊膜的亲脂病毒，不能杀灭亲水病毒、芽孢菌、结核菌，易产生耐药性。皮肤、器械消毒用 0.1%的溶液（以苯扎溴铵计），黏膜、创口消毒用 0.02%以下的溶液。0.5%～1%溶液用于手术局部消毒。

（2）杜米芬。白色或微白色片状结晶，能溶于水和乙醇。主要用于细菌，消毒能力强，毒性小，可用于环境、皮肤、黏膜、器械和创口的消毒。皮肤、器械消毒用 0.05%～0.1% 的溶液，带畜禽消毒用 0.05% 的溶液喷雾。

（3）癸甲溴铵溶液。商品名百毒杀，市售浓度一般为 10% 癸甲溴铵溶液。白色、无臭、无刺激性、无腐蚀性的溶液。本品性质稳定，不受环境酸碱度、水质硬度、粪便血污等有机物及光、热影响，适用范围广。饮水消毒，日常按 1∶（2 000～4 000）配制，可长期使用。疫病期间按 1∶（1 000～2 000）配制连用 7d；畜禽舍及带畜禽消毒，日常按 1∶600 配制；疫病期间按 1∶（200～400）配制喷雾、洗刷、浸泡。

（4）双氯苯胍己烷。白色结晶粉末，微溶于水和乙醇。0.5% 用于环境消毒，0.3% 用于器械消毒，0.02% 用于皮肤消毒。

（5）环氧乙烷（烷基化合物）。常温无色气体，沸点 10.3℃，易燃、易爆、有毒。50mg/L 密闭容器内用于器械、敷料等消毒。

（6）氯己定。商品名洗必泰，白色结晶、微溶于水，易溶于醇，禁与升汞配伍。0.02%～0.05% 水溶液，术前洗手浸泡 5min；0.01%～0.025% 用于腹腔、膀胱等冲洗。

7. 醇类消毒剂　醇类消毒剂可快速杀灭多种病原体，如细菌繁殖体、真菌和多种病毒，但不能杀灭细菌芽孢。与戊二醛、碘附等配伍，可以增强其作用。

（1）乙醇。俗称酒精，无色透明液体，易挥发，易燃，可与水和挥发油任意混合。无水乙醇含乙醇量为 95% 以上。主要通过使细菌菌体蛋白凝固并脱水而发挥杀菌作用。以 70%～75% 乙醇杀菌能力最强。对组织有刺激作用，浓度越大刺激性越强。70%～75% 用于皮肤、手术、注射部位和器械与手术、实验台面消毒，作用时间 3min；注意不能作为灭菌剂使用，不能用于黏膜消毒。浸泡消毒时，消毒物品不能带有过多水分，物品要清洁。

（2）异丙醇。无色透明液体，易挥发，易燃，具有乙醇和丙酮混合气味，与水和大多数有机溶剂可混溶。作用浓度为 50%～70%，过浓或过稀，杀菌作用都会减弱。50%～70% 的水溶液涂擦与浸泡，作用时间 5～60min。只能用于物体表面和环境消毒。杀菌效果优于乙醇，但毒性也高于乙醇，有轻度的蓄积和致癌作用。

8. 强碱类消毒剂　强碱类消毒剂由于氢氧根离子可以水解蛋白质和核酸，使微生物的结构和酶系统受到损害，同时可分解菌体中的糖类而杀灭细菌和病毒。尤其是对病毒和革兰氏阴性杆菌的杀灭作用最强，但其腐蚀性也强。

（1）氢氧化钠。商品名烧碱、火碱，白色干燥的颗粒，棒状、块状、片状结晶，易溶于水和乙醇，易吸收空气中的 CO_2 形成碳酸钠或碳酸氢钠盐。对细菌繁殖体、芽孢和病毒有很强的杀灭作用，对寄生虫虫卵也有杀灭作用，浓度增大，作用增强。2%～4% 溶液可杀死病毒和繁殖型细菌，30% 溶液 10min 可杀死芽孢，4% 溶液 45min 杀死芽孢，如加入 10% 食盐能增强杀芽孢能力。2%～4% 的热溶液用于喷洒或洗刷消毒畜禽舍、仓库、墙壁、工作间、入口处、运输车辆、饮饲用具等，10% 溶液用于炭疽消毒。

（2）氧化钙。俗称生石灰，白色或灰白色块状或粉末，无臭，易吸水，加水后生成氢氧化钙。加水配制成 10%～20% 石灰乳涂刷畜舍墙壁、畜栏等消毒。

（3）草木灰。新鲜草木灰主要含氢氧化钾。取筛过的草木灰 10～15kg，加水 35～40L，搅拌均匀，持续煮沸 1h，补足蒸发的水分即成 20%～30% 草木灰。20%～30% 草木灰可用于圈舍、运动场、墙壁及食槽的消毒。应注意水温在 50～70℃。

9. 重金属类消毒剂 重金属指汞、银、锌等，因其盐类化合物能与细菌蛋白结合，使蛋白质沉淀而发挥杀菌作用。

（1）甲紫（龙胆紫）。深绿色块状，溶于水和乙醇。1%～3%溶液用于浅表创面消毒、防腐。

（2）硫柳汞。0.01%溶液用于生物制品防腐；1%溶液用于皮肤或手术部位消毒。

10. 酸类消毒剂 酸类消毒剂高浓度能使菌体蛋白质变性和水解，低浓度可以改变菌体蛋白两性物质的离解度，抑制细胞膜的通透性，影响细菌的吸收、排泄、代谢和生长。还可以与其他阳离子在菌体表现为竞争性吸附，妨碍细菌的正常活动。有机酸的抗菌作用比无机酸强。

（1）无机酸（硫酸和盐酸）。具有强烈的刺激性和腐蚀性，生产中较少使用。0.5mol/L的硫酸处理排泄物、痰液等，30min可杀死多数结核杆菌。2%盐酸用于消毒皮肤。

（2）乳酸。微黄色透明液体，无臭微酸味，有吸湿性。蒸汽用于空气消毒，亦可用于与其他醛类配伍。

（3）醋酸。浓烈酸味，5～10mL/m³加等量水，蒸发消毒房间空气。

（4）十一烯酸。黄色油状溶液，5%～10%十一烯酸醇溶液用于皮肤、物体表面消毒。

11. 中草药类消毒剂 中草药消毒剂大多采用多种中草药提取物，主要用于空气消毒、皮肤黏膜消毒等。中药不仅可以治疗动物疫病，许多中药在体外又有较强的抗菌抗病毒作用，对空气消毒也具有广泛的使用价值，特别是在有人条件下，能达到安全、有效的空气消毒，因此越来越受到人们的重视。中药消毒剂主要以祛湿清热等"祛邪法"为原则，故以芳香化湿、清热解毒二类中药为主。常用的方法有中药烟熏法、药片药香点燃法、中药熏蒸法、中药气雾剂和中药液喷雾法等。

三、化学消毒剂的配制

1. 配制准备 配药前应准备量筒、台秤、搅拌棒、盛药容器（最好是塑料或搪瓷等耐腐蚀制品）、温度计、橡胶手套等。

2. 配制要求 所需药品应准确称量。配制浓度应符合消毒要求，不得随意加大或减少。使药品完全溶解，混合均匀。先将稀释药品所需要的水倒入配药容器（盆、桶或缸）中，再将已称量的药品倒入水中混合均匀或完全溶解即成待用消毒液。在配置过程中注意以下问题：①某些消毒药品（如生石灰）遇水会产生高温，应在耐热容器中配制；②配制有腐蚀性的消毒药品（如氢氧化钠），应戴橡胶手套操作，严禁用手直接接触，以免灼伤；③配制好的消毒液，应选择塑料或搪瓷桶、盆盛放；④宜现用现配。

3. 消毒剂浓度表示及计算 生产中消毒剂浓度常用百分浓度表示，即每百克或每百毫升药液中含某药纯品的克数或毫升数。百分浓度又分为质量百分浓度（W/W）、体积百分浓度（V/V）、质量体积百分浓度（W/V）。

（1）稀释浓度计算公式。

$$浓溶液体积 = \frac{稀溶液浓度}{浓溶液浓度} \times 稀溶液体积$$

$$稀溶液体积 = \frac{浓溶液浓度}{稀溶液浓度} \times 浓溶液体积$$

例：若配 0.5％过氧乙酸溶液 5 000mL，需用 20％过氧乙酸原液多少毫升？

答：20％过氧乙酸原液＝（0.5％/20％）×5 000mL＝125mL

例：现有 20％过氧乙酸原液 50mL，可配成 0.5％过氧乙酸溶液多少毫升？

答：配成 0.5％过氧乙酸溶液量＝（20％/0.5％）×50mL＝2 000mL

（2）稀释倍数计算公式。

$$稀释倍数＝\frac{原药浓度}{使用浓度}-1（若稀释 100 倍以上时公式中不必减 1）$$

例：用 20％的漂白粉澄清液，配制 5％澄清液时，需加水几倍？

答：需加水的倍数＝（20％/5％）－1＝3 倍

（3）增加药液计算公式。

$$需加浓溶液体积＝\frac{稀溶液浓度×稀溶液体积}{浓溶液浓度－使用浓度}$$

例：有剩余 0.2％过氧乙酸 2 500mL，欲增加药液浓度至 0.5％，需加 28％过氧乙酸多少毫升？

答：需加 28％过氧乙酸量＝（0.2％×2 500mL)/(28％－0.5％）＝18.1mL

4. 配制方法

（1）固体消毒剂配制示例。

①4％氢氧化钠溶液。称取 40g 烧碱（粗制氢氧化钠），加入 1 000mL 清水中（最好用 60～70℃热水）溶解搅匀即成。

②20％生石灰乳。1g 生石灰加 5g 水即为 20％石灰乳。配制时最好用陶缸或木桶、木盆。首先把等量水缓慢加入石灰内，稍停，石灰变为粉状时，再加入余下的水，搅匀即成。

③20％漂白粉乳剂。在漂白粉中加少量水，充分搅成稀糊状，然后按所需浓度加入全部水（25℃左右温水），即每 1 000mL 水加漂白粉 200g（含有效氯 25％）的混悬液。

④20％漂白粉澄清液。把 20％漂白粉乳剂静置一段时间，上清液即为 20％澄清液，使用时可稀释成所需浓度。

⑤5％碘酊。10g 碘化钾加蒸馏水 10mL 溶解后，加碘 50g 与适量 95％的乙醇，搅拌至溶解，再加乙醇使成 1 000mL 即成。

（2）液体消毒剂配制示例。

①10％福尔马林溶液。福尔马林为 40％甲醛溶液（市售商品）。取 10mL 福尔马林加 90mL 水，即成 10％福尔马林溶液。

②5％来苏儿溶液。取来苏儿 5 份加清水 95 份（最好用 50～60℃温水配制），混合均匀即成。

四、消毒的实施

根据消毒时机和消毒目的的不同，可将消毒分为预防性消毒、临时消毒和终末消毒三类。预防性消毒是指为预防疫病的发生，结合平时的饲养管理对畜禽舍、场地、用具和饮水等采取定期或不定期的各种消毒措施。临时消毒是指在发生疫病期间，为及时清除、杀灭患病动物排出的病原体而采取的消毒措施。如在隔离封锁期间，对患病动物的排泄物、分泌物污染的环境及一切用具、物品、设施等进行反复、多次的消毒。终末消毒是指在疫病控制、平息之后，解除疫区封锁前，为了消灭疫区内可能残留的病原体而采取的全面、彻底的大消毒。

1. 主要通道口消毒

猪场消毒技术

（1）车辆消毒池。生产区入口必须设置车辆消毒池（图4-1），车辆消毒池的长度为4m，与门同宽，深0.3m以上，消毒池上方最好建有顶棚，防止日晒雨淋。消毒池内放入2%～4%的氢氧化钠溶液，每周更换3次。北方地区冬季严寒，可用石灰粉代替消毒液。有条件的可在生产区出入口处设置喷雾装置，喷雾消毒液可采用0.1%百毒杀溶液、0.1%新洁尔灭或0.5%过氧乙酸。

（2）消毒室。场区门口及生产区入口要设置消毒室，人员和用具进入要消毒。消毒室内安装紫外线灯（1～2W/m³）；有脚踏消毒池，内放2%～5%的氢氧化钠溶液。进入人员要换鞋、工作服等，如有条件，可以设置淋浴设备，洗澡后方可入内。脚踏消毒池中消毒液每周至少更换2次。

（3）消毒槽（盘）。每栋畜禽舍、孵化室（厅）门前也要设置脚踏消毒槽（盘），内放2%～4%氢氧化钠溶液，进出畜禽舍最好换穿不同的专用橡胶长靴，在消毒槽（盘）中浸泡1min，并进行洗手消毒，穿上消毒过的工作服和工作帽方可进入。

2. 场区环境消毒　平时应做好场区环境的卫生工作，定期使用高压水洗净路面和其他硬化的场所，每月对场区环境进行一次环境消毒（图4-2）。进畜禽前对动物舍周围5m以内的地面使用0.2%～0.3%过氧乙酸，或使用5%的氢氧化钠溶液进行彻底喷洒；道路使用3%～5%的氢氧化钠溶液喷洒；用3%氢氧化钠（笼养时）或百毒杀喷洒消毒。畜禽场周围环境保持清洁卫生，不乱堆放垃圾和污物，道路每天要清扫。

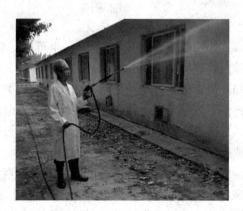

图4-1　生产区入口车辆消毒池　　　　　　　图4-2　场区消毒

被病畜禽的排泄物和分泌物污染的地面土壤，可用5%～10%漂白粉溶液、百毒杀或10%氢氧化钠溶液消毒。停放过产生芽孢的病原所致传染病（如炭疽、气肿疽等）病畜尸体的场所，或者是此种病畜倒毙的地方，应严格消毒，首先用10%～20%漂白粉乳剂或5%～10%优氯净喷洒地面，然后将表层土壤铲起30cm左右，撒上漂白粉并与土混合，将此表土运出掩埋。在运输时应用不漏土的车以免沿途漏撒，如无条件将表土运出，则应按5kg/m²漂白粉用量，将漂白粉与土混合，加水湿润后原地压平。牧场被污染后，一般利用阳光或种植某些对病原体有杀灭力的植物（如大蒜、大葱、小麦、黑麦等），连种数年，土壤可产生自洁作用。

3. 空圈舍消毒 任何规模和类型的养殖场，其场舍在启用及下次使用之前，必须空出一定时间（15～30d 或更长时间）。经多种方法全面彻底消毒后，方可正常启用。

（1）机械清除。对空圈舍顶棚、天花板、风扇、通风口、墙壁、地面彻底打扫（图 4-3），将垃圾、粪便、垫草、羽毛和其他各种污物全部清除，定点堆放烧毁并配合生物热消毒处理。

（2）净水冲洗。料槽、水槽、围栏、笼具、网床等设施采用动力喷雾器或高压水枪进行常水冲洗（图 4-4），冲洗按照从上至下、从里至外的顺序进行。对较脏的地方，可事先进行刮除，要注意对角落、缝隙、设施背面的冲洗，做到不留死角。最后冲洗地面、走道、粪槽等，待干后用化学法消毒。

图 4-3　清扫圈舍　　　　　　　　　　　　　图 4-4　冲洗圈舍

（3）药物喷洒。常用 3%～5% 来苏儿、0.2%～0.5% 过氧乙酸、20% 石灰乳、5%～20% 漂白粉等喷洒消毒。地面用药量 800～1 000mL/m²，舍内其他设施 200～400mL/m²。为了提高消毒效果，应使用两种或三种不同类型的消毒药进行 2～3 次消毒。通常第一次使用碱性消毒液，第二次使用表面活性剂类、卤素类、酚类等消毒药，第三次常采用甲醛熏蒸消毒。每次消毒要等地面和物品干燥后再进行下次消毒。必要时，对耐燃物品还可使用酒精喷灯或煤油喷灯进行火焰消毒。

（4）甲醛熏蒸。熏蒸消毒可用于密闭的畜禽舍、仓库及饲养用具、种蛋、孵化机（室）污染表面的消毒。其穿透性差，不能消毒用布、纸或塑料薄膜包装的物品，优点是可对空气、墙缝及药物喷洒不到但空气流通的地方进行彻底消毒。常用福尔马林熏蒸，用量为 28mL/m³，密闭 1～2 周，或按每立方米空间 25mL 福尔马林、12.5mL 水、25g 高锰酸钾的比例进行熏蒸，消毒时间为 12～24h。但墙壁及顶棚易被熏黄，用等量生石灰代替高锰酸钾可消除此缺点。熏蒸消毒完成后，应通风换气，待对动物无刺激后，方可使用。

熏蒸消毒前须将舍、室密闭。室温保持在 20℃ 以上，相对湿度在 70%～90%。充分暴露舍、室及物品的表面，并去除各角落的灰尘和蛋壳上的污物。操作时，先将氧化剂放入容器中，然后注入福尔马林。反应开始后药液沸腾，在短时间内即可将甲醛蒸发完毕。由于产热较高，容器不要放在地板上，也不要使用易燃、易腐蚀的容器。使用的容器体积要大些

（为药液的 10 倍左右），徐徐加入药液，防止反应过猛药液溢出。为调节空气中的湿度，需要蒸发定量水分时，可直接将水加入福尔马林中，这样还可减弱反应强度。必要时用小棒搅拌药液，可使反应充分进行。达到规定消毒时间后，打开门窗通风换气，必要时用 25％氨水中和残留的甲醛（用量为甲醛的 1/2）。

4. 带畜禽消毒 带畜禽消毒是指对畜禽舍环境和畜禽体表的定期或紧急喷雾消毒。正常动物体表可携带多种病原体，尤其在动物换羽、脱毛期间，羽毛可成为一些疫病的传播媒介。做好动物体表的消毒，对预防一般疫病的发生有一定作用，在疫病流行期间采取此项措施意义更大。带畜禽消毒常选用对皮肤、黏膜无刺激性或刺激性较小的药品用喷雾法消毒。主要药物有 0.015％百毒杀、0.1％新洁尔灭、0.2％～0.3％次氯酸钠以及 0.015％癸甲溴铵等。药液用量为 60～240mL/m²，以地面、墙壁、天花板均匀湿润和畜禽体表略湿为宜。喷雾粒子以 80～100μm，喷雾距离以 1～2m 为宜。

发生疫情时，可每天消毒一次。冬季带畜禽消毒，应提高舍温 3～4℃，且药液温度以室温为宜。一般鸡、鸭 10 日龄、鹅 8 日龄以前不可实施带禽消毒，否则容易引起呼吸道疾病。如果动物患有呼吸道疾病，一般亦不宜带动物消毒。带畜禽消毒必须避开活苗接种，即在活苗接种的当天、前后各 1d 不得消毒。

5. 畜禽保健消毒 畜禽保健消毒主要用于猪、牛、羊等哺乳动物乳房、蹄部等皮肤消毒及外伤防感染消毒。

（1）猪保健消毒。妊娠母猪在分娩前 5d，最好用热毛巾对全身皮肤进行清洁，然后用 0.1％高锰酸钾水擦洗全身，在临产前 3d 再消毒 1 次，重点要擦洗会阴部和乳头，保证仔猪在出生后和哺乳期间免受病原的感染。哺乳期母猪的乳房要定期清洗和消毒，如果有腹泻等病发生，可以带动物消毒，一般每隔 7d 消毒 1 次，严重发病的可按照污染猪场的状况进行消毒处理。新生仔猪在分娩后用热毛巾对全身皮肤进行擦洗，要保证舍内温度（25℃以上），然后用 0.1％高锰酸钾水擦洗全身，再用毛巾擦干。

（2）牛蹄部保健消毒。每天坚持清洗蹄部数次，使之保持清洁卫生。每年春、秋季各检查和修整蹄一次，对患有肢蹄病的牛要及时治疗。每年蹄病高发季节，每周用 5％硫酸铜溶液喷洒蹄部 2～3 次，以降低蹄部发病率。牛舍和运动场的地面应保持平整，随时清除污物，保持干燥。严禁用炉灰渣或碎石子垫运动场或奶牛的走道。要经常检查奶牛日粮中营养平衡状况，如发现问题要及时调整，尤其是蹄病发病率达到 15％以上时，更要引起重视。禁用有肢蹄病遗传缺陷的公牛精液进行配种。

（3）牛乳房保健消毒。经常保持牛床及乳房清洁，挤乳时，必须用清洁水（在 6～10 月份，水中可以加 1％漂白粉或 0.1％高锰酸钾溶液等）清洗乳房，然后用干净的毛巾擦干。挤完乳后，每个乳头必须用 3％～4％次氯酸钠溶液等消毒药浸泡数秒钟，停乳前 10d 要进行隐性乳腺炎的监测，如发现"＋＋"以上阳性反应的要及时治疗，在停乳前 3d 内再监测数次，阴性反应的牛方可停乳。停乳时，应采用效果可靠的干乳药进行药物快速停乳。停乳后继续药浴乳头 1 周，预产前 1 周恢复药浴，每天 2 次。

奶牛挤乳卫生消毒

（4）外伤防感染消毒。动物在断脐、断尾、阉割、外伤情况下，用双氧水冲洗伤口，并可在伤口涂上碘酒等消毒药水。

6. 运输工具消毒 运载工具包括各种车、船、集装箱和飞机等，在装卸动物、动物产品前后，都应对运输工具进行消毒（图4-5）。消毒按以下方法进行：

装运过健康畜禽及其产品的运输工具，清扫后用热水洗刷。

装运过一般传染病畜禽及其产品的运输工具，应彻底清扫。先打扫车辆表面和内部，车辆内部包括车厢内地面、内壁及分隔板，外部包括车身、车轮、轮箍、轮框、挡泥板及底盘。除去车体大部分的污染物，将可以卸载的，现场不能或不易消毒的物品移出放于场外。打扫完毕后，用高压水冲洗车辆表面、内部及车底。用含5%有效氯的漂

图4-5 运猪车辆消毒

白粉溶液或4%氢氧化钠溶液喷洒消毒15～30min。清除的粪便、垫草和垃圾，焚烧或堆积泥封发酵消毒。

运载过危害严重的传染病或由形成芽孢的病原体所污染的畜禽及其产品的运输工具，应先用消毒药液喷洒消毒，经一定时间后彻底清扫，特别注意工作人员卸载物品可能接触的地方，注意缝隙、车轮和车底。再用含5%有效氯的漂白粉溶液或10%氢氧化钠溶液、4%福尔马林、0.5%过氧乙酸等喷洒消毒1次，消毒30min后，用热水冲洗，清除的粪便、垫草集中烧毁。

7. 屠宰加工车间消毒 屠宰加工间的消毒应建立经常性和临时性的卫生制度。

（1）经常性消毒。每天生产完毕后，仔细彻底清洗地面、墙裙、通道、台桌、各种设备、用具、检验工具等，再用82℃以上热水洗刷消毒；油污、血污沾染严重的，用热碱水重点洗刷。车间内经常保持清洁卫生，每15d或每月进行1次大扫除和大消毒。

每次消毒的程序：对地面、墙裙先用含2%～5%有效氯的漂白粉溶液或2%～4%氢氧化钠溶液进行消毒，喷洒药液后，应保留一定时间后再用清水冲洗干净，并加强通风，以清除残留的特殊气味。对沾染有油脂、血垢的地面、台板等，先用氢氧化钠溶液洗刷，再用清水冲洗。

（2）临时性消毒。当屠宰加工时发现胴体或其他内脏有传染病或可疑者，尤其是人畜共患传染病，必须采取紧急严格消毒。要根据疾病性质和疫情来选定相应的消毒药物。

8. 孵化设施及种蛋消毒 对孵化设施及种蛋进行消毒是预防控制禽类蛋媒垂直传播疫病的有效手段。孵化室内的下水道口处应定期投放氢氧化钠消毒，定期对室内、室外进行喷雾消毒。种蛋预选室和孵化厅各车间，每日要用清水冲洗干净后，再用消毒液喷洒消毒一次。

孵化器材的消毒方法多采用熏蒸、浸泡、冲洗、擦拭等。孵化器和出雏器冲洗干净后，用过氧乙酸喷洒消毒。出雏盒、蛋盘、蛋架等用次氯酸钠或新洁尔灭溶液浸泡或刷拭干净后，再用福尔马林熏蒸1h。每出一次雏禽，所有使用过的器具都要取出，放入消毒液内浸泡消毒洗净，然后将孵化器和出雏器内外用高压清水冲洗干净，再用消毒液喷洒消毒，逐个进行彻底清洗擦拭、喷洒和熏蒸消毒。蛋盘和雏箱、送雏盒等用具不得逆转使用。雏禽须用本厅专用车辆运送，用过的雏禽盘、鉴别器具、车辆等须经消毒后再使用，运送雏禽车辆在回厅时应冲洗消毒。

经收集初选合格的种蛋应在 30min 内送入孵化厅，并放入消毒柜或熏蒸室进行熏蒸消毒，一般不用溶液法，以免破坏蛋壳表面的胶质保护层。消毒后放入种蛋库存放。种蛋入孵前可以采用熏蒸法、浸泡法和喷雾法消毒。熏蒸法消毒可用福尔马林、过氧乙酸。浸泡法可用 0.1% 新洁尔灭溶液、0.05% 高锰酸钾溶液或 0.02% 季铵盐溶液，浸泡 5min 捞出沥干入孵，浸泡时水温控制在 43～50℃。喷雾法可用 0.1% 新洁尔灭溶液均匀喷洒在种蛋的表面，经 3～5min，药液干后即可入孵。

9. 畜禽产品外包装消毒 畜禽产品外包装制品反复使用，进出场（户）会带出、带入各种病原体。因此，必须对外包装进行妥善消毒处理。

塑料包装制品消毒时，常用 0.04%～0.2% 过氧乙酸或 1%～2% 氢氧化钠溶液浸泡消毒。操作时先用常水洗刷，除去表面污物，干燥后在放入消毒液中浸泡 10～15min，取出用常水冲洗，干燥后备用。也可在专用消毒房间用 0.05%～0.5% 过氧乙酸喷雾消毒，喷雾后密封 1～2h。

金属制品消毒时，先用常水洗刷干净，干燥后用火焰喷烧消毒，或用 4%～5% 的碳酸钠喷洒或洗刷，对染疫制品要反复消毒 2～3 次。

其他制品如木箱、竹筐等消毒时，由于不耐腐蚀，一般不采用浸泡法。可在专用消毒间熏蒸消毒。用福尔马林 42mL/m³ 熏蒸 2～4h 或更长时间。对染疫的此类包装物，必要时烧毁处理。

10. 交易场所消毒 出售肉品、交易畜禽结束后，要彻底清扫地，粪便垃圾投入发酵坑；出售肉品的肉案、秤、钩、刀等用 82℃ 以上热水或 2% 热碱水刷洗消毒；地面和交易畜禽的场地、栏圈、饲槽等用 3%～5% 克辽林溶液或 2%～4% 热碱水消毒；肉案、秤、饲槽等用药物消毒后再用清水冲洗干净。集装箱可用福尔马林熏蒸消毒。

五、消毒效果检查

生产中消毒效果常常受到消毒维持时间、消毒液浓度、消毒剂酸碱特性、环境温湿度及卫生状况等多种因素影响，因此消毒后应及时进行消毒效果检查。

1. 清洁程度的检查 检查车间地面、墙壁、设备及圈舍场地清扫的情况，要求做到干净、卫生、无死角。

2. 消毒药剂正确性的检查 查看消毒工作记录，了解选用消毒药剂的种类、浓度及其用法、用量。检查消毒药液的浓度时，可从剩余的消毒药液中取样进行化学检查。要求选用的消毒药剂高效、低毒，浓度和用量必须适宜。

3. 消毒效果判定 标准消毒效果可以通过杀菌率判定，即分别于消毒前后计算菌落数，然后按下列公式计算杀菌率，杀菌率达到 99.9% 为消毒合格。有的需通过检查消毒后有无致病菌来判定。

$$杀菌率 = \frac{消毒前菌落数 - 消毒后菌落数}{消毒前菌落数} \times 100\%$$

4. 消毒对象的细菌学检查

（1）物体表面消毒效果检查。主要为畜禽舍墙壁、地面、门窗、笼具、水槽、料槽等设备。检测方法如下：

①物体表面采样时，将内径为 5cm×5cm 的灭菌规板放在被检物体表面。②在装有 4～

5mL 灭菌生理盐水的试管中浸湿灭菌的棉拭子，在试管壁上压挤多余的生理盐水，然后在规板范围内滚动棉拭子涂抹取样。③剪去棉棒的手持端，将棉棒放入生理盐水试管内，塞紧试管塞，带回实验室检验。④以同样的方法，在同一物体上的同一部位采样 4～5 处。⑤采用提拉棉棒或敲打采样试管的方法将棉棒的细菌全部洗入生理盐水中。⑥用灭菌吸管从采样试管中吸取 1mL 菌悬液转入另一支装有 9mL 灭菌生理盐水的试管中，作 10 倍递增稀释。⑦根据物体表面污染程度，选择 3 个稀释度，每个稀释度，分别取 1mL 放入灭菌平皿内，用普通琼脂作倾注培养。每个稀释度作平行样品 2 个。置 37℃温箱中，培养 24h，观察并计算平板上的菌落数。计算公式为：

$$菌落数（cm^2）=\frac{平均菌落数×稀释倍数×采样管液体体积}{采样面积（cm^2）}$$

（2）空气消毒效果检查。空气消毒效果检查通常采用平皿暴露法。将灭菌普通琼脂或血液琼脂培养基平皿，水平地放在畜禽舍内四角和中央各 1 个，也可在不同高度增加放置若干层。打开平皿盖，暴露 10～20min 后取出，将平皿做好标记。置于 37℃温箱中，培养 24～48h，观察并计算平板上的菌落数，求出 5 个平板中的平均菌落数。

实验测定，5min 内在 100cm² 面积上降落的细菌数，相当于 10L 空气中所含的细菌数，因此，可按下列公式求出每立方米空气中细菌的含量：

$$细菌菌落总数（CFU/m^3）=\frac{50\ 000×N}{A×T}$$

式中，A 为平皿面积（cm²）；T 为平皿暴露于空气中的时间（min）；N 为平均菌落数；50 000 为常数。

◆ 任务案例

某校内实训基地（猪场）总建筑面积 14 500m²，其中主要包括：办公室 2 000m²、宿舍 700m²、饲料加工车间 300m²、参观室 500m²、消毒室 100m²、兽医室 100m²、猪舍（种猪舍、后备猪舍、分娩舍、育幼舍、中猪舍、育肥舍）9 000m²。存栏能繁母猪 700 头，建有种猪种群繁育体系和商品猪繁育体系，常年存栏猪在 6 000 头左右。该场某天对进场车辆及空圈舍进行了消毒，并实施了消毒效果检查。

（一）养猪场进场车辆消毒

1. 任务说明　养猪场运输饲料、药品、活猪的车辆进场常携带病原，必须严格消毒处理。本任务旨在通过养猪场运输车辆的消毒，使学生掌握运载工具消毒的基本操作，提高防疫意识和消毒水平。

2. 设备器材　所需器材为运输饲料、药品、活猪等的车辆，消毒药液，扫帚，喷雾器，高压清洗机等，有条件的可用自动消毒通道。

3. 工作过程　养猪场兽医技术人员对运输饲料、药品等车辆进行预约，并在预约好的当天换好消毒液。对接近、进入猪场大门的车辆进行登记，内容包括姓名、单位、所运送的物品、接触包括活猪在内污染敏感区域的地点以及具体时间。登记完毕后对车辆进行清扫、冲洗及消毒。工作人员穿好干净的隔离服后先打扫车辆，包括车表面和车厢内地面、内壁及分隔板、车身、车轮、轮轴、轮框、挡泥板及底盘。除掉车体上的污染物。将可以卸载的、现场不能或不易消毒的物品放到场外。打扫完毕后，用高压水冲洗车辆表面、内部及车底，检查车辆是否还有遗留的有机物。确定无残余有机物后将车辆驶入大门消毒池内。使用消毒剂对车辆进行喷洒，特别注意工作人员卸载物品可能接触的地方，注意缝隙、车轮和车底。驾驶室实行喷洒消毒。驾驶员穿上消毒服及靴子并进行消毒后进入车辆驾驶室。消毒剂停留至少15～30min后驶出消毒间。若选用的消毒剂对车身有损伤则用水冲洗完毕后再驶出。驶出消毒间的车辆停留在生活区，干燥后卸载物品。消毒人员消毒完毕后，换下消毒服，消毒后进入生活区。

所有运输屠宰猪、淘汰猪、种猪、仔猪等的车辆在接近场区以前必须经过两次严格清洗、消毒、干燥，最后一次清洗、消毒、干燥完成后与接近场区的间隔期至少24h。在此期间，车辆的内外部避免一切可能发生的动物源性污染，这些车辆停留在装猪台，不得进入场区。场区内转运猪的车辆应专用。淘汰猪车、死猪转运车每天使用完毕后应该清洗、消毒、干燥。干燥后放置在最后运输的起始地。饲料车每周清洗、消毒一次；饲料车消毒、冲洗完毕后应放置在指定的地点，并注意防止鸟、鼠接触。

（二）用2%氢氧化钠溶液消毒圈舍地面

1. 任务说明 消毒剂使用前必须根据消毒对象及病原特点按一定浓度配制才能取得好的消毒效果。烧碱（市售粗制氢氧化钠）是养殖生产中常用的固体化学消毒剂之一，常用浓度为2%～4%。

2. 设备材料 量筒、天平、搅拌棒、盛药容器（最好是塑料或搪瓷等耐腐蚀制品）、市售烧碱、胶靴、橡胶手套、扫帚、冲洗设备等。

3. 工作过程 养殖场兽医技术人员移开圈舍内所有物品至舍外，清扫圈舍，净水冲洗干净。丈量圈舍地面面积，按800～1 000mL/m²用药量，计算2%烧碱消毒液需要量及烧碱用量。称取适量烧碱倒入定量清水中（最好用60～70℃热水）搅拌溶解混匀。配制成2%溶液，用喷壶喷洒或用盆泼洒，同时用扫帚左右扫动，使药液与地面充分接触。维持消毒30min左右，用清水冲洗干净。圈舍地面消毒的同时应做好舍内物品、用具的消毒。

（三）空圈舍的熏蒸消毒及消毒效果检查

1. 任务说明 熏蒸消毒是化学消毒法中非常重要的消毒方法，可用于密闭的畜禽舍、仓库及饲养用具、种蛋、孵化机（室）污染表面的消毒。实施消毒效果检查是保证消毒效果确实可靠的重要措施。本任务旨在通过空圈舍的熏蒸消毒及消毒效果检查，使学生掌握熏蒸消毒操作及空气消毒效果检查技术。

2. 设备材料 本任务选择在猪场空圈舍内进行，设备材料为卷尺、福尔马林、高锰酸钾、搪瓷盆或陶瓷瓦罐、清扫工具、胶带纸、灭菌普通琼脂或血液琼培养基脂平皿、温箱等。

3. 工作过程 首先测量计算待消毒猪舍的空间大小，然后对顶棚、天花板、风扇、通风口、墙壁、地面彻底打扫，将垃圾、粪便、垫草、羽毛和其他各种污物全部清除，用高压水枪进行常水洗净。消毒前将畜（禽）舍密闭，按每立方米空间25mL福尔马林、12.5mL水、25g高锰酸钾的比例进行熏蒸。根据空间大小计算福尔马林、高锰酸钾、水的用量，准备适当数量的搪瓷盆或陶瓷瓦罐，将高锰酸钾均匀分放其中后，在舍内均匀摆放，将福尔马林与水混合后，从里向外依次按需要量快速倒入搪瓷盆或陶瓷瓦罐，用玻璃棒适当搅拌，促进甲醛蒸汽产生。完成后迅速退出圈舍，并密闭熏蒸消毒12～24h。熏蒸消毒完成后，及时通风换气，待对动物无刺激后，根据需要投入使用。空气消毒效果检查采用平皿暴露法。将灭菌普通琼脂培养基或血液琼脂平皿，水平地放在畜（禽）舍内四角和中央各1个，也可在不同高度增加放置若干层。打开平皿盖，暴露10～20min后取出，将平皿做好标记。置于37℃温箱中，培养24～48h，观察结果。分别计算菌落数。评估消毒效果。

◆ **职业测试**

1. 判断题

(1) 更换消毒液时，一定要把旧的消毒液全部倒掉，并将容器洗净。（ ）

(2) 新洁尔灭对霉菌杀灭效果较好。（ ）

(3) 消毒液随着温度的增加消毒效果增强。（ ）

(4) 牛乳可通过巴氏消毒法进行消毒。（ ）

(5) 消毒是采用物理、化学或生物学措施杀灭病原微生物，主要是指将传播媒介中的病原微生物杀灭或清除。（ ）

(6) 工作人员进出病畜禽舍不需要消毒。（ ）

(7) 平时按规定的定期消毒称为预防性消毒。（ ）

(8) 福尔马林常用作畜禽的喷雾消毒剂。（ ）

(9) 粪便多采用生物热消毒法消毒。（ ）

(10) 畜禽舍消毒前应彻底清扫。（ ）

(11) 热空气灭菌时不能够杀死芽孢。（ ）

(12) 煮沸消毒可以利用沸水的高温作用杀死全部细菌及芽孢。（ ）

(13) 紫外线消毒的缺点是不能穿透不透明物体和普通玻璃。（ ）

(14) 乙醇能杀灭细菌繁殖体、真菌和病毒，但不能杀灭细菌芽孢。（ ）

(15) 一般而言，适当升高消毒液温度可增强杀菌作用。（ ）

(16) 高温对细菌有明显的致死作用，是最有效的灭菌方法。（ ）

(17) 强酸和强碱均能杀灭病毒，强酸作用更大。（ ）

(18) 漂白粉的常用消毒浓度为1%～5%。（ ）

(19) 消毒是杀死物体中的病原微生物。（ ）

(20) 种蛋室空气消毒常用的方法是紫外线消毒。（ ）

2. 技能操作测试

(1) 某栋空鸡舍长20m，宽10m，高3m，现需要进行熏蒸消毒，请设计一个详细方案，并组织实施。

(2) 用市售粗制氢氧化钠消毒猪场或鸡场一栋空圈舍。

任务 4-2　免疫预防

◆ **任务描述**

免疫预防任务根据动物疫病防治员的人才培养规范和对动物防疫岗位典型工作任务的分析安排，结合规模化养殖企业、散养畜禽的免疫要求，通过教师提供的教学课件、网络资源、音像资料、网络课堂等参考资料，结合实践案例，制定相关的免疫计划，学生在教师、企业技师的指导下完成免疫接种任务，从而为增强易感动物的特异性免疫力，阻止动物疫病的蔓延、扩散提供技术支持，保障畜禽生产安全。

◆ 能力目标

在学校教师和企业技师共同指导下，完成本学习任务后，希望学生获得：
(1) 根据需要选购、运输、保存免疫用生物制品的能力。
(2) 根据养殖生产实际科学制定免疫计划和免疫程序的能力。
(3) 根据实际情况正确地进行疫苗稀释的能力。
(4) 按照国家标准和行业标准的要求实施动物免疫的能力。
(5) 按照国家标准和行业标准的要求科学评价动物免疫效果的能力。
(6) 正确处理动物免疫接种后各种异常反应的能力。
(7) 对免疫失败可能出现的原因进行分析的能力。

◆ 学习内容

一、免疫的概念

免疫是机体对外源性或内源性异物进行识别、排斥和清除的过程，是机体免疫系统发挥的一种保护性生理功能。保持机体内外环境平衡是动物健康成长和进行生命活动最基本的条件。动物在长期进化中形成了与外部入侵的病原微生物和内部产生的肿瘤细胞作斗争的防御系统——免疫系统。

免疫具有抵抗病原微生物感染、监视和歼灭自身细胞诱变成的肿瘤细胞以及清除体内衰老或损伤的组织细胞，保证机体正常组织细胞的生理活动，维持机体内环境稳定的功能。但在某些情况下，免疫也会造成对机体的损伤，出现所谓的免疫性疾病，如变态反应、自身免疫性疾病。我们这里主要指的是抗感染免疫，主要包括抗细菌感染免疫、抗病毒感染免疫和抗寄生虫感染免疫。抵抗感染的能力称为免疫力。免疫力可以分为先天性免疫（非特异性免疫）和获得性免疫（特性性免疫）。

获得性免疫是动物在个体发育过程中受到某种病原体或其有毒产物刺激而产生的防御机能。它有主动免疫和被动免疫两类，二者均有天然和人工之分（图4-6）。

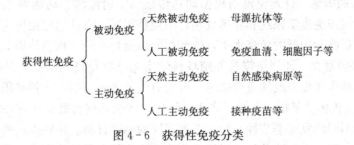

图4-6 获得性免疫分类

（一）被动免疫

被动免疫是动物依靠输入其他机体所产生的抗体或细胞因子而产生的免疫力。包括天然被动免疫和人工被动免疫。

1. 天然被动免疫 动物通过母体胎盘、初乳或卵黄获得某种特异性抗体，从而获得对某种病原的免疫力，称为天然被动免疫。通过胎盘、初乳或卵黄获得的抗体，称为母源抗体。天然被动免疫在动物疫病防治中非常重要，在临床上有广泛的应用。由于动物在生长发育的早期，免疫系统不够健全，对病原体的抵抗力比较弱。然而，动物可以通过母源抗体增强自身免疫力，以保证早期的发育，这对生产实践具有重要意义。例如，给产前怀孕母猪接种大肠杆菌 K88 疫苗，可使新生哺乳仔猪避免致病性大肠杆菌引起仔猪黄痢的发生；给产蛋鹅接种小鹅瘟疫苗以保护雏鹅不患小鹅瘟。当然母源抗体的存在对疫苗的接种也存在干扰作用，尤其是对弱毒苗的干扰更为严重，从而影响了疫苗的免疫效果。因此在制订免疫程序，特别是首免时间时，必须考虑母源抗体的干扰作用。

2. 人工被动免疫 将含有特异性抗体的血清或细胞因子等制剂，人工输入到动物体内使其获得对某种病原体的抵抗力，称为被动免疫。主要用于动物疫病的免疫治疗或紧急预防。例如抗犬瘟热病毒血清可防治犬瘟热，鸡新城疫高免血清可防治鸡新城疫，尤其患病毒性疫病的珍贵动物，用抗血清治疗更加重要。人工被动免疫的作用特点是发挥作用快、无诱导期，但维持免疫力的时间较短，一般为 1～4 周。

（二）主动免疫

主动免疫是动物受到某种病原体抗原刺激后，自身所产生的针对该抗原的免疫力。包括天然主动免疫和人工主动免疫。

1. 天然主动免疫 天然主动免疫是指动物感染某种病原体后产生的，对该病原体的再次入侵呈不感染状态，即产生了抵抗力。

2. 人工主动免疫 人工主动免疫是给动物接种疫苗等抗原物质，刺激机体免疫系统发生免疫应答而产生的特异性免疫。所谓疫苗是指用病原体或其代谢产物制成的生物制品，用于免疫预防。人工主动免疫的特点是：与人工被动免疫相比免疫力产生慢，但持续时间长，免疫期可达数月甚至数年，有回忆反应，某些抗原免疫后可产生终生免疫。需要一定的诱导期，出现免疫力的时间与抗原的种类有关。由于人工主动免疫有一定的诱导期，因此在免疫防治时应考虑到这一点。动物机体对重复免疫接种可较快地产生再次免疫应答反应。

二、免疫计划的制订

（一）计划免疫

1. 计划免疫的概念 计划免疫指根据动物传染病疫情监测、动物群免疫状况及动物免疫特点的分析，按照免疫学原理和养殖场制订的免疫程序，有计划地使用生物制品进行动物群预防接种，以提高动物群的免疫水平，达到控制以至最终消灭相应传染病的目的。

2. 计划免疫的意义 计划免疫是养殖场科学实施动物免疫的前提，是避免盲目、随意进行动物免疫，减少免疫失败的重要措施。要想有效地预防疫病，接种必须要在疾病发生前 30d 以上进行，待机体受某抗原刺激后产生了抗体，才能起到有效预防该疫病的作用。而不同的疫病又都有不同的发病季节性、地区性和不同的感染日龄、性别等，而且接种后，预防有一定的时间性。因此，养殖单位应根据动物疫病发病特点科学地安排，有计划地、适时地进行预防接种，以达到预防疫病的目的。

3. 计划免疫的内容

（1）组织领导。免疫工作的计划、检查、总结，免疫工作人员的配备与培训，免疫接种器材的管理，定期开展查漏补种工作，开展免疫宣传，动物疫病诊断人员及预防接种异常反应诊断与处理人员的配备等。

（2）基础资料。动物存栏情况及背景资料，养殖场历年使用生物制品情况的资料，本地本场有关动物传染病资料，动物免疫状况监测资料等。

（3）制度建设。安全接种制度，异常接种反应处理制度，查漏补种制度，疫苗和冷链管理制度等。

（4）免疫实施。疫苗检查，器械消毒，接种前动物临床检查，操作人员的培训，按程序正确接种，接种后动物观察等。

（5）免疫监测。定期监测动物群抗体水平，掌握群体免疫状态，确定免疫时机，适时补充免疫。

4. 补充免疫 补充免疫是计划免疫的重要部分，是按照免疫计划，在对大群动物按免疫程序免疫后，而对未免疫的小群动物实施的免疫。凡属以下情况的动物应实施补充免疫：由于动物个体暂不适于免疫，如生病、妊娠等，在群体免疫时未予免疫的动物；因各种原因免疫失败的动物；散养畜禽在每年春、秋两季集中免疫后，每月应对未免疫的动物进行定期补充免疫。

5. 紧急免疫 紧急免疫是指在发生动物疫病后，为迅速控制和扑灭疫病的流行，而对疫区和受威胁区尚未发病的动物进行的应急性免疫接种。其目的在于建立环状免疫隔离带或免疫屏障以包围疫区，防止疫情扩散。实践证明，在疫区和受威胁区内使用疫苗紧急接种，不但可以防止疫病向周围地区蔓延，而且还可以减少未发病动物的感染。

紧急免疫应注意：①只能对临床健康动物进行免疫接种，对于患病动物和处于潜伏期的动物不能接种，只能扑杀或隔离治疗。使用高免血清、卵黄抗体等生物制品时，具有安全、产生免疫快的特点，但免疫期短，用量大，价格高。②对疫区、受威胁区域的所有易感动物，不论是否免疫过或免疫到期，都要重新进行一次免疫，建立免疫隔离带。紧急免疫顺序应是由外到里，即从受威胁区到疫区。③紧急免疫必须使免疫密度达到100%，即易感动物要全部免疫，才能一致地获得免疫力。同时，操作人员必须做到一只动物用一个针头，避免人为导致的动物间交叉感染。④为了保证接种效果，有时疫苗剂量可加倍使用。但必须注意，不是所有疫苗均可用于紧急接种，只有证明紧急接种有效的疫苗才能使用。⑤紧急免疫必须与疫区的隔离、封锁、消毒及病害动物的无害化处理等防疫措施相结合，才能收到好的效果。

（二）免疫程序

1. 免疫程序的概念 生产上，免疫程序有广义和狭义之分。广义的免疫程序是指根据一定地区或养殖场内不同疫病的流行状况及疫苗特性，为特定动物群制订的免疫接种方案。主要包括所用各种类疫苗的名称、类型、接种顺序、用法、用量、次数、途径及间隔时间。狭义的免疫程序指在畜禽的一个生产周期中，为预防某种传染病而制订的疫苗接种规程，其内容包括所用疫苗的品系、来源、用法、用量、免疫时机和免疫次数等。各个国家和地区都重视免疫程序的制订，这不仅是养殖场防疫部门的工作，而且是疫苗生产和研究部门的责任，疫苗的产品说明书上应包括免疫程序和使用方法。

2. 制订免疫程序应考虑的问题 免疫程序不是统一的或一成不变的，目前并没有一个能够适合所有地区或养殖场的标准免疫程序。免疫程序的制订，应根据不同动物或不同疫病的流行特点和生产实际情况，充分考虑本地区常发多见或威胁大的疫病分布特点、疫苗类型及其免疫效能和母源抗体水平等因素。具体制订免疫程序时，应考虑以下几点：

（1）疫病的"三间分布"特征。由于动物疫病在地区、时间和动物群中的分布特点和流行规律不同，需要根据具体情况随时调整。有些疫病流行持续时间长、危害程度大，应制订长期的免疫防控对策。

（2）疫苗的免疫学特性。疫苗的种类、品系、性质、免疫途径、产生免疫力需要的时间、免疫期等差异以及疫苗间的相互干扰是影响免疫效果的重要因素，在制订免疫程序时应予以充分考虑。

（3）动物的种类、日龄及用途。使用何种疫苗应根据动物的种类、日龄而定，动物的用途不同，生长期或生产周期会有差异，也会影响疫苗的使用。同时，要考虑减少捕捉动物次数等。

（4）动物免疫状况。严格来讲，应根据动物体内的抗体水平来决定动物是否应该免疫。因此，应考虑动物体内抗体滴度的高低、母源抗体的有无，有条件时进行抗体监测。

（5）配套防疫措施及饲养管理条件。规模化养殖场的配套防疫措施及饲养管理条件较好，免疫程序应用效果良好时，一般较为固定。散养场户由于管理粗放，配套防疫措施跟不上，制订程序时应灵活并适时调整。

猪场参考免疫程序

（三）免疫程序示例

1. 商品代蛋鸡免疫参考程序（表4-1）

表4-1 商品代蛋鸡免疫参考程序

接种时间	疫苗名称	用法	用量	备注
1 日龄	马立克氏病疫苗	皮下注射	每羽 1 羽份	出壳 24h 内用
7 日龄	新城疫-传支（H120）二联苗	滴鼻或点眼	每羽 1～2 滴	
12 日龄	传染性法氏囊病疫苗	滴鼻或点眼	每羽 1～2 滴	
18 日龄	新城疫Ⅱ系和Ⅳ系苗	饮水或滴鼻点眼	每羽 1.5 倍量饮水或滴鼻点眼 1～2 滴	Ⅱ系和Ⅳ系同时免疫
22 日龄	鸡痘活疫苗	翼膜刺种	按规定羽份	
25 日龄	中毒株法氏囊病疫苗	滴鼻或点眼	每羽 1～2 滴	
31 日龄	传染性喉气管炎冻干苗	滴鼻或点眼	每只 1～2 滴	非疫区不用
35 日龄	传染性鼻炎油乳剂灭活苗	皮下注射	每只 1 羽份	
40 日龄	新城疫-传支（H52）二联苗	滴鼻	每只 1～2 滴	
65 日龄	新城疫Ⅳ系（或Ⅰ系）	饮水或气雾	每只 1.5 倍量饮水	由 HI 滴度水平而定
80 日龄	传染性喉气管炎冻干苗	滴鼻或点眼	每只 1～2 滴	非疫区不用
90 日龄	禽霍乱油乳剂灭活苗	肌内注射	每只 0.5mL	
110 日龄	传染性鼻炎油乳剂灭活苗	皮下注射	每只 0.5mL	
115 日龄	新城疫油乳剂灭活苗	皮下或肌内注射	每只 1mL	可单独注射或用联苗注射
125 日龄	禽流感油乳剂灭活苗	皮下注射	每只 1 羽份	非疫区少用
130 日龄	传染性法氏囊病油乳剂灭活苗	皮下注射	每只 0.5mL	可单独注射或用二联、三联苗注射
140 日龄	产蛋下降综合征油乳剂灭活苗	肌内注射	每只 0.5mL	
300 日龄	新城疫Ⅳ系苗	饮水或气雾	每只 1.5 倍量饮水	由 HI 滴度水平而定

2. 蛋（肉）种鸡免疫参考程序（表 4 - 2）

表 4 - 2 蛋（肉）种鸡免疫参考程序

接种时间	疫苗名称	用 法	用 量	备 注
1 日龄	马立克氏病疫苗	皮下注射	每羽 1 羽份	出壳 24h 内用
3 日龄	新城疫 IV 系苗	滴鼻或点眼	每羽 1～2 滴	
5 日龄	H120 株传染性支气管炎疫苗	饮水或气雾	每羽 1.5 倍量饮水	
12～14 日龄	中等毒力传染性法氏囊病疫苗	滴鼻或点眼	每羽 1～2 滴	
16～18 日龄	病毒性关节炎 1 号苗	皮下注射	每羽 1 羽份	仅供肉种鸡用
20～22 日龄	鸡痘活疫苗	翼膜刺种	按规定羽份	
26～28 日龄	新城疫 IV 系（或 I 系）苗	滴鼻或点眼	每羽 1～2 滴	
34 日龄	中等毒力传染性法氏囊病疫苗	滴鼻或点眼	每只 1～2 滴	
35 日龄	传染性鼻炎油乳剂灭活苗	皮下注射	每只 1 羽份	
40 日龄	传染性喉气管炎冻干苗	滴鼻或点眼	每只 1～2 滴	非疫区不用
45 日龄	传染性鼻炎油乳剂灭活苗	皮下注射	每只 1 羽份	
50 日龄	病毒性关节炎 2 号苗	皮下注射	每只 1 羽份	仅供肉种鸡用
90 日龄	禽霍乱油乳剂灭活苗	肌内注射	每只 0.5mL	
110 日龄	传染性鼻炎油乳剂灭活苗	皮下注射	每只 0.5mL	
115 日龄	新城疫油乳剂灭活苗	皮下或肌内注射	每只 1mL	可单独注射或用联苗注射
125 日龄	禽流感油乳剂灭活苗	皮下注射	每只 1 羽份	非疫区少用
130 日龄	传染性法氏囊病油乳剂灭活苗	皮下注射	每只 0.5mL	可单独注射或用二联、三联苗注射
140 日龄	产蛋下降综合征油乳剂灭活苗	肌内注射	每只 0.5mL	
300 日龄	新城疫 IV 系苗	饮水或气雾	每只 1.5 倍量饮水	由 HI 滴度水平而定

3. 商品代肉鸡免疫参考程序（表 4 - 3）

表 4 - 3 商品代肉鸡免疫参考程序

接种时间	疫苗名称	用 法	用 量	备 注
1 日龄	马立克氏病疫苗	皮下注射	每羽 1 羽份	出壳 24h 内用
4 日龄	新城疫-传支（H120）二联苗	滴鼻或点眼	每羽 1～2 滴	
7 日龄	传染性法氏囊病中等毒力疫苗	滴鼻或点眼	每羽 1～2 滴	
8 日龄	新城疫 IV 系苗	饮水或滴鼻点眼	每羽 1.5 倍量饮水或滴鼻点眼 1～2 滴	
15 日龄	H5 亚型禽流感灭活苗	皮下或肌内注射	每羽 0.3mL	
22 日龄	鸡痘活疫苗	翼膜刺种	按规定羽份	
28 日龄	新城疫 IV 系苗	饮水免疫	加倍量	
35～40 日龄	H5 亚型禽流感灭活苗	皮下或肌内注射	每只 0.5mL	

4. 育肥猪免疫参考程序（表4-4）

表4-4 育肥猪免疫参考程序

接种时间	疫苗名称	用 法	用 量	备 注
10日龄	猪链球菌病二价灭活苗	肌内注射	每头1mL	
15日龄	猪水肿病多价灭活苗	肌内注射	每头2mL	
20日龄	猪瘟活疫苗	皮下或肌内注射	每头4头份	
28日龄	猪伪狂犬病灭活苗	肌内注射	每头2mL	疫区用
30日龄	猪传染性萎缩性鼻炎二联灭活苗	皮下注射	每头0.5mL	疫区用
35日龄	仔猪副伤寒活疫苗	肌内注射或口服	每头1头份	
40日龄	猪链球菌病二价灭活菌	肌内注射	每头2mL	
50日龄	猪丹毒-猪肺疫二联活疫苗	肌内注射	每头1头份	
55日龄	猪O型口蹄疫灭活苗	肌内注射	每头2mL	
60日龄	猪瘟活疫苗	皮下或肌内注射	每头4头份	
65日龄	猪传染性胸膜肺炎灭活苗	皮下注射	每头2mL	
每年9月底	猪传染性胃肠炎-猪流行性腹泻二联灭活苗	后海穴注射	每头1~2mL	

5. 种猪免疫参考程序（表4-5）

表4-5 种猪免疫参考程序

接种时间	疫苗名称	用 法	用 量	备 注
配种前40d	猪O型口蹄疫灭活苗	肌内注射	每头2mL	
配种前35d	猪细小病毒灭活菌	肌内注射	每头2mL	
配种前30d	猪链球菌病二价灭活苗	肌内注射	每头2mL	
配种前25d	猪瘟活疫苗	皮下或肌内注射	每头4头份	初产母猪
配种前20d	猪丹毒-猪肺疫二联活疫苗	肌内注射	每头1头份	
配种前15d	猪传染性胸膜肺炎灭活苗	皮下注射	每头2mL	
配种前10d	猪繁殖与呼吸综合征灭活苗	肌内注射	每头2mL	
产前30d	猪伪狂犬病灭活苗	肌内注射	每头2mL	
产前15d	仔猪大肠埃希氏菌三价灭活苗	肌内注射	每头2mL	
产后10d	猪瘟活疫苗	皮下或肌内注射	每头4头份	经产母猪
产后15d	猪O型口蹄疫灭活苗	肌内注射	每头2mL	
产后20d	猪链球菌病二价灭活苗	肌内注射	每头2mL	
产后25d	猪丹毒-猪肺疫二联活疫苗	肌内注射	每头1头份	
产后30d	猪繁殖与呼吸综合征灭活苗	肌内注射	每头2mL	
产前30d	猪传染性胸膜肺炎灭活苗	肌内注射	每头2mL	
产前15d	猪伪狂犬病灭活苗	肌内注射	每头2mL	

（续）

接种时间	疫苗名称	用 法	用 量	备 注
每年3月和9月各1次	猪瘟活疫苗	皮下或肌内注射	每头4头份	种公猪
	猪O型口蹄疫灭活苗	肌内注射	每头2mL	
	猪链球菌病二价灭活苗	肌内注射	每头2mL	
	猪丹毒-猪肺疫二联活疫苗	肌内注射	每头1头份	
	猪伪狂犬病灭活苗	肌内注射	每头2mL	
	猪传染性胸膜肺炎灭活苗	肌内注射	每头2mL	
	猪繁殖与呼吸综合征灭活苗	肌内注射	每头2mL	
	猪传染性萎缩性鼻炎二联灭活苗	肌内注射	每头2mL	
每年4月各1次	猪细小病毒灭活苗	肌内注射	每头2mL	
	猪乙型脑炎弱毒活疫苗	皮下或肌内注射	每头2mL	

三、免疫用生物制品的选择

（一）动物预防用生物制品的分类

动物预防用生物制品从功能上可分为主动免疫用制品和被动免疫用制品两大类。前者包括常规疫苗、亚单位疫苗和生物技术疫苗三类，后者包括高免血清和高免卵黄抗体两类。

1. 常规疫苗 常规疫苗是指由细菌、病毒、立克次氏体、螺旋体、支原体等完整微生物制成的疫苗。有灭活苗和弱毒苗两种。

（1）灭活苗。指选用免疫原性强的细菌、病毒等经人工培养后，用物理或化学方法致死（灭活），使传染因子被破坏而保留免疫原性所制成的疫苗，又称为死苗。

（2）弱毒苗。又称活苗，指通过人工诱变获得的弱毒株、筛选的天然弱毒株或失去毒力但仍保持抗原性的无毒株所制成的疫苗。用同种病原体的弱毒株或无毒变异株制成的疫苗称同源疫苗，如新城疫的B1系毒株和LaSota系毒株等。通过含交叉保护性抗原的非同种微生物制成的疫苗称异源疫苗，如预防马立克氏病的火鸡疱疹病毒（HVTFC126株）疫苗和预防鸡痘的鸽痘病毒疫苗等。灭活疫苗和弱毒活疫苗比较见表4-6。

表4-6 灭活疫苗和弱毒活疫苗比较

项目	优 点	缺 点
灭活疫苗	比较安全，不发生全身性副作用，无返祖现象；有利于制成联苗、多价苗；激发机体产生抗体的持续时间较短，有利于确定某种传染病是否被消灭；制品稳定，受外界条件影响小，有利于运输、保存	需要接种次数多，剂量大，必须经注射免疫，工作量大；不产生局部免疫，引起细胞介导免疫的能力较弱；免疫力产生较迟，不适于进行紧急免疫用；需要佐剂增强免疫效应，生产成本高
弱毒活疫苗	一次接种即可成功；可采取注射、滴鼻、饮水、喷雾、划痕等多种免疫途径接种；可引起局部和全身性免疫应答；免疫力持久，有利于清除局部野毒；产量高，生产成本低。可以通过对母畜禽免疫接种而使幼畜禽获得被动免疫	残毒在自然界动物群体中持续传递后毒力有增强、返祖危险；疫苗中存在的污染毒有可能扩散；存在不同抗原的干扰现象，从而影响免疫效果；某些弱毒苗可引起接种的动物免疫抑制；要求在低温冷暗条件下运输、储存

（3）类毒素。由某些细菌产生的外毒素，经适当浓度（0.3%～0.4%）甲醛脱毒后制成的生物制品。如破伤风类毒素。

（4）生态制剂或生态疫苗。动物机体的消化道、呼吸道和泌尿生殖道等处具有正常菌群，它们是机体的保护屏障，是机体非特异性天然抵抗力的重要因素，对一些病原体具有拮抗作用。由正常菌群微生物所制成的生物制品称为生物制剂或生态疫苗。

（5）联苗和多价苗。不同种微生物或其代谢产物组成的疫苗称为联合疫苗或联苗，同种微生物不同型或株所制成的疫苗称为多价苗。应用联苗或多价苗，可以简化接种程序，节省人力、物力，减少被免疫动物应激反应的次数。

2. 亚单位疫苗　指用理化方法提取病原微生物中一种或几种具有免疫原性的成分所制成的疫苗。采用此类疫苗接种动物能诱导其产生对相应病原微生物的免疫抵抗力，由于去除了病原体中与激发保护性免疫无关的成分，没有病原微生物的遗传物质，因而副作用小、安全性高，具有广阔的应用前景。市场上已投入使用的有脑膜炎球菌的荚膜多糖疫苗、A族链球菌M蛋白疫苗、沙门氏菌共同抗原疫苗、大肠杆菌菌毛疫苗及百日咳杆菌组分疫苗等。

3. 生物技术疫苗　即利用分子生物学技术研制生产的新型疫苗，通常包括以下几种：

（1）基因工程亚单位苗。将病原微生物中编码保护性抗原的肽段基因，通过基因工程技术导入细菌、酵母或哺乳动物细胞中，使该抗原高效表达后，产生大量保护性肽段，提取此保护性肽段，加佐剂后即成为亚单位苗。但因该类疫苗的免疫原性较弱，往往达不到常规疫苗的免疫水平，且生产工艺复杂，尚未被广泛应用。

（2）合成肽疫苗。指根据病原微生物中保护性抗原的氨基酸序列，人工合成免疫原性多肽并连接到载体蛋白后制成的疫苗。该类疫苗性质稳定、无病原性，能够激发动物的免疫保护性反应，且可将具有不同抗原性的短肽段链接到同一载体蛋白上构成多价苗。但其缺点是免疫原性较差，合成成本高。

（3）基因工程活载体苗。指将病原微生物的保护性抗原基因，插入到病毒疫苗株等活载体的基因组或细菌的质粒中，使载体病毒获得表达外源基因的新特性，利用这种重组病毒或质粒制成的疫苗。该类活载体疫苗具有容量大、可以插入多个外源基因，应用剂量小而安全，能同时激发体液免疫和细胞免疫，生产和使用方便，成本低等特点，它是生物工程疫苗研究的主要方向之一，并已有多种产品成功地用于生产实践。

（4）基因缺失苗。指通过基因工程技术在 DNA 或 cDNA 水平上去除与病原体毒力相关的基因，但仍保持复制能力及免疫原性的毒株制成的疫苗。特点是毒株稳定，不易返祖，可制成免疫原性好、安全性高的疫苗。目前生产中使用的有伪狂犬病基因缺失苗等。

（5）DNA 疫苗。指用编码病原体有效抗原的基因与细菌质粒构建的重组体。用该重组体可直接免疫动物，可诱导机体产生持久的细胞免疫和体液免疫。DNA 疫苗在预防细菌性、病毒性及寄生虫性疾病方面已经显示出广泛的应用前景，被称为疫苗发展史上的一次革命。

（6）抗独特型疫苗。指根据免疫调节网络学说设计的疫苗。由于抗体分子的可变区不仅有抗体活性，而且也具有抗原活性，故任何一种抗体的 Fab 段不仅能特异地与抗原结合，同时其本身也是一种独特的抗原决定簇，能刺激自身淋巴细胞产生抗抗体，即抗独特性抗体。这种抗独特性抗体与原始抗原的免疫原性相同，故可作为抗独特性疫苗而激发机体对相应病原体的免疫力。

（二）免疫血清

免疫血清又称为抗病血清、高免血清，为含有高效价特异性抗体的动物血清制剂，能用于治疗、紧急预防相应病原体所致的疾病，所以又称为被动免疫制品。通常给适当动物以反复多次注射特定的病原微生物或其代谢产物，促使动物不断产生免疫应答，在血清中含有大量相应的特异性抗体制成。虽然高免血清的使用成本高、生产周期长而受到限制，但毒素血清如破伤风抗毒素血清、肉毒梭菌抗毒素血清、葡萄球菌抗毒素血清的早期应用仍具有十分重要的意义。

使用免疫血清防治传染病，越早越好。免疫血清的使用，大多采用注射的途径，但在注射方法上，可以皮下注射，也可以静脉注射。一般多采用皮下注射法，因为静脉注射吸收虽然最快，但容易引起过敏反应，主要在预防时使用。免疫血清的有效维持时间一般只有2~3周。因此，必须多次注射、足量注射，才能取得理想的效果。使用免疫血清要注意防止引起血清病，预防的主要措施是使用提纯的制品，不用不合格的产品；同时要按照要求剂量使用，一次用量不可过大。

（三）高免卵黄抗体

高免卵黄抗体也称为卵黄免疫球蛋白，是用抗原免疫禽类后由卵黄中分离得到的高效价特异性抗体。其原理是用抗原大剂量强化免疫健康产蛋鸡（鸭）、蛋鸡（鸭）促使其体内产生大量抗体，垂直传递到鸡（鸭）蛋的卵黄中。将卵黄中的抗体分离提纯并稀释后，测定效价，合格者用于临床预防、治疗动物传染病。与哺乳动物来源的IgG比较，卵黄抗体具有取材方便、分离纯化方法简单、产量高、价格便宜，同时具有特异性高、稳定性较好等优点，在疾病预防、诊断、治疗等诸多方面得到了广泛的应用。对于雏鸭病毒性肝炎、小鹅瘟等危害幼雏的疾病，使用高免卵黄抗体早期预防具有较好效果。

（四）兽用生物制品的贮藏、运输和使用

1. 兽用生物制品贮藏 兽用生物制品是一种特殊商品，其贮藏需要一定的条件，否则将影响生物制品的质量，降低生物制品的效力，甚至失效。为了保障兽用生物制品的质量和使用效果，生物制品的生产、经营、使用单位均应做好生物制品的贮藏工作，避免在贮藏过程中使兽用生物制品的效力降低。

（1）建立必要的贮藏设施。生物制品生产、经营、使用者必须设置相应的冷藏设备，如能自动调节温度的冷藏库、活动冷藏库、冰柜、液氮罐、冰箱、冷藏箱、地下室等。贮藏生物制品的地方应放置温度计，固定专人负责，每日检查并记录贮藏温度，发现温度过高过低时，均应迅速采取措施。

（2）严格按规定的温度贮藏。温度是影响生物制品效力的主要因素。每种生物制品的合理贮藏温度，标签和说明书上都有明确规定，生产、经营、使用者要严格按照每种疫苗规定的贮藏温度进行贮藏。活疫苗一般要求-15℃以下贮藏，但鸡马立克病活疫苗必须在-196℃液氮中贮藏。灭活疫苗、免疫血清、诊断液等一般要求2~8℃贮藏，温度不能过高，也不能低于0℃，不能冻结。如果超越此限度，温度愈高影响愈大。如鸡新城疫中等毒力活疫苗在-15℃以下贮藏，有效期为2年；在0~4℃贮藏，有效期为8个月；在10~15℃贮藏，有效期为3个月；在25~30℃贮藏，有效期为10d。猪瘟活疫苗，在-15℃贮

藏，有效期为 12 个月；在 0~8℃贮藏，有效期为 6 个月；8~25℃贮藏，有效期为 10d。如已在－15℃贮藏一段时间后移入 8℃贮藏，其保存时间应减半计算。

生物制品贮藏期间，温度忽高忽低，生物制品反复冻结及溶解危害更大，更应注意。

需要说明的是冻干苗的贮藏温度与冻干保护剂的性质有密切关系，一些冻干苗可以在 4~6℃贮藏，因为用的是耐热保护剂。

(3) 避光贮藏。光线照射，尤其阳光的直射，均有损生物制品的质量，所有生物制品都应严防日光曝晒，贮藏于冷暗干燥处。

(4) 防止受潮。环境潮湿，易长霉菌，可能污染生物制品，并容易使瓶签字迹模糊和脱落等。因此，应把生物制品贮藏于干燥或有严密保护及除湿装备的地方。

(5) 分类贮藏。兽用生物制品应按品种和有效期分类贮藏于一定的位置，并加上明显标志，以免混乱而造成差错和不应有的损失。超过规定贮藏时间或已过失效期的生物制品，必须及时清除及销毁。

(6) 包装要完整。在贮藏过程中，应保证兽用生物制品的内、外包装完整无损，以防被病原微生物污染及无法辨别其名称、有效期等。

2. 兽用生物制品运输

(1) 兽用生物制品在运输过程中要采取降温、保温措施。根据运输生物制品要求的温度和数量，选用冷藏车、保温箱、冰瓶、液氮罐等设备，保证在适宜温度下运输，特别要防止温度变化无常而引起生物制品反复冻融。如果在夏季运送，应采取降温设备，冬季运送灭活疫苗，则应防止制品冻结。

(2) 要用最快的运输方法（飞机、火车、汽车等）运输，尽量缩短运输时间。

(3) 要采取防震减压措施，防止生物制品包装瓶破损。

(4) 要避免日光暴晒。

3. 兽用生物制品管理

(1) 经营和使用单位收到生物制品后应立即清点，尽快放到规定的温度下贮藏，如发现运输条件不符合规定，包装不符合规格，或者货、单不符及批号不清等异常现象时，应及时与生产企业联系解决。

(2) 使用生物制品必须在兽医指导下进行；必须按照兽用生物制品说明书及瓶签上的内容及农业农村部发布的其他使用管理规定使用；对采购、使用的兽用生物制品必须核查其包装、生产单位、批准文号、产品生产批号、规格、有效期、产品合格证、进货渠道等，并应有书面记录；在使用兽用生物制品的过程中，如出现产品质量及技术问题，必须及时向县级以上农牧行政管理机关报告，并保存尚未用完的兽用生物制品备查；订购的兽用生物制品，只许自用，严禁以技术服务、推广、代销、代购、转让等名义从事或变相从事兽用生物制品经营活动。

4. 兽用生物制品的废弃与处理

(1) 废弃。兽用生物制品有下列情况时应予废弃：无标签或标签不完整者，无批准文号者，疫苗瓶破损或瓶塞松动者，瓶内有异物或摇不散凝块者，有腐败气味或已发霉者，颜色改变、发生沉淀、破乳或超过规定量的分层、无真空等性状异常者，超过有效期者。

(2) 处理。不适于应用而废弃的灭活疫苗、免疫血清及诊断液，应倾倒于小口坑内，加上石灰或注入消毒液，加土掩埋；活疫苗，应先采用高压蒸汽消毒或煮沸消毒方法消毒，然后再掩埋；用过的活疫苗瓶，必须采用高压蒸汽消毒或煮沸消毒方法消毒后，方可废弃；凡被活疫苗污染的衣物、物品、用具等，应当用高压蒸汽消毒或煮沸消毒方法消毒；污染的地区，应喷洒消毒液。

四、免疫接种前准备

1. 熟悉疫情动态和动物健康状况　为了保证免疫接种的安全和效果，最好于接种前对部分幼畜禽的母源抗体进行监测，选择最佳时机进行接种。了解本地、本场各种疫病发生和流行情况，依据疫病种类和流行特点（如流行季节）做好各种准备，免疫工作在疫病来临之前要完成。接种前要观察动物的营养和健康状况，凡疑似发病、体温升高、体质瘦弱、妊娠后期的动物均不宜接种疫苗，待动物健康或生产后适时补充免疫。

2. 选用合格的生物制品　结合免疫程序，根据疫情选择合适的疫苗，特别是疫苗类型。应选购通过 GMP 验收的生物制品企业的疫苗。产品要具有农业农村部正式生产许可证及批准文号，说明书应注明疫苗的安全性、疫苗的有效性、疫苗含毒量等。

3. 免疫接种器械的准备　免疫接种的注射器、针头和镊子等用具，应严格消毒。针头要经常更换，可以将换下的针头浸入酒精、新洁尔灭或其他消毒液中，浸泡 20min 后，用灭菌蒸馏水冲洗后重新使用。接种过程也应注意消毒，接种后的用具、空疫苗瓶也应进行消毒处理。

4. 选择接种途径　根据疫苗的种类不同、剂型、饲养规模不同，采取不同的免疫接种途径。免疫途径不同，产生的免疫效果也不一样。

5. 正确进行疫苗稀释　按照疫苗的使用说明书，选用规定的稀释液，按标明的头份充分稀释、摇匀，注意注射器、针头及瓶塞表面的消毒。稀释后的疫苗，如一次不能吸完，吸液后针头不必拔出，用酒精棉球包裹，以便再次吸取，给动物注射过的针头，不能吸液，以免污染疫苗。各种疫苗使用的稀释液、稀释倍数和稀释方法都有明确规定，必须严格按照产品的使用说明书进行。稀释疫苗用的器械必须无菌，否则不但影响疫苗的效果，而且会造成污染。用于注射的活苗一般配备专用稀释液，若无稀释液，可以用蒸馏水稀释。稀释前先用酒精棉球消毒疫苗的瓶盖，然后用灭菌注射器吸取少量的蒸馏水注入疫苗瓶中，充分振荡溶解后，抽取溶解的疫苗放入干净的容器中，再用蒸馏水将疫苗瓶冲洗几次，使全部疫苗所含有效成分都被冲洗下来，然后按一定剂量加入蒸馏水。

五、免疫接种途径

动物的免疫方法可分为个体免疫法和群体免疫法。前者免疫途径包括注射、点眼、滴鼻、滴口、刺种、擦肛等，后者包括饮水、拌料、气雾免疫等。选择合理的免疫接种途径可以大大提高动物机体的免疫应答能力。

鸡的个体免疫　　　　鸡的群体免疫

1. 注射免疫接种　适用于各种灭活苗和弱毒苗的免疫接种。根据疫苗注入的组织不同，又可分为皮下注射与皮内注射、肌内注射等。注射接种剂量准确、免疫密度高、效果确实可靠，在实践中应用广泛。

（1）皮下注射。这种方法多用于灭活苗及免疫血清、高免卵黄抗体接种，选择皮薄、被毛少、皮肤松弛、皮下血管少的部位。大家畜宜在颈侧中 1/3 部位；猪在耳根后或股内侧；犬和羊宜在股内侧；兔在耳后；家禽在颈部背侧下 1/3 处，针头自头部刺向躯干部。注射部位消毒后，注射者右手持注射器，左手食指与拇指将皮肤提起呈三角形，使之形成一个囊，沿囊下部刺入皮下约注射针头的 2/3，将左手放开后，再推动注射器活塞将疫苗徐徐注入。然后用酒精棉球按住注射部位，将针头拔出（图 4-7、图 4-8）

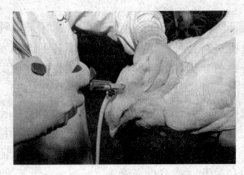
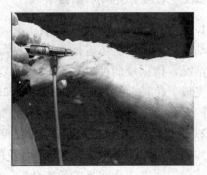

图 4-7　鸡的皮下注射　　　　　　　　　　图 4-8　鸭的皮下注射

　　（2）皮内注射。选择皮肤致密、被毛少的部位。大家畜选择颈侧、尾根、眼睑，猪在耳根后，羊在颈侧或尾根部，鸡在肉髯部位。注射部位如有被毛的应先将其剪去，用酒精棉球消毒后，左手将皮肤捏起形成皮褶，或以左手绷紧固定皮肤，右手持注射器，使针头斜面向上，几乎与注射皮面平行刺入 0.5cm 左右，即可刺入皮肤的真皮层中。应注意刺时宜慢，以防刺出表皮或深入皮下。同时，注射药液后在注射部位有一小包，且小包会随皮肤移动，则证明确实注入皮内，然后用酒精棉球消毒皮肤针孔及其周围。皮内接种疫苗的使用剂量和局部副作用小，相同剂量疫苗产生的免疫力比皮下接种高。

羊痘疫苗的接种

　　（3）肌内注射。多用于弱毒疫苗的接种。肌内注射操作简便、应用广泛、副作用较小，药液吸收快，免疫效果较好。应选择肌肉丰满、血管少、远离神经干的部位。疫苗要注入深层肌肉内。牛、马、羊注射部位在颈侧中部上 1/3 处，猪选择耳根后，注射时避开耳道。禽宜在胸肌或大腿外侧肌肉。注射时针头与皮肤表面呈 45°，避免疫苗的流出。如图 4-9 至图 4-12 所示。

猪的免疫接种

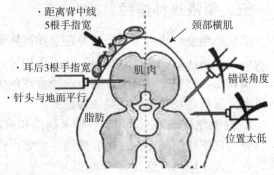

图 4-9　猪肌内注射部位标示（圆圈处）　　　图 4-10　猪肌内注射部位

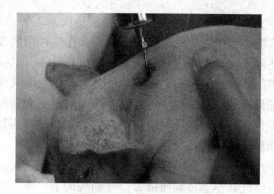

图 4-11 肥猪肌内注射　　　　图 4-12 仔猪肌内注射

　　（4）胸腔注射。胸腔注射目前仅见于猪支原体肺炎弱毒冻干疫苗的免疫，它能很快刺激胸部的免疫器官产生局部的免疫应答，直接保护被侵器官。猪支原体肺炎的免疫主要以局部细胞免疫为主，应用弱毒株免疫接种途径必须是肺内注射，其他部位免疫效果不确实或无效。免疫时需要保定猪只，免疫刺激大，免疫技术要求较高。肺是猪肺炎支原体的靶器官，肺内免疫途径对猪支原体肺炎免疫力的建立是一个突破性进展。具体操作为：猪支原体肺炎弱毒冻干疫苗用灭菌生理盐水、注射用水或 5% 葡萄糖生理盐水溶解，用 12 号短针头与金属注射器或连续注射器按规定剂量接种，注射部位为右侧肩胛骨后缘（中上部）1cm 处肋间隙（图 4-13），吸取疫苗的针头用后每窝更换，防止针头带菌或沾污。溶解疫苗在 2h 内用完。

　　（5）静脉注射。主要用于紧急预防和治疗时注射免疫血清。疫苗因残余毒力等原因，一般不通过静脉注射接种。注射部位：马、牛、羊在颈静脉，猪在耳静脉，鸡在翅下静脉。

　　（6）穴位注射。穴位免疫注射是近年来应用于兽医临床的一种新方法，它主要是将具有免疫作用的生物制剂（抗原、抗体等）注入一定的穴位中，从而借助疫苗对穴位的刺激，放大疫苗的免疫作用，增强机体的免疫功能。研究表明后海穴（交巢穴）、风池穴、足三里穴能显著地提高抗体的效价，放大疫苗的免疫作用，后海穴是临床上进行穴位免疫常用的穴位（图 4-14）。应用于穴位免疫的疫苗有新城疫疫苗、传染性法氏囊病疫苗、猪旋毛虫疫苗、口蹄疫疫苗、大肠杆菌基因工程疫苗、破伤风杆菌菌液、羊衣原体灭活苗等。

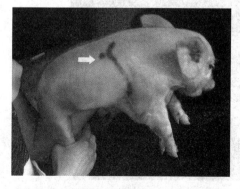

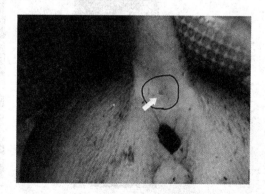

图 4-13 猪胸腔注射部位（箭头所指处）　　图 4-14 猪后海穴注射部位标示

2. 点眼与滴鼻 禽类眼部具有哈德氏腺，鼻腔黏膜下有丰富的淋巴样组织，对抗原的刺激都能产生很强的免疫应答反应。操作时，用乳头滴管或无针头注射器吸取疫苗，将禽眼或鼻孔向上，呈水平位置，滴头离眼或鼻孔 1cm 左右，滴于眼或鼻孔内（图4-15）。这种方法多用于雏禽，尤其是雏鸡的首免。利用点眼或滴鼻法接种时应注意：接种时均使用弱毒苗，如果有母源抗体存在，会影响病毒的定居和刺激机体产生抗体，此时可考虑适当增大疫苗接种量。点眼时，要等待疫苗扩散后才能放开雏鸡。滴鼻时，可用固定雏鸡的左手食指堵着非滴鼻侧的鼻孔，加速疫苗的吸入。

生产中也可以用能安装滴头的塑料滴瓶盛装稀释好的疫苗，装上专用滴头后，挤出滴瓶内部分空气，迅速将滴瓶倒置，使滴头向下，拿在手中呈垂直方向轻捏滴瓶，进行点眼或滴鼻，疫苗瓶在手中应一直倒置，滴头保持向下（图4-16）。为减少应激，最好在晚上或光线稍暗的环境下接种。

图4-15 鸽滴鼻免疫　　　　　　　图4-16 雏鸡点眼免疫

3. 皮肤刺种 常用于禽痘、禽脑脊髓炎等疫病的弱毒疫苗接种。家禽一般采用翅膀刺种法，在家禽翅膀内侧无血管处的"三角区"，用刺种针蘸取疫苗，刺针（图4-17）针尖向下，使药液自然下垂，轻轻展开翅膀，从翅膀内侧对准翼膜（图4-18）用力垂直刺入并快速穿透，使针上的凹槽露出翼膜。每次刺种针蘸苗都要保证凹槽能浸在疫苗液面以下，

 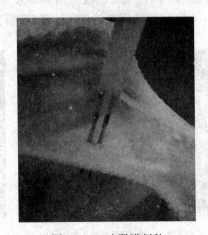

图4-17 刺种针　　　　　　　图4-18 鸡翼膜刺种

出瓶时将针在瓶口擦一下，将多余疫苗擦去。在针刺过程中，要避免针槽碰上羽毛以免疫苗溶液被擦去，也应避免刺伤骨头和血管。每1～2瓶疫苗就应换用一个新的刺种针，因为针头在多次使用后会变钝，针头变钝意味着需要加力才能完成刺种，这可能使一些疫苗在针头穿入表皮之前被抖落。刺种后，应及时对禽群的接种部位进行接种反应观察，一般接种4～6d后在接种部位会出现皮肤红肿、增厚、结痂等接种反应，如接种部位无反应或禽群的反应率低，则必须及时重新接种。因此，要在刺种后2周左右检查免疫的效果。如无局部反应，则应检查鸡群是否处于免疫阶段，疫苗质量有无问题或接种方法是否有差错，及时进行补充免疫。

4. 擦肛接种 用消毒的棉签、毛笔或小刷蘸取疫苗，直接涂擦在家禽泄殖腔的黏膜上。擦肛后4～5d，可见泄殖腔黏膜潮红，否则应重新接种。常用于鸡传染性喉气管炎强毒苗的接种。

5. 经口免疫 接种经口免疫即将疫苗均匀地混于饲料或饮水中经口服后而使动物获得免疫，可分为饮水、滴口、拌料三种方法。饮水、拌料免疫效率高、省时省力、操作方便，能使全群动物在同一时间内共同被接种，群体的应激反应小，但动物群中抗体滴度往往不均匀，免疫持续期短，免疫效果常受到其他多种因素的影响。

(1) 饮水免疫。饮水免疫时，应按畜禽数量和畜禽平均饮水量，准确计算疫苗用量。用于口服的疫苗必须是高效价的活苗，可增加疫苗用量，一般为注射剂量的2～5倍。例如，鸡饮水免疫时，稀释疫苗的用水量应根据鸡的大小来确定，一般为鸡日饮水量的30%，疫苗用量高于平均用量的2～3倍，保证所有的鸡同时喝到含有疫苗的水。具体可参照如下用水量：1～2周龄每只8～10mL，3～4周龄每只15～20mL，5～6周龄每只20～30mL，7～8周龄每只30～40mL，9～10周龄每只40～50mL。疫苗混入饮水后，必须迅速口服，保证在最短的时间内摄入足量疫苗。因此，免疫前应停饮一段时间，具体停水时间长短可灵活掌握，一般在天气炎热的夏秋季节或饲喂干料时，停水时间可适当短些，在天气寒冷的冬春季节或饲喂湿料时，停水时间可适当长些，使动物在实施饮水免疫前有一定的口渴感，确保动物在0.5～1h内将疫苗稀释液饮完。稀释疫苗的水，可用深井水或凉开水，饮水中不应含有游离氯或其他消毒剂。此外饮水器要保持清洁干净，不可有消毒剂和洗涤剂等化学物质残留。饮水的器皿不能是金属容器，可用瓷器和无毒塑料容器。稀释疫苗宜将疫苗开瓶后倒入水中搅匀。为有效地保护疫苗的效价，可在加入疫苗前往疫苗稀释液中加入2%～3%鲜牛奶或0.2%～0.3%脱脂乳粉混合使用。

混有疫苗的饮水以不超过室温为宜，应注意避免暴露在阳光下，如在炎热季节给动物实施饮水免疫时，应尽量避开高温时进行。为保证动物充分吸收药物，在饮水免疫后还应适当停水1～2h。此外，动物在饮水免疫前后24h内，其饲料和饮水中不可使用抗生素类药物或混有消毒剂，以防引起免疫失败或干扰机体产生免疫力。

(2) 滴口免疫。将按照要求稀释之后的疫苗滴于家禽口中，使疫苗通过消化道进入家禽体内，从而产生免疫力的免疫接种方法（图4-19）。

图4-19 雏鸡滴口免疫

滴口免疫操作时，先按规定剂量用适量生理盐水或凉开水稀释疫苗，充分摇匀后用滴管或一次性注射器吸取疫苗，然后将鸡腹部朝上，食指托住头颈后部，大拇指轻按前面头颈处，待张口后在口腔上方 1cm 处滴下 1～2 滴疫苗溶液即可。

滴口免疫时需注意：①确定稀释量，普通滴瓶每毫升水有 25～30 滴，差异较大，所以必须事先测量出每毫升水的滴数，然后计算出稀释液用量，最好购买正规厂家生产的疫苗专用稀释液及配套滴瓶；②稀释液可选用疫苗专用稀释液或灭菌生理盐水；③疫苗稀释后必须在 0.5～1h 内滴完；④防止漏滴，做到只只免疫；⑤要注意经常摇动疫苗，以保持疫苗的均匀；⑥在滴口免疫前后 24h 内停饮任何混有消毒剂的水。

（3）拌料免疫。生产中采用拌料免疫的有鸡新城疫Ⅰ系、Ⅱ系疫苗及鸡球虫疫苗。注意拌料要均匀，并现配现用。拌疫苗的饲料温度以室温为宜，不可直接撒在地面上，且应避免日光照射。

①直接拌料。将新城疫疫苗按规定剂量溶解于水，混匀后拌碎米或玉米粉或鸡颗粒料，早晨鸡空腹时一次投喂，让鸡采食。对大小不一和吃食较少的鸡，可在第二天重复饲喂 1 次，以确保鸡吃进足够的剂量。免疫前应计算鸡群实际需要饲料量，防止饲料不足或过剩。

②喷雾拌料。将按规定剂量稀释后的球虫疫苗悬液倒入干净的农用喷雾器或加压式喷雾器中，称取适量的饲料放入料盘中，把球虫疫苗均匀地喷洒在饲料上，喷洒时需要不时摇晃喷雾器，至少来回喷两次，每喷一次都要充分拌料。

将拌有疫苗的料平均分配到每个料盘，让鸡自由采食，全部吃干净约需 4～5h。注意不要刻意断料，以免"抢食"造成每只鸡免疫剂量不均匀。

6. 气雾免疫法 在气雾发生器的作用下将稀释的疫苗喷雾射出去，使疫苗形成 5～100 μm 的雾化粒子，其中雾粒直径为 50～100 μm 称为粗滴气雾免疫，雾粒直径为 5～22 μm 称为细滴气雾免疫。雾化粒子均匀地浮游于空气中，动物随着呼吸运动，将疫苗吸入体内而达到免疫。气雾免疫分为气溶胶免疫和喷雾免疫两种形式，其中气溶胶免疫最为常见。气雾免疫法不但省力，而且对少数疫苗特别有效，适用于大群动物的免疫。进行气雾免疫时，将动物赶入圈舍，关闭门窗，尽量减少空气流动，喷雾完毕后，动物在圈内停留 10～20min 即可放出（图 4-20、图 4-21）。

在进行鸡群喷雾免疫前，应加强通风，并采取带鸡消毒等降温或增湿措施，以使舍内的温度保持在 18～24℃，相对湿度保持在 70% 左右，空气中看不到灰尘颗粒等。气雾免疫不适于 30 日龄内的雏鸡和存在慢性呼吸道病的鸡群，以免诱发呼吸道系统疾患。气雾粒子为 60m 左右时，一般停留在雏鸡的眼和鼻腔内，很少发生慢性呼吸道病，适宜对 6 周龄以内的小雏鸡气雾免疫。而对 12 周龄雏鸡气雾免疫时，气雾粒子取 10～30 μm 为宜。在鸡头上约 1.5m 左右喷雾，呈 45°，使雾粒刚好落在家禽的头部。喷完后要最大限度地降低通风换气量，以保证气雾免疫效果，同时也要防止通风不良而造成窒息死亡。

小日龄雏鸡喷雾时，可打开出雏器或运雏箱，使其排列整齐。平养的肉鸡，可集中在鸡舍一角；或把鸡舍分成两半，中间设一栅栏并留门，从一边向另一边驱赶肉鸡，当肉鸡分批通过栅栏门时喷雾；接种人员还可在鸡群中间来回走动喷雾疫苗，至少来回两次。笼养蛋（肉）鸡，直接在笼内一层层地循序进行喷雾。

图4-20　羊群气雾免疫　　　　　　　　　　图4-21　鸡群气雾免疫

六、免疫接种的反应与处理

对动物机体来说，疫苗是外源性物质，接种后会出现一些不良反应，按照反应的强度和性质可将其分为三种类型。

1. 正常反应　指由于疫苗本身的特性引起的反应。少数疫苗接种后，动物常常出现一过性的精神沉郁、食欲下降、注射部位的短时轻度炎症等局部性或全身性异常表现。如果出现这种反应的动物数量少、反应程度轻、维持时间短暂，则被认为是正常反应，一般不用处理。

2. 异常反应　免疫注射后发生反应的动物较多，表现为震颤、流涎、流产、瘙痒等，通常是由疫苗质量低劣或毒（菌）株的毒力偏强、使用剂量过大、操作不正确、接种途径错误或使用对象不正确等因素引起，要注意分析和及时对症治疗和抢救。

3. 严重反应　多属于超敏反应和过敏性休克，轻则体温升高、黏膜发绀，皮肤出现丘疹等；重则全身瘀血，鼻盘青紫，呼吸困难，口吐白沫或血沫，骨骼肌痉挛、抽搐，最后循环衰竭导致猝死，多在0.5～1h死亡。主要与生物制品的性质和动物本身体质有关，仅发生于个别动物，需用抗过敏药物和激素疗法及时救治，如有全身感染，可配合抗生素治疗。

七、免疫效果的评价

免疫接种的目的是将易感动物群转变为非易感动物群，从而降低疫病带来的损失。因此，判断某一免疫程序对特定动物群是否合理并起到了降低群体发病率的作用，需要定期对接种对象的实际发病率和实际抗体水平进行分析和评价。免疫效果评价的方法主要包括流行病学方法、血清学方法和人工攻毒试验。

1. 流行病学评价方法　用流行病学调查的方法，检查免疫动物群和非免疫动物群发病率、死亡率等指标，可以比较并评价不同疫苗或免疫程序的保护效果。保护率越高，免疫效果越好。

$$免疫指数 = \frac{对照组患病率}{免疫组患病率} \times 100\%$$

$$保护率 = \frac{对照组患病率 - 免疫组患病率}{对照组患病率} \times 100\%$$

2. 血清学评价　一般是通过测定免疫动物群血清抗体的几何平均滴度，比较接种前后滴度升高的幅度及其持续时间来评价疫苗的免疫效果。血清学评价方法有琼脂扩散试验、血凝与血凝抑制试验、正相间接血凝试验、酶联免疫吸附试验等。如用血凝与血凝抑制试验检测禽流感、新城疫免疫鸡血清中抗体滴度，如当禽流感抗体滴度大于 2^4，新城疫抗体滴度大于 2^5 时，判定为免疫合格；当群体免疫合格率大于 70% 时，判定为全群免疫合格。

3. 人工攻毒试验 通过对免疫动物的人工攻毒试验，确定疫苗的免疫保护率、开始产生免疫力的时间、免疫持续和保护性抗体临界值等指标。

八、免疫失败的原因分析

生产实践中造成免疫失败的原因是多方面的，各种因素可通过不同的机制干扰动物免疫力的产生。归纳起来，造成免疫失败的因素主要有以下几个方面：

1. 疫苗因素

（1）疫苗本身的质量。疫苗中抗原成分的多少是疫苗能否达到良好免疫效果的决定因素。正规厂家生产的疫苗质量较为可靠，购买使用前应查看生产厂家、产品批号、生产日期等，了解厂家有无产销资质。

（2）疫苗的保存不当。对那些瓶签说明不清、有裂缝破损，色泽性状不正常（如灭活苗的破乳分层现象）或瓶内发现杂质异物等的疫苗，应停止使用。

（3）疫苗使用不当。

①疫苗稀释不当。各种疫苗所用的稀释剂、稀释倍数及稀释的方法都有一定的规定，必须严格按照使用说明书操作。例如，饮水免疫不得使用金属容器，饮水必须用蒸馏水或冷开水，水中不得有消毒剂、金属离子，可在疫苗溶液中加入 0.2%～0.3% 的脱脂奶粉作为保护剂。

②疫苗选择不当。一些疫苗如鸡新城疫弱毒苗、传染性法氏囊病疫苗、传染性支气管炎疫苗等，本身容易引起免疫损伤，造成免疫水平低下。

③首免时间选择不当。幼畜（禽）刚出生（壳）的几天内，体内往往存在大量母源抗体，若此时进行免疫（尤其是进行活疫苗的免疫），则体内母源抗体与抗原结合，一方面会中和抗原，干扰病毒的复制，另一方面会造成免疫损伤，影响免疫效果。但鸡马立克氏病疫苗除外，因雏鸡体内不存在相应的母源抗体，故接种越早越好。

④疫苗间干扰作用。将两种或两种以上无交叉反应的抗原同时接种或接种的时间间隔很短，机体对其中一种抗原的抗体应答显著降低。如鸡传染性支气管炎疫苗可干扰新城疫疫苗。

⑤免疫方法不当。滴鼻、点眼免疫时，疫苗未能进入眼内或鼻腔；肌内注射时"打飞针"，疫苗根本没有注射进去，或注入的疫苗又从注射孔流出，或注射针头过短，刺入深度不够，疫苗注入皮下脂肪。因此，免疫时应注意保定动物，选择型号适宜的注射针头，控制针头刺入的深度。使用连续注射器接种疫苗时，注射剂量要反复校正，使误差小于 0.01mL，针头不能太粗，以免拔针后疫苗流出。

2. 畜禽机体状况

（1）遗传因素。动物品种不同，免疫应答各有差异，即使同一品种的不同个体，因日龄、性别等不同，对同一疫苗的免疫反应强弱也不一致。

（2）母源抗体的干扰。主要是干扰疫苗病毒在体内的复制，影响免疫效果。同时母源抗体本身也被中和。可及时做好免疫监测，测定母源抗体水平后再决定接种时机。

（3）营养因素。维生素及许多其他营养成分都对畜禽机体免疫力有显著影响。特别是缺乏维生素 A、维生素 D、B 族维生素、维生素 E 和多种微量元素时，能影响机体对抗原的免疫应答，免疫反应明显受到抑制。

（4）免疫抑制疾病干扰。动物发生免疫抑制性疾病也是免疫失败的常见原因，如鸡马立克氏病、传染性法氏囊病、猪繁殖障碍与呼吸综合征、圆环病毒病等都可能造成动物免疫抑制，对这些患病动物接种疫苗，不仅不会产生免疫效果，严重的甚至导致死亡。

3. 病原体的血清型和变异性　许多病原微生物有多个血清型，容易出现抗原变异，如果感染的病原微生物与使用的疫苗毒（菌）株在抗原上存在较大差异或不属于一个血清型，则可导致免疫失败。如大肠杆菌病、禽流感、传染性法氏囊病等。另外，如果病原出现超强毒力变异株，也会造成免疫失败，如马立克氏病等。因此，选用疫苗时，应考虑当地疫情、病原特点。

4. 免疫程序　疫苗的种类、接种时机、接种途径和剂量、接种次数及间隔时间等不适当，容易出现免疫效果差或免疫失败的现象。此外，疫病分布发生变化时，疫苗的接种时机、接种次数及间隔时间等应相应调整。

因此，应根据本地区或本场疫病流行情况和规律、动物群的病史、品种、日龄、母源抗体水平和饲养管理条件以及疫苗的种类、性质等因素制订出科学合理的免疫程序，在执行时视具体情况进行调整，使本场免疫程序更加合理。

5. 其他因素　饲养管理不当，饲喂霉变饲料，饲料中蛋白质不均衡，动物误食铅、镉、砷等重金属或如卤素、农药等化学物质可抑制免疫应答，引起免疫失败。此外，接种期间或接种前后给予动物消毒、治疗药物，也会影响免疫效果。接种前后光照、温度、通风、饲料的突然变化也可产生应激影响疫苗的效果。

◆ 任务案例

（一）蛋鸡免疫程序的制订

1. 任务说明　科学制订免疫程序是实施动物免疫的重要基础工作，也是养殖场兽医人员的基本工作内容。本任务旨在通过蛋鸡免疫程序的制订，使学生掌握动物免疫程序的内容和制订方法，能根据地区疫情及动物情况制订科学可行的免疫程序。

2. 设备材料　本任务选择在蛋鸡场进行。所需材料包括蛋鸡场（户）基本情况、区域性蛋鸡疫情资料、蛋鸡存栏情况、蛋鸡拟用疫苗说明书。

3. 工作过程　学生在蛋鸡场兽医技术人员或养殖技术人员的帮助下，询问、查看蛋鸡场（户）基本情况、区域性蛋鸡疫情资料、蛋鸡存栏情况、蛋鸡拟用疫苗说明书，了解当地蛋鸡疫情，蛋鸡生产周期养殖流程，熟悉蛋鸡在一个生产周期内拟用疫苗的品系、来源、用法、用量、免疫时机和免疫次数等，然后根据蛋鸡不同疫病的流行特点和生产实际情况，充分考虑本地区常发多见或威胁大的蛋鸡疫病分布特点、疫苗类型及其免疫效能和母源抗体水平等因素，在兽医技术人员或教师的指导下，为该蛋鸡场制订一份蛋鸡免疫程序。

（二）鸡新城疫低毒力活疫苗（LaSota 株）的稀释及接种

1. 任务说明　正确稀释各类疫苗是养殖场兽医技术人员的必备技能，也是保证动物免疫效果的重要环节。本任务旨在通过鸡新城疫低毒力活疫苗（LaSota 株）的稀释，使学生学会常用疫苗稀释的基本操作技术。

2. 设备材料 本任务选择在养鸡场育雏室进行。所需材料包括灭菌生理盐水或蒸馏水稀释液、鸡新城疫低毒力活疫苗（LaSota 株）、兽用连续注射器、9～12 号针头、70% 酒精棉球、剪刀、镊子、盛放疫苗稀释液的灭菌空瓶、新洁尔灭或来苏儿消毒剂、5 日龄以上健康雏鸡群，其他还包括纱布、脱脂棉、带盖搪瓷盘、工作服和帽、胶靴、免疫登记册等。

3. 工作过程 学生在养鸡场兽医技术人员的指导下，熟悉鸡群日龄、健康状况及鸡新城疫低毒力活疫苗（LaSota 株）使用说明。按瓶签注明羽份用灭菌生理盐水或蒸馏水稀释疫苗，采用点眼、饮水途径接种。点眼：将 1 000 羽份疫苗稀释至 30mL，每只鸡点眼 1 滴（0.03mL）。饮水：在稀释用水中加入 0.2%～0.3% 的脱脂奶粉，饮水量视品种、大小和季节而定，以 1h 所能饮完的水量为标准。对用过的疫苗瓶、器具和稀释后剩余的疫苗等按法规进行消毒或焚烧处理。雏鸡接种后，应注意观察 7～10d，加强护理，如有不良反应，可根据情况及时处理，不良反应要记载到免疫登记册上。

（三）鸡重组禽流感病毒灭活疫苗（H5N1 亚型，Re-5 株）的注射接种

1. 任务说明 皮下或肌内注射疫苗是最常用的免疫途径。本任务旨在通过重组禽流感病毒灭活疫苗（H5N1 亚型，Re-5 株）的注射接种，使学生学会禽类注射免疫的基本操作技术以及油乳剂疫苗的使用技术。

2. 设备材料 本任务选择在养鸡场进行。所需材料包括灭菌的金属注射器、兽用连续注射器、9～12 号针头、75% 酒精棉球、剪刀、镊子、重组禽流感病毒灭活疫苗（H5N1 亚型，Re-5 株）、新洁尔灭或来苏儿等消毒剂，其他还包括纱布、脱脂棉、带盖搪瓷盘、工作服和帽、胶靴、免疫登记册等。

3. 工作过程 学生在鸡场兽医技术人员的指导下，熟悉鸡群日龄、健康状况及重组禽流感病毒灭活疫苗（H5N1 亚型，Re-5 株）使用说明。禽流感病毒感染或健康状况异常的禽，切忌使用该疫苗。屠宰前 28 日内亦禁止使用。注射器械消毒。使用前应将疫苗恢复至常温，并充分摇匀。检查疫苗瓶及疫苗性状，如出现破损、异物或破乳分层等异常现象，切勿使用。颈部皮下或胸部肌内注射。2～5 周龄鸡，每只 0.3mL；5 周龄以上鸡，每只 0.5mL；2～5 周龄鸭和鹅，每只 0.5mL；5 周龄以上鸭，每只 1.0mL；5 周龄以上鹅，每只 1.5mL。接种时应及时更换针头，最好 1 只鸡 1 个针头。疫苗启封后，限当日用完。消毒处理用过的疫苗瓶、器具和未用完的疫苗。一周内注意随时观察禽类的反应，如有异常应及时处理。填写免疫档案。做好个人防护。

（四）鸡痘活疫苗（鹌鹑化弱毒株）的刺种

1. 任务说明 刺种是动物痘病毒接种的重要途径。本任务旨在通过鸡痘疫苗的刺种，使学生掌握动物刺种的基本操作技术。

2. 设备材料 本任务安排在育雏季节的养鸡场育雏室进行，选择未免疫鸡痘的雏鸡刺种。所需材料包括刺种针、75% 酒精棉球、剪刀、镊子、鸡痘活疫苗（鹌鹑化弱毒株）、新洁尔灭或来苏儿等消毒剂。其他还包括纱布、脱脂棉、带盖搪瓷盘、工作服和帽、胶靴、免疫登记册等。

3. 工作过程 学生在鸡场兽医技术人员的指导下，熟悉雏鸡群日龄及鸡痘活疫苗（鹌鹑化弱毒株）使用说明，按瓶签注明羽份，用生理盐水将疫苗稀释，用鸡痘刺种针蘸取稀释的疫苗，采用翼膜刺种法，在鸡的一侧翅膀内侧无血管、无毛处的翼膜刺种。20～30 日龄雏鸡刺1针；30日龄以上鸡刺2针；6~20日龄雏鸡用再稀释1倍的疫苗刺1针。接种后7~10d，逐个检查刺种部位是否出现绿豆大小的肿胀或结痂反应。如接种部位无反应或鸡群的反应率低，应及时重新接种。疫苗稀释及接种应注意消毒操作。消毒处理用过的疫苗瓶、器具和未用完的疫苗。填写免疫档案。全程做好个人防护。

（五）鸡传染性支气管炎疫苗室内气雾免疫

1. 任务说明 气雾免疫是禽类室内大群免疫的重要方法。本任务旨在以鸡传染性支气管炎疫苗气雾免疫，使学生掌握禽类室内气雾免疫的基本操作技术。

2. 设备材料 本任务选择在育雏季节的养鸡场育雏室进行，对未免疫传染性支气管炎疫苗的雏鸡气雾免疫。所需材料包括鸡传染性支气管炎疫苗、气雾免疫机或喷雾器等喷雾器械、去离子水或蒸馏水稀释液、脱脂奶粉、稀释桶，新洁尔灭或来苏儿等消毒剂、工作服和帽、口罩、胶靴、免疫登记册、干湿温度计等。

3. 工作过程 学生在鸡场兽医技术人员的帮助下，熟悉鸡群日龄及鸡传染性支气管炎疫苗使用说明。

（1）选用合适的喷雾器械试用，测定雾滴的大小及喷完鸡群所需时间，以便具体操作时更好地控制速度。

（2）用干湿温度计测定鸡舍温湿度，喷雾时要求温度为18~24℃，湿度70%以上，以避免雾滴迅速被蒸发。

（3）配制疫苗时，按瓶签注明羽份一倍量，用去离子水或蒸馏水加入0.2%~0.3%脱脂奶粉，充分溶解混匀后将疫苗稀释，1~4周龄雏鸡每1000羽所需水量为300~500mL，5~10周龄的为1000mL。

（4）采用合理措施，使鸡群安静。

（5）喷雾免疫时，鸡舍应密闭，减少空气流动，并无直射阳光，操作者距离鸡只2~3m，将药液喷匀，喷头跟鸡保持1.5m左右的距离，呈45°，使雾粒刚好落在鸡的头部，雏鸡身体稍微喷湿即可。

（6）喷雾完毕20min后开启门窗。疫苗稀释及接种应注意消毒操作。消毒处理用过的疫苗瓶、器具和未用完的疫苗。填写免疫档案。全程做好个人防护。

（六）牧场羊布鲁氏菌病活疫苗（M5）室外气雾免疫

1. 任务说明 羊群的室外气雾免疫是羊场牧羊防疫的一项重要工作。本任务旨在通过羊布鲁氏菌病活疫苗（M5）室外气雾免疫，使学生掌握动物室外气雾免疫的基本操作技术。

2. 设备材料 本任务选择在牧场进行，气雾免疫时较合适的温度是15~25℃，相对湿度在70%以上。所需材料包括疫苗稀释用水、气雾免疫专用喷雾器（压缩泵和喷头），羊布鲁氏菌病M5活疫苗、量筒、自我防护装置等。

3. 工作过程 免疫应在配种前1~2个月进行，疫苗的用量根据动物的数量来确定，每只羊免疫剂量为50亿活菌，疫苗用深井水或凉开水稀释，实际应用量要比计算量略高一些。免疫时将动物赶入四周有矮墙的围栏内，操作人员手持喷头，站在羊群中，喷头与羊头部同高，朝羊头部方向喷射。操作人员要随时走动，使每只羊都有机会吸入，如遇微风，还应注意风向。操作者应站在上风，以免雾化粒子被风吹走。喷射完后，让羊群在圈内停留数分钟即可放出。在此过程中，操作者应当要做好自我防护。

（七）猪口蹄疫 O 型灭活疫苗（Ⅱ）肌内注射接种

1. 任务说明 肌内注射免疫是大中型动物的常用接种途径。本任务旨在通过猪口蹄疫 O 型灭活疫苗（Ⅱ）肌内注射接种，使学生掌握大中型动物肌内注射免疫接种的基本操作技术。

2. 设备材料 本任务选择在商品化猪场进行。所需材料包括疫苗稀释用液、猪口蹄疫 O 型灭活疫苗（Ⅱ）、量筒、免疫用连续注射器、酒精棉球、防护用具等。

3. 工作过程 学生在猪场兽医技术人员帮助下，了解猪场免疫程序、当地猪疫情状况，检查猪群健康状况。免疫之前应仔细检查疫苗密封情况、是否过期、有无标签等。使用前充分摇匀疫苗，根据动物数量及接种剂量稀释疫苗。选择适宜的灭菌针头和金属注射器，采用耳根后深层肌内注射，切勿注入脂肪层或皮下，建议先由猪场兽医技术人员或专业教师现场示范。体重 10～25kg 猪每头 1mL，25kg 以上猪每头 2mL。免疫过程中须做好记录，注明接种猪品种、大小、性别、数量、接种时间、疫苗批号和注射剂量等。同时要注意猪免疫接种后产生的反应。接种完毕后，疫苗瓶集中无害处理，做好接种器械消毒和个人安全防护。

◆ 职业测试

1. 判断题

(1) 免疫是指动物机体识别自己排除异己，以维护机体的生理平衡和稳定的一种生理性反应。　　　　　　　　　　　　　　　　　　　　　　　　　　　（　　）

(2) 易过期失效疫苗的保管，要定期检查，按照"先进先出"和"失效期近的后出"原则使用。　　　　　　　　　　　　　　　　　　　　　　　　　　　　（　　）

(3) 破伤风抗毒素血清属于被动免疫制品。　　　　　　　　　　　　　　（　　）

(4) 疫苗就是接种动物后能产生被动免疫，预防细菌性及病毒性疾病的一类生物制剂。　　　　　　　　　　　　　　　　　　　　　　　　　　　　　　（　　）

(5) 各类疫苗都应在低温避光条件下运输、储存。　　　　　　　　　　　（　　）

(6) 给动物注射过的针头，不能再用于吸取疫苗。　　　　　　　　　　　（　　）

(7) 肌内注射法适用于接种弱毒或灭活疫苗。　　　　　　　　　　　　　（　　）

(8) 经口免疫法是指将疫苗均匀地混于饲料或饮水中经口服而获得免疫的接种方法。　　　　　　　　　　　　　　　　　　　　　　　　　　　　　　（　　）

(9) 非特异性免疫是特异性免疫的基础。　　　　　　　　　　　　　　　（　　）

(10) 类毒素是由内毒素经适当浓度甲醛溶液脱毒后制成的生物制品。　　（　　）

(11) 为了预防某种传染病而制订的疫苗接种规程称为免疫程序。　　　　（　　）

(12) 气雾免疫喷雾完毕后应让动物留圈 10～20min。　　　　　　　　　（　　）

(13) 利用同一种微生物不同型或株所制备的疫苗称为多价苗。　　　　　（　　）

(14) 鸡痘疫苗常采用的接种途径为肌内注射。　　　　　　　　　　　　（　　）

(15) 疫苗的稀释液不可选用自来水。　　　　　　　　　　　　　　　　（　　）

2. 技能操作测试

(1) 某养鸡场现有 7 日龄雏鸡 5 000 只，现需接种新城疫-传支（H120）二联苗，请设计出具体的接种方案。

(2) 某养猪场现有 55 日龄猪只 800 头，现需接种猪口蹄疫灭活疫苗，请设计出具体的接种方案。

(3) 某养鸡场现有产蛋鸡5 000只，接种禽流感疫苗已经21d了，现需要了解这次免疫接种的效果，请按规定实施免疫抗体检测。

任务4-3 药物预防

◆ 任务描述

药物预防任务根据动物疫病防治员的人才培养规划和对动物防疫岗位典型工作任务的分析安排，通过教师提供的教学课件、网络资源、音像资料、网络课堂等参考资料，结合实践案例，制订相关的药物预防计划，在教师、企业技师的指导下完成药物预防任务，从而防控细菌性疾病或预防病毒性疾病流行中可能出现的混合或继发感染。

◆ 能力目标

在学校教师和企业技师共同指导下，完成本学习任务后，希望学生获得：

(1) 根据需要选购生产实践中常用的药物的能力。

(2) 根据养殖生产实际科学制定药物预防计划的能力。

(3) 根据药物特性合理选择给药方式的能力。

(4) 正确处理动物出现的药物异常反应的能力。

(5) 较好的自我学习动物用药、给药新知识和新技术的能力。

(6) 根据动物生产实践及时调整药物预防工作计划的应变能力。

(7) 在教师、技师或同学帮助下，主动参与评价自己及他人任务完成程度的能力。

◆ 学习内容

一、预防药物的选择原则

由于不同种类的病原在畜禽体内存在交叉感染和混合感染的情况，而且不同药物对不同病原的作用效果也不同。因此，选择合适的药物来控制疫病就显得非常重要。

1. 熟悉病原体及动物对药物的敏感性 一方面，应考虑病原体对药物的敏感性和耐药性，选用防治效果最好的药物。在使用药物之前或使用药物过程中，最好进行药物敏感性试验，选择使用最敏感的或抗菌谱广的药物，以期收到良好的预防效果。要适时更换药物，防止产生耐药性。另一方面，不同种属的动物对药物的敏感性不同，应区别对待。例如，抗球虫药常山酮用每千克饲料3mg拌料对鸡来说是适宜的，但对鸭、鹅均有毒性，甚至引起死亡。某些药物剂量过大或长期使用会引起动物中毒。要出售的畜禽应适时停药，以免药物残留。

2. 注意药物的安全性与有效剂量 药物在发挥防治疾病作用的同时，可能对动物机体产生不同程度的损害或改变病原体对药物的敏感性，因此保证病患动物的用药安全是药物治疗的前提。药物必须达到最低有效剂量，才能收到应有的防治效果。因此，要按规定的剂量，均匀地拌入饲料或完全溶解于饮水中。有些药物的有效剂量与中毒剂量之间距离太近，如喹乙醇，掌握不好就会引起中毒。有些药物在低浓度时具有预防和治疗作用，而在高浓度时会有很强的毒性，使用时要倍加小心。

3. 把握治疗的规范性和适度性 实施药物防治应根据疾病的分型、分期、疾病的动态发展及并发症，对药物选择、剂量、剂型、给药方案及疗程进行规范。确定适当的剂量、疗程与给药方案，才能使药物的作用发挥得当，达到治疗疾病的目的。因此，应在明确疾病诊断的基础上，从病情的实际需要出发，选择适当的药物治疗方案。针对具体患病动物时，应注意个体化的灵活性，避免过度治疗或治疗不足。药物过度治疗是指超过疾病治疗需要，使用大量的药物，而且没有得到理想效果的治疗，表现为超适应证用药、剂量过大、疗程过长、无病用药、轻症用重药等。而治疗不足则表现为剂量不够，达不到有效的治疗剂量，或疗程太短，达不到预期的治疗效果。

4. 注意药物的配伍禁忌 两种或两种以上药物配合使用时，有的会产生理化性质改变，使药物产生沉淀或分解、失效甚至产生毒性。磺胺类药（钠盐）与抗生素（硫酸盐或盐酸盐）混合产生中和作用使药效会降低；维生素 B_1、维生素 C 属酸性，遇碱性药物即分解失效；利巴韦林、金刚烷胺等抗病毒药治疗流感时与小苏打、氨茶碱配合使用疗效大大减低；头孢菌素类与庆大霉素、卡那霉素、新霉素联合防治大肠杆菌、沙门氏菌可产生协同作用，但与红霉素、吉他霉素等联用，会导致其抗菌作用的减弱；泰乐菌素＋磺胺嘧啶钠（泰磺合剂）、红霉素＋TMP、红霉素＋磺胺嘧啶钠，可以提高对大肠杆菌、沙门氏菌的治疗效果，但红霉素不能与羧苄西林、庆大霉素配伍；泰乐菌素不能与链霉素、四环素配伍；林可霉素可配合大观霉素（比例为1∶1或1∶2）治疗慢性呼吸道病、弓形虫病、螺旋体病等疗效确切，但不能与青霉素、庆大霉素、四环素类药物配伍。

5. 坚持有效性与经济性的统一 药物防治的有效性是选择药物的基本准则。提高药物防治的有效性既要了解药物特性及用药方法，又要熟悉动物的情况。一方面，药物的生物学特性、药物的理化性质、剂型、剂量、给药途径、药物之间的相互作用等因素均会影响药物防治的有效性；另一方面，动物的年龄、体重、性别、精神因素、病理状态、遗传因素及用药时间等对药物防治效果均可产生重要影响。保证药物防治的有效性的同时，也要考虑药物防治的经济性。在集约化养殖场中，畜禽数量多，防治疫病用药开支较大。为了降低养殖成本，在保证防治效果的前提下，应尽可能地选用价廉易得、作用确实的药物，而不是听信药物广告宣传，不盲目追求新药、高价药。

二、给药方法的选择

不同的给药方法可以影响药物的吸收速度、利用程度、药效出现时间及维持时间。药物预防一般采用群体给药法，将药物添加在饲料中，或溶解到水中，让动物服用，有时也采用气雾法给药。

1. 拌料给药 即将药物均匀地拌入饲料中，让动物自由采食。该法简便易行，节省人力，减少应激。主要适用于预防性用药，尤其是长期给药。对于患病的动物，当其食欲下降时，不宜应用。拌料给药时应注意以下几点：

（1）准确掌握药量。应严格按照动物群体重，结合动物的采食量，计算并准确称量所需药物，以免造成药量过小起不到作用或药量过大导致动物中毒。

（2）确保拌和均匀。通常采用分级混合法，即把全部用量的药物加到少量饲料中，充分混合后，再加到一定量饲料中充分混匀，然后再拌入给药所需的全部饲料中。大批量饲料拌药更需多次分级扩充，以达到充分混匀的目的。切忌把全部药量一次加到所需饲料中，简单混合，否则可能会造成部分动物因摄入过量药物发生中毒，而大部分动物吃不到药物，达不到防治疫病的目的。

（3）注意不良反应。有些药物混入饲料后，可与饲料中的某些成分发生拮抗作用。如饲料中长期混合磺胺类药物，就容易引起鸡 B 族维生素或维生素 K 缺乏。应密切注意并及时纠正不良反应。

2. 饮水给药　饮水给药即把药物溶于饮水中饲喂，是禽用药物的最适宜、最方便的途径，这一方法适用于短期投药和紧急治疗投药，特别有利于发病后采食量下降的禽群。但在日常操作中，为了确保药效快速、安全、有效，应该注意以下三点：

（1）注意药物特性和饮水要求。饮水给药要注意药物必须是水溶性的，要能完全溶解于水。同时，饮用水要清洁，若是用氯消毒的自来水，应先用容器装好露天放置 1～2d，让余氯挥发掉，以免影响药物效果。

（2）注意调药均匀，按量给水。调配药液时，药物要充分溶解并搅拌均匀。保证绝大部分禽只在一定时间内喝到一定量的含药物的水，一般以在 1h 内饮完为好，防止剩水过多，造成饮入禽体内的药物剂量不够。调药时要认真计算不同日龄及禽群大小的供水量，并掌握饮水中的药物浓度，浓度通常以百分比表示。

（3）注意给药前停水，确保药效。为保证禽只饮入适量的药物，用药前要让整个禽群停止饮水一段时间（具体时间视气温而定），一般寒冷季节停水 4h 左右，气温较高季节停水 2～3h。经过一定时间的停水，然后添加对症的含有药物饮水，不仅能让禽只在一定时间内充分喝到含有药物的，而且治疗效果比较理想。

3. 气雾给药　气雾给药指用药物气雾器械将药物弥散到空气中，让动物通过呼吸作用吸入体内或作用于动物皮肤及黏膜的一种给药方法。气雾给药是家禽有效给药途径之一，它是充分利用家禽独特的气囊功能特性，促进药物增大扩散面积，从而增大药物吸收量。气雾给药时，药物吸收快，作用迅速，节省人力，尤其适用于现代化大型养殖场，但需要一定的气雾设备，且动物舍门窗应能密闭，容易诱发呼吸道疾病。气雾给药时应注意以下几点：

（1）药物的特性。并不是所有的药物都可通过气雾途径给药，有刺激性的药物不应通过气雾给药。可应用于气雾途径给药的药物应无刺激性，易溶解于水。若欲使药物作用于肺部，应选用吸湿性较差的药物；而欲使药物作用于上呼吸道，就应选择吸湿性较强的药物。

（2）药物的浓度。在应用气雾给药时，不要随意套用拌料或饮水给药浓度。气雾给药的剂量与其他给药的途径不同，一般以每立方米用多少药物来表示，要掌握气雾的药量，应先计算出动物舍的体积，然后再计算出药物的用量。

（3）气雾颗粒的大小。气雾给药时，雾粒直径大小与用药效果有直接关系。气雾微粒越细，越容易进入肺泡内，但与肺泡表面黏着力小，容易随呼气排出，影响药效。若微粒过大，则不易进入肺内。要使药物主要作用于上呼吸道，就应选用雾粒较大的雾化器。大量实验证实，进入肺部的微粒直径以 0.5～5μm 最适宜。

（4）其他因素。如用药时间、动物的呼吸道健康状况等，要综合考虑。

4. 体外用药　主要指为杀死畜禽的体表寄生虫、微生物所进行的体表用药。包括喷洒、喷雾、涂擦和药浴等不同方法。其中，药浴是最常用的体外用药方法，主要适用于羊体外寄

羊的药浴技术

生虫的驱治，具体方法如下：

（1）药浴器具。药浴一般在药浴池中进行，有条件的地区可用药浴机，羊的数量少时，可用浴槽、浴盆或大缸进行。药浴池一般长10m，宽2m，深1.5m。浴池一端竖直（也可有坡度），另一端有一定坡度，保证羊从竖直端游到另一端时能自动上岸。在药池的出口处砌有滴流台，使羊身上的药液能充分回流到药池内。

（2）药浴时机。药浴最好在剪毛（抓绒）后7~10d进行，如过早，则羊毛太短，羊体表药液沾得少；若过迟，则羊毛太长，药液沾不到皮肤上，都对消灭体外寄生虫和预防疥癣病不利。选择晴朗、无风、温暖的天气，配制好药液，进行药浴。大群药浴前先用小群试浴。

（3）药液要求。药液应按有关使用说明配制并搅拌均匀。药液温度以12~25℃为宜，不宜过冷，防止冷应激。药液用量应根据浴池的大小，羊的品种及个体大小来定。深度以羊进入浴池能没及躯干为宜。

（4）药浴操作。药浴前8h停止喂料，入浴前2h给羊饮足水，以免羊入浴池后吞饮药液。药浴前不可追赶羊群。当羊走近出口时，要将羊头压入药液内1~2次，以防治头部寄生虫（图4-22）。离开药池让羊在滴流台上停留20min，待身上药液滴流入池后，将羊置于凉棚或宽敞的厩舍内，免受日光照射，6~8h后，方可饲喂或放牧。第一次药浴后，隔8~14d再药浴一次。工作人员应戴好口罩和橡胶手套。药浴时间以羊体浴透为宜，一般3~5min，为确定最佳药浴时间，可对第一批药浴后的羊抽检浴透率。

（5）注意事项。应先健康羊药浴，病羊后药浴；公羊、母羊和羔羊要分别入浴，以免混群；母羊妊娠两个月以上，当年羔羊以及有外伤的羊只不药浴；凡和病羊接触过的牲畜及牧羊犬等亦应同时药浴。

5. 注射给药 注射给药是指将无菌药液注入体内，达到预防和治疗疾病的目的。药物吸收快、血药浓度升高迅速、进入体内的药量准确。

图4-22 给羊药浴

皮内注射法用于牛、羊、犬结核菌素变态反应试验、绵羊痘预防接种及马鼻疽菌素皮内试验等。皮下注射法是将药液注射于皮下结缔组织内，注药后5~10min呈现作用。凡是易溶解、无刺激性的药品均可皮下注射。

肌内注射法是将药液注射入肌肉内，肌肉内血管多，药液注入后吸收较快，仅次于静脉注射；肌肉中感觉神经较皮下少，疼痛较轻。一般刺激性较强的和较难吸收的药液，如水剂青霉素、维生素 B_1，均可肌内注射。但刺激性很强的药液，如氯化钙、水合氯醛、浓盐水等，都不能进行肌内注射。

静脉内注射法是将药液直接注射到静脉血管内的方法。

腹腔内注射法是利用腹膜毛细血管和淋巴管多、吸收力强的特性，将药液注入腹膜腔内，经腹膜吸收进入血液循环，其药物作用的速度，仅次于静脉注射。小动物在脐和耻骨前缘连线的中点（或下腹部正中线的旁边）注射为宜，大动物在左肷部或右肷部为注射部位。

三、常用药物及其应用

（一）抗微生物药

1. 青霉素类

（1）青霉素 G。属窄谱杀菌性抗生素，对大多数革兰氏阳性菌、少数革兰氏阴性球菌（巴氏杆菌、脑膜炎双球菌）、放线菌和螺旋体等敏感。应用于炭疽、破伤风、猪丹毒、链球菌病、禽霍乱等病。一般肌内注射，一次量，马、牛每千克体重 1 万～2 万 U；猪、羊每千克体重 2 万～3 万 U；禽每千克体重 5 万 U，2 次/d。

（2）氨苄西林。广谱杀菌剂，对大多数革兰氏阳性菌、革兰氏阴性菌、放线菌、螺旋体敏感。应用于仔猪黄痢、仔猪白痢、禽大肠杆菌病、鸡白痢、禽伤寒、猪传染性胸膜肺炎、禽霍乱、鸭传染性浆膜炎等病。内服或肌内注射均易吸收。内服，一次量，每千克体重 20～40mg，2～3 次/d；注射，一次量，每千克体重 10～20mg，2～3 次/d。

（3）羟氨苄青霉素。商品名阿莫西林，与氨苄西林基本相似，作用比氨苄西林强，尤其是对大肠杆菌和沙门氏菌。内服或肌内注射均易吸收。内服，一次量，每千克体重 10～15mg，2～3 次/d；注射，一次量，每千克体重 4～7mg，2～3 次/d。

2. 头孢菌素类　头孢菌素类又称先锋霉素类，具有杀菌力强、抗菌谱广、毒性小、过敏反应少、对酸和 β-内酰胺酶较青霉素稳定等优点。第三代和第四代头孢菌素，对厌氧菌、铜绿假单胞菌作用强。我国目前批准作为兽药使用的有头孢氨苄、头孢噻呋、头孢喹肟等头孢制剂。

（1）头孢氨苄。内服，一次量，每千克体重 10～30mg，2～3 次/d。

（2）头孢噻呋钠。注射，一次量，每千克体重 1～5mg，2～3 次/d。

（3）硫酸头孢喹肟。注射，一次量，每千克体重 1～2mg，1 次/d。

3. 氨基糖苷类

（1）链霉素。抗菌谱较广，主要对结核杆菌和大多数革兰氏阴性杆菌及革兰氏阳性菌有效，对钩端螺旋体、支原体也有效。应用于结核病、鸡传染性鼻炎、畜禽大肠杆菌病、牛出血性败血病、猪肺疫、禽霍乱、布鲁氏菌病、鸡毒支原体感染等病。肌内注射，一次量，家畜每千克体重 10～15mg，家禽每千克体重 20～30mg，2～3 次/d。

（2）卡那霉素。主要用于治疗多数革兰氏阴性杆菌病，如鸡霍乱、雏鸡白痢、猪支原体肺炎、猪萎缩性鼻炎、鸡慢性呼吸道疾病等。肌内注射，一次量，家畜每千克体重 5～15mg，家禽每千克体重 10～15mg，2～3 次/d。

（3）庆大霉素。本品在氨基糖苷类抗生素中抗菌谱广，抗菌活性最强。对革兰氏阴性菌和革兰氏阳性菌均有较强作用，特别对铜绿假单胞菌及耐药金黄色葡萄球菌的作用最强。此外，对支原体、结核杆菌亦有作用。主要用于治疗耐药金黄色葡萄球菌、副嗜血杆菌、铜绿假单胞菌、大肠杆菌等引起的各种疾病和细菌性腹泻。内服，一次量，每千克体重 5～10mg，2 次/d；注射，一次量，家畜每千克体重 2～4mg，家禽每千克体重 5～7.5mg，2 次/d。

（4）阿米卡星。又称丁胺卡那霉素，抗菌谱较卡那霉素广，与庆大霉素相似，并对耐庆大霉素、卡那霉素的铜绿假单胞菌、大肠杆菌、结核杆菌、变形杆菌等亦有效；对金黄色葡萄球菌亦有较好的作用。主要用于治疗各型大肠杆菌病、铜绿假单胞菌病、禽霍乱、猪肺疫、牛出血性败血病、鸭传染性浆膜炎、沙门氏菌病、猪支原体肺炎、结核病等。肌内注射，一次量，每千克体重5～7.5mg，2次/d。

（5）安普霉素。又称阿普拉霉素，抗菌谱广，对革兰氏阴性菌（大肠杆菌、沙门氏菌、变形杆菌等）、革兰氏阳性菌（某些链球菌）、螺旋体、支原体有较好的作用。主要用于治疗幼龄动物的大肠杆菌病、沙门氏菌病、猪痢疾和畜禽的支原体病。内服，一次量，每千克体重20～40mg，2次/d；注射，一次量，每千克体重20mg，2次/d。

4. 大环内酯类

（1）红霉素。窄谱快效抑菌剂，对革兰氏阳性菌有较强的抗菌作用，对部分革兰氏阴性菌（如布鲁氏菌、巴氏杆菌）、立克次体、钩端螺旋体、衣原体、支原体等也有抑制作用。主要用于治疗耐青霉素的革兰氏阳性菌感染、畜禽支原体感染等。内服，一次量，每千克体重10～20mg，2次/d；静脉注射，一次量，家畜每千克体重3～5mg，犬、猫每千克体重5～10mg，2次/d。

（2）泰乐菌素。对革兰氏阳性菌、螺旋体、支原体和一些革兰氏阴性菌有抑制作用，对支原体的抑制作用强。主要用于治疗慢性呼吸道病、鸡传染性鼻炎、猪传染性胸膜肺炎等。混饮，每升水，禽500mg，猪200～500mg，连用3～5d；混饲，每千克饲料，禽4～50mg，猪10～100mg。

（3）替米考星。对革兰氏阳性菌、某些革兰氏阴性菌、支原体、螺旋体均有抑制作用，尤其是胸膜肺炎放线杆菌、巴氏杆菌及畜禽支原体。主要用于治疗家畜肺炎（胸膜肺炎放线杆菌、巴氏杆菌、支原体等感染引起）、鸡慢性呼吸道疾病等。混饮，每升水，禽100～200mg，连用5d；混饲，每千克饲料，猪200～400mg，连用7d；皮下注射，一次量，牛、猪每千克体重10～200mg，1次/d。

5. 四环素类

（1）土霉素。广谱抑菌剂。除对革兰氏阳性菌和阴性菌有作用外，对立克次体、衣原体、支原体、螺旋体、放线菌和某些原虫（如球虫）亦有抑制作用。主要用于治疗猪肺疫、猪支原体肺炎、猪传染性胸膜肺炎、猪附红细胞体病、禽霍乱、布鲁氏菌病、大肠杆菌病、坏死杆菌病、球虫病、泰勒虫病、钩端螺旋体病等。内服，一次量，家畜每千克体重10～25mg，家禽每千克体重25～50mg，2～3次/d，连用3～5d；注射，一次量，家畜每千克体重5～10mg，1～2次/d，连用2～3d。

（2）四环素。抗菌作用与土霉素相似，但对革兰氏阴性菌作用较好。内服，一次量，家畜每千克体重10～25mg，家禽每千克体重25～50mg，2～3次/d，连用3～5d；静脉注射，一次量，家畜每千克体重5～10mg，2次/d，连用2～3d。

（3）金霉素。抗菌作用与土霉素相似。内服，一次量，家畜每千克体重10～25mg，2次/d。

（4）多西环素（强力霉素）。抗菌活性较土霉素、四环素强。内服，一次量，家畜每千克体重3～5mg，犬、猫每千克体重5～10mg，家禽每千克体重15～25mg，1次/d，连用3～5d。

6. 林可胺类

（1）林可霉素。抗菌谱与大环内酯类相似。对革兰阳性菌如葡萄球菌、溶血性链球菌和肺炎球菌等有较强的抗菌作用，对某些厌氧菌（破伤风梭菌、产气荚膜芽孢梭菌）、支原体也有抑制作用；对革兰氏阴性菌无效。主要用于治疗金黄色葡萄球菌、链球菌、厌氧菌引起的感染，以及猪和鸡的支原体病。内服，一次量，牛每千克体重 6~10mg，猪、羊每千克体重 10~15mg，犬、猫每千克体重 15~25mg，鸡每千克体重 20~30mg，1~2 次/d；肌内注射，一次量，猪每千克体重 10mg，犬、猫每千克体重 10~15mg，2 次/d，连用 3~5d。

（2）克林霉素。抗菌谱与林可霉素相同，抗菌效力较林可霉素强 4~8 倍。内服或肌内注射，一次量，每千克体重 5~15mg，2 次/d。

7. 氯霉素类

（1）甲砜霉素。为氯霉素的同类药物，属于广谱抑菌药物。用于治疗畜禽肠道、呼吸道等细菌性感染，如禽大肠杆菌病、禽伤寒、禽副伤寒、坏死性肠炎、支原体病等；仔猪黄痢、白痢，猪肠炎，猪胸膜肺炎，猪链球菌病等。混饮，用量按产品说明书使用。

（2）氟甲砜霉素。商品名为氟苯尼考，为畜禽专用氯霉素类的广谱抗菌药，可用于各种革兰氏阳性、阴性菌和支原体等感染。敏感菌包括牛、猪的嗜血杆菌、痢疾志贺氏菌、沙门氏菌、大肠杆菌、肺炎球菌、流感杆菌、链球菌、金黄色葡萄球菌、衣原体、钩端螺旋体、立克次体等。口服或注射，按不同剂型产品说明书使用。

（二）化学合成抗菌药

1. 磺胺药 磺胺药具有品种多、抗菌谱广、用法简便、性质稳定、便于长期保存等许多优点。全身感染时，宜选用肠道吸收类药物；肠道感染时，宜选用肠道难吸收类药物；治疗创伤烧伤时，宜选用外用磺胺药，尤其是铜绿假单胞菌感染时，选用磺胺嘧啶银（烧伤宁）最好；泌尿道感染，首选乙酰化低的药物，如 SMM。磺胺药钠盐水溶液呈强碱性，忌与酸性药（如 B 族维生素、维生素 C、青霉素、四环素类、氯化钙、盐酸麻黄素等）混合应用。

外用本类药物时，应彻底清除创面的脓汁、黏液和坏死组织等，以免影响疗效。幼畜禽、杂食或肉食动物使用磺胺类药时，宜与碳酸氢钠同服，以碱化尿液，同时充分饮水，增加尿量，促进排出。蛋鸡产蛋期禁用；肝肾功能不全、少尿、脱水、酸中毒、休克的动物慎用或不用。

2. 抗菌增效剂 抗菌增效剂不仅自身具有抗菌作用，还能增强磺胺药和多种抗生素的疗效。国内常用甲氧苄啶（TMP）和二甲氧苄啶（DVD，即敌菌净）两种抗菌增效剂。其抗菌谱广，对多种革兰氏阳性菌及阴性菌均有抗菌活性，其中较敏感的有溶血性链球菌、葡萄球菌、大肠杆菌、变形杆菌、巴氏杆菌和沙门氏菌等。TMP 内服、肌内注射，吸收迅速而完全；DVD 内服在胃肠道内的浓度较高，故用作肠道抗菌增效剂比 TMP 好。TMP 与磺胺异噁唑（SMD）、磺胺间甲氧嘧啶（SMM）、磺胺甲基异噁唑（SMZ）、磺胺嘧啶（SD）、磺胺二甲基嘧啶（SM2）、磺胺喹噁啉（SQ）等磺胺药按 1∶5 合用，或 TMP 与抗生素（如青霉素、红霉素、庆大霉素、四环素类、多黏菌素等）按 1∶4 合用。主要用于治疗敏感菌引起的呼吸道、泌尿道感染及蜂窝织炎、腹膜炎、乳腺炎、创伤感染等，亦用于治疗幼畜肠道感染、猪萎缩性鼻炎、猪传染性胸膜肺炎、禽大肠杆菌病、鸡白痢、鸡传染性鼻炎等。DVD 常与 SQ 等合用（商品名复方敌菌净）。主要防治禽、兔球虫病及畜禽肠道感染等。

3. 喹诺酮类

（1）恩诺沙星。动物专用广谱杀菌药，对支原体有特效。对大肠杆菌、沙门氏菌、巴氏杆菌、克雷伯菌、变形杆菌、铜绿假单胞杆菌、嗜血杆菌、波氏杆菌、丹毒杆菌、金黄色葡萄球菌、链球菌、化脓棒状杆菌等均敏感。对耐泰乐菌素的支原体亦有效。主要用于治疗细菌与细菌的混合感染、严重感染、细菌与支原体的混合感染、病毒病的继发感染等，尤其适用于各种动物的支原体病及乳腺炎的治疗。内服，一次量，畜每千克体重 2.5～5mg，禽每千克体重 5～7.5mg，2 次/d，连用 3～5d；肌内注射，一次量，牛、羊、猪每千克体重 2.5mg，犬、猫、兔每千克体重 2.5～5mg，1～2 次/d，连用 2～3d。

（2）环丙沙星。广谱杀菌药。对革兰氏阴性菌、阳性菌的抗菌活性均较强。此外，对厌氧菌、支原体、铜绿假单胞菌亦有较强的抗菌作用。主要用于全身各系统的感染，对消化道、呼吸道、泌尿生殖道、皮肤软组织感染及支原体感染等均有良效。内服，一次量，家畜每千克体重 5～15mg，2 次/d；混饮，每升水，禽 25～50mg；肌内注射，一次量，家畜每千克体重 2.5mg，禽每千克体重 5mg，2 次/d。

（3）单诺沙星。又称达氟沙星，广谱杀菌药。对犊牛溶血性巴氏杆菌和多杀性巴氏杆菌、支原体、猪胸膜肺炎放线杆菌和猪肺炎支原体、鸡大肠杆菌、多杀性巴氏杆菌、鸡毒支原体等均有较强的作用。主要用于治疗牛巴氏杆菌病、猪传染性胸膜肺炎、猪支原体肺炎、禽大肠杆菌病、禽霍乱、鸡毒支原体感染等。混饮，每升水，禽 25～150mg；肌内注射，一次量，家畜每千克体重 1.25～2.5mg，1 次/d。

4. 硝基咪唑类

（1）甲硝唑。商品名灭滴灵，对大多数专性厌氧菌具有较强的作用，包括拟杆菌属、梭状芽孢杆菌属、产气荚膜梭菌、粪链球菌等；还有抗滴虫和阿米巴原虫的作用。主要用于治疗外科手术后厌氧菌感染、肠道和全身的厌氧菌感染、猪痢疾、阿米巴痢疾、毛滴虫病等。本品易进入中枢神经系统，为脑部厌氧菌感染的首选药物。混饮，每升水，禽 500mg，连用 7d；内服，一次量，畜每千克体重 60mg，犬每千克体重 25mg，1～2 次/d；静脉注射，一次量，牛每千克体重 10mg，1 次/d，连用 3d。

（2）二甲硝咪唑。商品名地美硝唑，具有广谱抗菌和抗原虫作用，不仅能抗厌氧菌、链球菌、葡萄球菌和密螺旋体，且能抗组织滴虫、纤毛虫、阿米巴原虫等。主要用于治疗猪痢疾、禽组织滴虫病、肠道和全身的厌氧菌感染等。混饲，每千克饲料，禽 80～500mg，猪 200～500mg。产蛋鸡禁用。

（三）抗病毒药

目前临床使用的抗病毒药主要有吗啉胍与干扰素等。许多中草药，如茵陈、板蓝根、大青叶等也可用于某些病毒感染性疾病的防治。

（1）吗啉胍。商品名病毒灵，广谱抗病毒药。主要用于鸡传染性支气管炎、鸡传染性喉气管炎、鸡痘、禽流感等的防治。混饮，每升水 100mg，连用 3d。

（2）干扰素。如猪白细胞干扰素，可用于防治禽类传染性支气管炎、传染性喉气管炎、鸭瘟、鸭病毒性肝炎、小鹅瘟、传染性法氏囊炎等病毒性疾病。混饮或注射，按产品说明书使用。

四、给药剂量与疗程

1. 给药剂量 群体给药时药物剂量计算一般按百分比、万分比浓度计算。百分比浓度表示将饲料或饮水质量作为 100，所用药物占的比例。万分比浓度即将饲料或饮水质量作为

10 000，所用药物占的比例。个体给药时，通常按体重给药，即按每千克体重用药量为单位，乘以动物体重（以千克为单位），计算出动物的一次用药量。

2. 给药疗程　适当的给药时间及给药间隔是保证防治效果、维持血药浓度稳定、避免药物毒害的必要条件。预防或治疗时用药量要足，疗程要够，一般3～5d为一疗程，最长不超过7d。疗程的长短应视病情而定，应根据规定疗程给药。另外，疗程长短还应根据药物毒性大小而定。

◆ 任务案例

（一）以0.01%高锰酸钾溶液饮水预防雏鸡白痢

1. 任务说明　饮水给药是给大群动物投药的最适宜、最方便的途径，饮水给药特别有利于发病后采食量下降的动物。本任务旨在通过高锰酸钾饮水防治雏鸡白痢，使学生学会动物饮水给药的基本操作技术。

2. 设备材料　本任务选择在养鸡场育雏室进行。所需材料包括清洁的饮水器、稀释药物用水、稀释桶、高锰酸钾、天平、量筒等称量工具。

3. 工作过程　选择刚出壳雏鸡，准备充足的清洁饮水器、饮用水，给药前适当对雏鸡停饮一段时间，增加雏鸡饮欲，称取高锰酸钾及饮用水，配制成0.01%的高锰酸钾溶液，装入清洁饮水器，同时分多点供应雏鸡自由饮用。每天更换2～3次，连用2d，停2d后再用2d。

（二）以盐酸土霉素拌料预防雏鸡大肠杆菌病

1. 任务说明　在动物饲料中拌入药物饲喂具有食欲的动物，作为预防或治疗性给药的重要途径，对有食欲的患病动物能起到很好的治疗作用。本任务旨在通过粗制土霉素拌料防治雏鸡大肠杆菌病，使学生掌握动物拌料给药的基本操作技术。

2. 设备材料　本任务宜安排在鸡场育雏舍进行。所需材料包括用颗粒料粉碎好的雏鸡饲料或自配精饲料、盐酸土霉素、饮用水、拌料及投料工具、料槽、称量工具等。

3. 工作过程　学生在鸡场饲养人员的指导下，将料槽、操作工具清洗干净，熟悉雏鸡的数量、日龄，计算雏鸡一天的用料量，拌料前按照每1 000kg饲料添加盐酸土霉素100～200g的比例，称取所需的盐酸土霉素，加到少量饲料中，充分混合后，再加到一定量饲料中，再充分混匀，然后再拌入给药所需的全部饲料中。同时分多点供应雏鸡自由采食。连喂3～4d。

◆ 职业测试

1. 判断题

（1）使用药物预防应以不影响动物产品的品质，不影响人的健康为前提。　　　　（　　）

（2）饮水给药是禽大群给药最适宜、最方便的途径。　　　　　　　　　　　　（　　）

（3）饮水给药的药物不一定是水溶性的。　　　　　　　　　　　　　　　　　（　　）

（4）可应用于气雾给药的药物必须是无刺激性，且易溶解于水。　　　　　　　（　　）

（5）饮水给药时，应让整个动物群停止饮水一段时间，一般寒冷季节停水1h左右。

　　　　　　　　　　　　　　　　　　　　　　　　　　　　　　　　　　　（　　）

（6）体外用药的方法包括喷洒、喷雾、熏蒸、涂擦和药浴等不同方法。　　　　（　　）

（7）一些药物易残留于畜体内，所以规定动物屠宰前必须停止饲喂药物一定时间。（　　）

（8）羊药浴温度应保持在 12～25℃。（　　）

（9）生产中用药剂量不够或疗程太短是治疗不足的主要原因。（　　）

（10）不同给药方法可以影响药物的吸收程度、利用程度和药效出现的时间及维持时间。（　　）

（11）给药途径中药效发挥最快的是肌内注射。（　　）

（12）动物疫病治疗的疗程一般为 3～5d。（　　）

（13）羊药浴时间一般为 3～5min。（　　）

（14）禁止在饲料和动物饮用水中添加人用药品及国务院兽医行政管理部门规定的动物禁用药品。（　　）

（15）动物购买者或者屠宰者应当确保动物及其产品在用药期及休药期内不被用于食品消费。（　　）

2. 技能操作测试

（1）某猪场 200 头仔猪需预防大肠杆菌病，请制定给药方案并现场实施。

（2）现需对一只患有皮肤螨虫病的宠物犬实施体外用药，写出给用方案，并现场实施。

（3）某养羊户的 50 只山羊需要药浴预防寄生虫病，请写出药浴方案并现场实施药浴。

任务 4 - 4　动物驱虫

◆ 任务描述

根据动物疫病防治员的人才培养规划和对动物防疫岗位典型工作任务的分析安排，通过教师提供的教学课件、网络资源、音像资料、网络课堂等参考资料，结合实践案例，制订畜禽养殖场的驱虫计划，在教师、企业技师的指导下完成动物驱虫任务，从而预防畜禽寄生虫病的发生。

◆ 能力目标

在学校教师和企业技师共同指导下，完成本学习任务后，希望学生获得：

（1）根据需要选购生产实践中常用的驱虫药物的能力。

（2）根据养殖生产实际科学制订动物驱虫计划的能力。

（3）根据药物特性、疾病特点合理选择驱虫方式的能力。

（4）正确处理动物驱虫药中毒的能力。

（5）根据生产实践及时调整动物驱虫方案的应变能力。

（6）在大型养殖场组织实施动物驱虫的能力。

◆ 学习内容

一、驱虫方案的制订

首先要根据当地寄生虫的流行特点和感染途径选择有效驱虫时间。其次在选择驱虫药时，既要根据畜禽种类、年龄、感染寄生虫的种属、寄生的部位等情况，选择驱虫范围广、疗效高、毒性低的广谱驱虫药，又要考虑经济价值。由于畜禽的寄生虫病多为混合感染，驱虫时可适当配合应用各种合适的驱虫药，或直接选用广谱驱虫药。种畜用药要谨慎，要对种畜无副作用，母畜怀孕期不宜选用毒性大的驱虫药，不能影响母畜排卵，公畜不能影响精子活力。注意驱虫时要统一对同群所有畜禽（哺乳期幼畜除外）同时投药，新购进畜禽先隔离观察一段时间后进行一次驱虫再合群。驱虫前要先做小群驱虫试验，肯定药效和安全性后再进行驱虫。驱虫药物要定期更换，以防寄生虫产生耐药性，一般每2年更换一次。驱虫后对畜禽应加强护理和观察，防止中毒和驱虫引起的其他并发症，及时对症治疗。

猪场较理想的驱虫方式是种猪一年4次驱虫（包括空怀母猪、怀孕母猪、种公猪），其他猪在保育舍或生长舍驱虫1次，新引进种猪入场观察后并群前驱虫1次。管理比较规范的猪场还可另外规定在几个时期进行驱虫，如种猪进入产房前10d左右彻底驱虫1次，避免把寄生虫带入产房，保育阶段和育肥前期各驱虫1次，后备种猪转入种猪舍前驱虫1次，种公猪一年驱虫2～3次，此方法驱虫效果明显。猪场也可以考虑在上述驱虫方案的基础上，增加全场猪群同步驱虫和体内体外同步驱虫，即每次驱虫时全场饲养的猪只全部用驱虫药拌料连喂7d；同时，在用药驱虫的第3天开始体内体外同步驱虫，体外驱虫指针对寄生在猪体表和猪舍地面环境中的寄生虫以及在猪舍外部环境中的寄生虫进行驱杀。注意猪舍及场内的清洁卫生，中、小猪场可将猪粪进行堆积发酵，一般经过4～6周可杀灭大部分虫卵。

牛羊养殖场一般选择在每年11～12月进行一次驱虫，这期间牛羊体质好，抵抗力强，驱虫后感染机会少。翌年4～5月间再进行一次驱虫。

一般来说，鸡鸭鹅驱虫选择在秋季进行。因为当年的春雏此时正值育成开产日龄，容易受到寄生虫侵扰，另外，秋季也是禽类换羽期及产蛋低潮期，此时驱虫不会影响蛋禽生产。

二、驱虫药物的选择

1. 驱线虫药

（1）伊维菌素。高效、广谱的大环内酯类抗寄生虫药，对线虫、昆虫和螨均有驱杀作用。用于防治马、牛、羊、猪、犬、鸡消化道和呼吸道线虫，犬、猫钩口线虫，犬恶丝虫，牛、羊、猪、犬、猫、兔螨病等。此外，对蜱、虱、蝇类及蝇类蛆等也有好的驱杀效果。皮下注射，一次量，猪每千克体重0.3mg，牛、羊每千克体重0.2mg，用1次。

（2）阿维菌素。作用、应用、用法与用量基本同伊维菌素。

（3）左旋咪唑。又名左咪唑，广谱、高效、低毒的驱线虫药，主要用于牛、羊、猪、禽、犬、猫胃肠道线虫和肺线虫病的防治。此外，左旋咪唑还具有免疫调节功能。内服、皮下和肌内注射，一次量，牛、羊、猪每千克体重7.5mg，犬、猫每千克体重10mg，禽每千克体重25mg，可间隔7～10d再用1次。

（4）阿苯达唑。又名丙硫咪唑，商品名肠虫清，对线虫、绦虫和吸虫均有驱除作用。用于防治各种畜禽的线虫病，如各种畜禽的蛔虫病、鸡异刺线虫病、血矛线虫病、肺线虫病、肾虫病等；绦虫病，如猪囊尾蚴、猪细颈囊尾蚴病、鸡赖利绦虫病等；各种吸虫病，如牛羊肝片吸虫病、猪姜片吸虫病、血吸虫病等；也可用于防治猪旋毛虫病。内服，一次量，牛、羊每千克体重10～15mg，猪每千克体重5～10mg，犬每千克体重25～50mg，禽每千克体重10～20mg，用1次。

2. 驱绦虫药

（1）吡喹酮。广谱驱绦虫药、抗血吸虫药和驱吸虫药，对多数成虫、幼虫都有效。主要用于防治血吸虫病，也用于绦虫病和囊尾蚴病。内服，一次量，牛、羊、猪每千克体重 10～35mg，犬、猫每千克体重 2.5～5mg，禽每千克体重 10～20mg，用 1 次。

（2）氯硝柳胺。商品名灭绦灵，氯硝柳胺驱绦范围广，对马裸头绦虫、牛羊莫尼茨绦虫、鸡绦虫以及反刍动物前后盘吸虫等均有高效，对犬、猫绦虫也有明显驱杀作用。此外，氯硝柳胺还能杀死钉螺（血吸虫中间宿主）。内服，一次量，每千克体重牛 40～60mg，羊每千克体重 60～70mg，犬、猫每千克体重 80～100mg，禽每千克体重 50～60mg，用 1 次。

3. 驱吸虫药

（1）硝氯酚。又名拜耳 9015，是牛、羊肝片吸虫较理想的驱虫药，具有高效低毒、用量小的特点，对前后盘未成熟的虫体也有较强的杀灭作用。内服，一次量，黄牛每千克体重 3～7mg，水牛每千克体重 1～3mg，羊每千克体重 3～4mg，猪每千克体重 3～6mg，用 1 次。深层肌内注射，一次量，牛、羊每千克体重 0.5～1mg，用 1 次。

（2）硝硫氰胺。我国于 1975 年合成，故代号 7505，本品对各型血吸虫都有强烈的杀虫作用。内服，一次量，牛每千克体重 60mg。

（3）硝硫氰醚。新型广谱驱虫药，主要用于治疗血吸虫病、肝片吸虫病、弓首蛔虫病、猪姜片吸虫病、各种带绦虫病等。内服，一次量，牛每千克体重 30～40mg，猪每千克体重 15～20mg，犬、猫每千克体重 50mg，禽每千克体重 50～70mg，用 1 次。牛瓣胃注射，一次量，每千克体重 15～20mg。

4. 抗球虫药

（1）马杜拉霉素。商品名加福、抗球王等，抗球虫谱广，对柔嫩艾美耳球虫、毒害艾美耳球虫效果均好。主要用于预防鸡球虫病。混饲，每千克饲料，鸡 5mg，休药期 5～7d。

（2）莫能霉素。又名牧宁霉素、瘤胃素，抗球虫谱广，对柔嫩艾美耳球虫、毒害艾美耳球虫等常见鸡球虫效果均好。主要用于预防鸡球虫病。混饲，每千克饲料 90～110mg，休药期 3d。

（3）盐霉素。能杀灭多种鸡球虫，但对巨型艾美耳球虫和布氏艾美耳球虫作用弱。主要用于预防禽球虫病。混饲，每千克饲料，禽 5mg，休药期 5d。

（4）拉沙菌素。又名拉沙洛西，能杀灭柔嫩艾美耳球虫等多种鸡球虫，但对毒害艾美耳球虫和堆型艾美耳球虫作用弱。主要用于预防禽球虫病。混饲，每千克饲料，禽 75～125mg。

（5）海南霉素。对鸡球虫疗效好，对革兰氏阳性菌也有较好效果，并能提高饲料利用率。混饲，每千克饲料，禽 5～10mg。

（6）二硝托胺。商品名球痢灵，对多种球虫有抑制作用。主要用于预防和治疗畜禽球虫病。混饲，每千克饲料，预防用 125mg，治疗用 250mg。

（7）氨丙啉。对各种鸡球虫有效，对柔嫩艾美耳球虫和堆型艾美耳球虫效果最好。主要用于治疗鸡球虫病。混饲，每千克饲料，治疗用 250mg，连用 3～5d。

（8）氯羟吡啶。此药物对各种鸡球虫有效，对柔嫩艾美耳球虫效果最好。主要用于预防禽球虫病。混饲，每千克饲料，预防用 125mg。

（9）地克珠利。均三嗪类广谱抗球虫药，高效、低毒。对各种禽球虫有效，临床上用于预防和治疗畜禽各种球虫病。混饲，每千克饲料，禽 1mg；混饮，每升水，禽 0.5～1mg。

（10）托曲珠利。均三嗪类广谱抗球虫药，高效、低毒。对各种禽球虫有效。临床上用于预防和治疗禽各种球虫病。混饲，每千克饲料，禽50mg；混饮，每升水，禽25mg，连用3～5d。

（11）磺胺喹噁啉（SQ）。对各种禽球虫有效。与氨丙啉或甲氧苄啶（TMP）有协同作用，临床上主要用于治疗禽各种球虫病。SQ＋TMP：混饮，每升水，治疗按300～500mg，连用3d，休药期10d。

（12）磺胺氯吡嗪。对各种球虫有效。临床上主要用于治疗鸡、兔球虫病。混饮，每升水，治疗鸡球虫按300～500mg，连用3d；内服，治疗兔球虫每千克体重5mg，1次/d，连用10d。

（13）常山酮。又名卤夫酮，广谱抗球虫药，对各种球虫有效。作用于第1代和第2代裂殖体，与其他抗球虫药无交叉耐药性。临床上主要用于预防和治疗鸡、兔球虫病。混饲，每千克饲料，预防3mg，治疗6mg。

5. 抗梨形虫药（抗焦虫药）

（1）三氮脒。又名贝尼尔、血虫净，对锥虫、梨形虫、附红细胞体均有效。临床上主要用于治疗家畜巴贝斯虫病、泰勒虫病、伊氏锥虫病、附红细胞体病等。肌内注射，一次量，马每千克体重3～4mg，牛、羊、猪每千克体重3～5mg，犬每千克体重3.5mg，1次/d，连用3d。

（2）双脒苯脲。新型防治梨形虫的药物，对家畜巴贝斯虫病和泰勒虫病均有预防和治疗作用。毒性较小，但部分动物会出现拟抗胆碱酯酶作用的不良反应，小剂量阿托品可缓解。肌内注射，一次量，马每千克体重2.2～5mg，牛、羊每千克体重1～2mg，犬每千克体重6mg，14d后再用1次。

6. 抗锥虫药

（1）萘磺苯酰脲。又名那加诺、苏拉明，对马、牛、骆驼的伊氏锥虫有效。静脉、皮下、肌内注射，一次量，马每千克体重10～15mg，牛每千克体重15～20mg，骆驼每千克体重8.5～17mg，7d后再用1次。

（2）安锥赛。又名喹嘧胺，抗锥虫谱广，对伊氏锥虫和马媾疫锥虫最有效。主要用于治疗马媾疫，马、牛、骆驼的伊氏锥虫病。皮下、肌内注射，一次量，马、牛、骆驼每千克体重4～5mg。

7. 杀体外寄生虫药

（1）二嗪农。新型有机磷杀虫、杀螨剂，有触毒、胃毒，无内吸毒作用。外用效果佳，可杀虱、螨、蜱。羊药浴，配成0.025%的溶液；牛药浴，配成0.0625%的溶液；牛、羊喷淋，配成0.06%的溶液；猪喷淋，配成0.025%的溶液。

（2）倍硫磷。是一种速效、高效、低毒、广谱的杀虫药。是防治牛皮蝇蛆的首选药物。可配成0.25%溶液喷淋。

（3）溴氰菊酯。商品名敌杀死，本品对虫体有触毒、胃毒，无内吸毒作用。外用可杀虱、螨、蚊蝇；药浴，配成0.0015%的溶液；喷淋，配成0.003%的溶液。

（4）双甲脒。为合成广谱杀虫药，具有毒性小、高效、作用慢、妊娠及泌乳动物可用等特点（水生动物禁用）。对蜱、螨、虱、蝇都有杀灭作用。配成0.025%～0.05%的溶液，进行药浴、喷淋或涂擦。

三、驱虫的方法

1. 驱虫前检查　检查并记录动物的感染情况，包括临诊症状，检测体内寄生虫（卵）数。根据动物种类和寄生虫种类不同，选择并确定驱虫药的种类及用量。

2. 药物配制　多数驱虫药不溶于水，一般需配成混悬液，或加入淀粉、面粉或细玉米面调成糊状后给药。

3. 给药方法　家禽多为群体给药（饮水或喂饲），如用喂饲法给药时，先按群体体重计算好总药量，将总量驱虫药混于少量半湿料中，然后均匀地与日粮混合，拌于饲槽中饲喂。

四、驱虫效果检查

动物驱虫效果既可以通过对比驱虫前后的发病率与死亡率、营养状况、临诊表现、生产能力等进行效果评定，也可通过计算虫卵减少率与转阴率、驱虫率等评定驱虫效果。

1. 虫卵减少率　为动物服药后粪便内某种虫卵数与服药前的虫卵数相比所下降的百分率。其公式为：

$$虫卵减少率=\frac{投药前1g粪便内含某种蠕虫虫卵数-投药后1g粪便内含有的该虫蠕虫卵数}{投药前1g粪便内含某种蠕虫虫卵数}\times100\%$$

2. 虫卵转阴率　为投药后动物的某种蠕虫感染率较之投药前感染率下降的百分率。公式为：

$$虫卵转阴率=\frac{投药前某种蠕虫感染率-投药后该蠕虫感染率}{投药前某种蠕虫感染率}\times100\%$$

为了比较准确地评定驱虫效果，驱虫前后粪便检查所用器具、粪样数量以及操作方法要完全一致，同时驱虫后粪便检查时间不宜过早（一般为10～15d），以避免出现人为的误差。通常应在驱虫前后各检3次。

3. 粗计驱虫率（驱净率）　是投药后驱净某种蠕虫的动物头数与驱虫前感染头数相比的百分率。公式为：

$$粗计驱虫率=\frac{投药前动物感染头数-投药后动物感染头数}{投药前动物感染头数}\times100\%$$

4. 精计驱虫率（驱虫率）　是试验动物投药后驱除某种蠕虫平均数与对照动物体内平均虫数相比的百分率。公式为：

$$精计驱虫率=\frac{对照动物体内平均虫数-试验动物体内平均虫数}{对照动物体内平均虫数}\times100\%$$

为准确评定药效，在投药前应进行粪便检查，根据粪便检查结果（感染强度大小）搭配分组，使对照组与试验组的感染强度相接近。

◆ 任务案例

（一）以0.05%辛硫磷溶液给羊药浴

1. 任务说明　药浴是防治羊体外寄生虫的一种简单而实用的方法。为保证羊健康生长发育，保持较高的生产性能，定期对羊进行药浴，驱杀体外寄生虫十分必要。本任务旨在通过羊的药浴，使学生学会用药液杀灭动物体外寄生虫的操作技术。

2. 设备材料 本任务宜选择在规模化绵羊场或山羊场进行。工作场地应设有专用药浴池，适宜药浴的羊只，所需材料包括50%辛硫磷乳油、药浴器械、工作人员口罩及橡胶手套等。

3. 工作过程 选在晴朗无风的上午进行，药浴前羊群饮足水，不饲喂及放牧。按照浴液为0.05%辛硫磷溶液的要求，根据药浴池的适宜水量，计算并量取所需辛硫磷原液。将药液加热到40℃左右，倒进药浴池中，按照先健康羊后病羊、病羊由轻到重的顺序，将羊赶到药浴池中浸泡2~3min，注意用木棍将羊头压入药液中浸泡数次。由于不能杀死螨虫的卵，应该在7~8d后重复药浴1次。

（二）以精制敌百虫对猪群驱虫

1. 任务说明 做好猪群驱虫是提高猪群生长速度和饲料报酬的重要措施。在实际生产中应采用正确的驱虫方法，才能获得较好的驱虫效果。本任务旨在通过以精制敌百虫对猪群进行驱虫操作，使学生学会用抗寄生虫药驱除动物体内寄生虫的操作技术。

2. 设备材料 本任务选在校内外猪场完成。所需材料包括精制敌百虫、研钵、消毒及运输器材等。

3. 工作过程 学生在猪场技术人员的帮助下，熟悉待驱虫猪群数量、体重。内服量按每千克体重给药0.08~0.1g，将精制敌百虫研碎备用。单独饲养的猪，投药前先停食1顿，到晚上7~8点钟时，将药物与少量适口性好的饲料一起拌匀，放入食槽中1次让猪吃完，然后再喂常用饲料。或者将药物溶解在少量的水中经口灌服。对于群养猪，计算好总的用药量，将药均匀地拌入所需的饲料中。多准备一些饲槽，投喂饲料量要多于饲料常量，以猪吃食后略有剩余为好，这样可避免强者多食而发生中毒现象。对猪驱虫后1个星期内排出的粪便，应每天清扫后集中单独堆放，进行发酵杀灭虫卵。圈舍场地及食槽、用具要彻底消毒。

◆ 职业测试

1. 判断题

（1）制定驱虫方案时首先要根据当地寄生虫的流行特点和感染途径选择有效驱虫时间。　（　）

（2）驱虫前要先做小群驱虫试验，肯定药效和安全性后再进行驱虫。　（　）

（3）驱虫前应根据动物种类和寄生虫种类不同，选择并确定驱虫药的种类及用量。　（　）

（4）多数驱虫药不溶于水，一般需配成混悬液，或加入淀粉、面粉或细玉米面调成糊状后给药。　（　）

（5）为了比较准确地评定驱虫效果，驱虫前后粪便检查所用器具、粪样数量以及操作方法要完全一致。　（　）

（6）动物驱虫效果可以通过对比驱虫前后的发病率与死亡率、营养状况、临诊表现、生产能力等进行效果评定。　（　）

（7）拉沙菌素能杀灭柔嫩艾美耳球虫等多种鸡球虫。　（　）

（8）倍硫磷是防治牛皮蝇蛆的首选药物。可配成0.25%溶液喷淋。　（　）

（9）双甲脒为合成广谱杀虫药，可用于妊娠及泌乳动物蜱、螨、虱、蝇的杀灭。（　）

（10）养殖场使用驱虫药物要定期更换，以防寄生虫产生耐药性。　（　）

(11) 伊维菌素对线虫、昆虫和螨均有驱杀作用。（　　）

(12) 虫卵减少率为动物服药后粪便内某种虫卵数与服药前的虫卵数相比所下降的百分率。（　　）

(13) 虫卵转阴率为投药后动物的某种蠕虫感染率较之投药前感染率下降的百分率。（　　）

(14) 氨丙啉对各种鸡球虫有效，对柔嫩艾美耳球虫和堆型艾美耳球虫效果最好。（　　）

(15) 为准确评定药效，在投药前应进行粪便检查，根据粪便检查结果（感染强度大小）搭配分组，使对照组与试验组的感染强度相接近。（　　）

2. 应用分析题

(1) 畜禽饲养场常用的驱虫药物有哪些？

(2) 畜禽养殖场制订动物驱虫计划时要考虑哪些因素？

(3) 哪些抗寄生虫药可以用来预防猪蛔虫病？

(4) 牛羊绦虫病的驱虫可以选择哪些药物？

(5) 如何判定驱虫效果？

3. 技能操作题

(1) 某奶牛场一头 800kg 奶牛检查患有肺线虫病，现需用驱虫净驱虫，请写出实施方案并现场操作。

(2) 现需以精致敌百虫给某猪场 300 头 60 日龄仔猪驱蛔虫，请写出驱虫实施方案并现场操作。

(3) 某肉鸡场 2 000 只肉鸡需要采用阿苯达唑驱绦虫，请写出驱虫实施方案并现场操作。

动物疫病控制

学校学时	12 学时	企业学时	12 学时
学习情境描述	按照高级动物疫病防治员的动物疫病防控能力培养目标分析，将动物疫病控制项目分为动物疫病监测管理、动物疫情报告、动物疫情调查与分析、病理剖检与病料采集与运送、实验室检测、动物疫病净化及无规定动物疫病区建设等 7 个典型工作任务，此 7 个工作任务均在畜牧养殖企业或校内生产性实训基地实施，采取工学交替方式进行学习与训练		
学校学习目标		企业学习目标	
熟悉动物疫病监测管理程序；掌握疫情报告、动物疫情调查与分析、病理剖检及病料采集、记录、包装与运送、实验室检测、动物疫病净化技术；了解无规定动物疫病区建设规定等		会撰写动物疫情报告；会制订不同动物疫情流行病学调查方案；会开展动物流行病学调查与分析；会对不同动物进行病理剖检与病料采集及运送；会对不同的动物疫病进行实验室检测；会对种猪场、种鸡场、奶牛场开展疫病净化；熟悉养殖场动物疫病控制的工作过程	

任务 5-1 动物疫病监测管理

◆ 任务描述

动物疫病监测和疫情预警是动物疫病防控的基础性工作，是控制和根除动物疫病的主要技术手段，构建有效的动物疫病监测与预警机制是我国动物疫病防控中长期战略规划研究的重要组成部分。经过多年努力我国动物疫病监测与预警工作进一步加强，各项监测工作规范、有序、科学的开展，为动物疫病监测和疫情形势的分析评估奠定了坚实基础。

◆ 能力目标

在学校教师和企业技师共同指导下，完成本学习任务后，希望学生获得：

（1）根据监测计划正确开展动物疫病监测的能力。

（2）科学制订动物疫情监测规划或计划的能力。

（3）合理分析监测结果，科学评估动物生活环境卫生状况的能力。

（4）合理利用监测结果指导养殖场调整免疫程序或应用药物预防的能力。

（5）根据国家规定及当地疫情合理确定监测对象的能力。

（6）正确收集、上报疫病资料信息的能力。

◆ 学习内容

动物疫病监测是指连续、系统和完整地收集动物疫病的有关资料，经过分析、解释后及时反馈和利用信息并制订有效防治对策的过程。制订疫情监测规划和计划，科学、全面、准确地开展动物疫情监测预报，是做好防疫工作的重要内容。开展疫病监测，可以帮助兽医部门掌握动物群体特性及影响疫病流行的社会因素，为国家调整兽医防疫策略和计划、制定动物疫病消灭方案奠定疫情信息基础。通过疫病监测，还可以帮助养殖企业掌握动物疫病分布特征和发展趋势，正确评估动物生活环境的卫生状况，为适时使用疫（菌）苗及药物预防等有效措施提供科学依据，也可对免疫、消毒效果进行正确评价，及时调整免疫程序或应用药物进行预防。同时，疫病监测也是保证动物产品质量的重要措施之一。

一、动物疫病监测管理

国家实行动物疫病监测和疫情预警制度。县级以上人民政府建立健全动物疫病监测网络，加强动物疫病监测。国务院农业农村主管部门和省级人民政府农业农村主管部门根据对动物疫病发生、流行趋势的预测，及时发出动物疫情预警。地方各级人民政府接到动物疫情预警后，应当及时采取预防、控制措施。

陆路边境省级人民政府根据动物疫病防控需要，合理设置动物疫病监测站点，健全监测工作机制，防范境外动物疫病传入。科技、海关等部门按照动物防疫法和有关法律法规的规定做好动物疫病监测预警工作，并定期与农业农村主管部门互通情况，紧急情况及时通报。

县级以上人民政府应当完善野生动物疫源疫病监测体系和工作机制，根据需要合理布局监测站点；野生动物保护、农业农村主管部门按照职责分工做好野生动物疫源疫病监测等工作，并定期互通情况，紧急情况及时通报。

二、动物疫病监测体系

建立健全国家动物疫病监测体系是动物疫病控制工作的一项重要内容，可为国家制定动物疫病控制规划和疫情预警提供科学依据，同时对动物保健咨询以及保证输出动物及其产品的无害状态都具有非常重要的意义。

标准的疫病监测系统通常由疫病监测中心、诊断实验室和分布各地的监测点等组成。目前，国家已建成了动物疫病监测体系，包括：中央、省、市、县四级动物疫病预防控制机构、450个动物疫情测报站、146个边境动物疫情监测站及国家动物卫生与流行病学中心和相关国家动物疫病诊断实验室在内的技术支撑单位。

疫情测报网络体系是实施动物疫情监测的硬件基础，包括疫病监测工作体系和信息报送体系。现已建立形成了乡（镇）—县（区）—市（地）—省（自治区、直辖市）—国家五级动物疫情逐级电子网络报告系统和动物疫情测报站、边境动物疫情监测站与国家中心之间的监测信息电子网络直报系统。

三、动物疫病监测的对象和主要内容

（一）疫病监测的对象

疫病监测的对象虽然在不同国家或地区、种用和非种用动物以及边境与国内具有一定的差异，但主要包括重要的动物传染病和寄生虫病，尤其是危害严重的烈性传染病和人畜共患性疫病。我国则将各种法定报告的动物传染病和外来动物疫病作为重点监测对象。

根据国家规定和当地及周边地区疫病流行状况，日常养殖生产中可选择以下动物疫病进行常规监测：

牛：口蹄疫、炭疽、蓝舌病、结核病、布鲁氏菌病。

猪：口蹄疫、猪水疱病、猪瘟、猪繁殖与呼吸障碍综合征、乙型脑炎、猪丹毒、猪囊尾蚴病、猪旋毛虫病、猪链球菌病、伪狂犬病、布鲁氏菌病、结核病。

羊：口蹄疫、炭疽、小反刍兽疫、蓝舌病、羊痘、结核病、布鲁氏菌病。

马：马传染性贫血、马鼻疽。

兔：兔流行性出血热、兔黏液瘤病、野兔热、兔球虫病。

鸡：高致病性禽流感、鸡新城疫、鸡马立克氏病、禽白血病、禽结核、鸡白痢、鸡伤寒。

鸭：高致病性禽流感、鸭瘟、鸭病毒性肝炎、禽衣原体病、禽结核。

鹅：高致病性禽流感、鹅副黏病毒病、小鹅瘟、禽霍乱、鹅白痢与伤寒。

（二）疫病监测的内容

疫病监测的内容主要包括：动物的群体特性以及疫病发生和流行的社会影响因素；动物疫病的发病、死亡及其分布特征；动物群的免疫水平；病原体的型别、毒力和耐药性等；野生动物、传播媒介及其种类、分布；动物群的病原体携带状况；疫病的防治措施及其效果等；疫病的流行规律。

对某种具体传染病进行监测时，应综合考虑其特点、预防措施的需要和人力、物力、财力等方面的实际条件，适当选择上述内容进行监测。

四、动物疫病监测的程序、方法和方式

（一）监测程序

动物疫病的监测程序包括资料收集、整理和分析，疫情信息的表达、解释和发送等。

1. 资料收集　疫病监测资料收集时应注意完整性、连续性和系统性。资料来源的渠道应广泛。收集的资料通常包括疫病流行或暴发及发病和死亡等资料；血清学、病原学检测或分离鉴定等实验室检验资料；现场调查或其他流行病学方法调查的资料；药物和疫苗使用资料；动物群体及其环境方面的资料等。上述资料可通过基层监测点按常规疫情进行上报，或按照周密的设计方案要求基层单位严格按规定方法调查并收集样品和资料信息。

2. 资料的整理和分析　　资料的整理和分析是指将原始资料加工成有价值信息的过程。收集资料通常包括以下步骤：①将收集的原始资料认真核对、整理，同时了解其来源和收集方法，选择符合质量要求的资料录入疫病信息管理系统供分析用；②利用统计学方法将各种数据转换为有关的指标；③解释不同指标说明的问题。

3. 资料的表达、解释和发送　　将资料转化为不同指标后，要经统计学方法检验，并考虑影响监测结果的因素，最后对所获得的信息作出准确合理的解释。

运转正常的动物疫病监测系统能够将整理和分析的疫病监测资料以及对监测问题的解释和评价，迅速发送给有关的机构或个人。这些机构或个人主要包括：提供基本资料的机构或个人、需要知道有关信息或参与疾病防治行动的机构或个人以及一定范围内的公众。监测信息的发送应采取定期发送和紧急情况下及时发送相结合的方式进行。

（二）监测方法

监测方法包括流行病学调查、临床诊断、病理学检查、免疫学或病原学检测等，已有国家技术规范的按照规范要求进行，没有技术规范的由农业农村部统一确定。

（三）监测方式

监测方式通常包括被动疫病监测和主动疫病监测两种。

1. 被动疫病监测　　被动疫病监测是疫病相关资料收集的常规方法，主要通过需要帮助的养殖业主、现场兽医、诊断实验室和疫病监测员以及屠宰场、动物交易市场等以常规疫病报告的形式获得资料。被动监测必须有主动疫病监测系统作为补充，尤其应对紧急疫病时更应强调主动监测。疫病报告的内容包括：疑似疫病的种类；疫病暴发的确切地点，发生疫病的养殖场户的名称和地址；发病动物的种类；病死动物的估计数量；发病动物临床症状和剖检变化的简要描述；疫病初次暴发被发现的地点和蔓延情况；当地易感动物近期的来源和运输去处；其他任何关键的流行病学信息如野生动物疫病和昆虫的异常活动；初步采取的疫病控制措施等。

2. 主动疫病监测　　主动疫病监测是指根据特殊需要严格按照预先设计的监测方案，要求监测员有目的地对动物群进行疫病资料的全面收集和上报过程。主动监测的步骤通常是按照流行病学监测中心的要求，监测员在其辖区内随机选择采样地点、动物群和动物进行采样，同时按规定的方法填写采样表格。

无论是通过主动监测还是被动监测，所获得的疫病监测资料均应汇集到动物疫病监测中心以便进行有序的管理、储存和分析，然后将分析的结果反馈给资料呈递的有关人员，如养殖业主、诊疗兽医、屠宰官方兽医、市场检验员或地区疫病监测员，必要时还需要在较大范围内通报。

五、动物疫病监测的计划与实施

（一）动物疫病监测计划的制订

疫病监测计划应当严格按照有关流行病学调查统计要求编制和设计，计划的科学性、数据的可靠性至关重要。每个病种的国家动物疫病监测计划内容一般包括监测目的、监测范围、监测对象、监测时间、监测方式、监测内容和数量、检测方法、判定标准等，对于种畜禽场来说，还应明确监测疫病病种的检测项目、样品类型、样品数量和要求等。

（二）动物疫病监测的实施

我国将动物疫病监测的职责赋予了动物疫病预防控制机构。动物疫病预防控制机构应当按照国务院农业农村主管部门的规定和动物疫病监测计划，认真监测动物疫病的发生、流行等情况。动物疫病监测工作是一项强制性技术活动，是服务于国家和公众利益的政府行为，与其他技术性监督行为相同，动物疫病预防控制机构开展疫病监测时，从事动物饲养、屠宰、经营、隔离、运输以及动物产品生产、经营、加工、贮藏等活动的单位和个人不得拒绝或者阻碍。

六、动物疫情的预测预报

动物疫情预测是根据疫病发生发展的规律及其影响因素，用分析判断和数学模型等方法对流行的可能性和强度作出预测。疫情预测的原理和方法，通常包括以下几个方面：疫病或传染源的分布和消长情况；动物群易感性的变化；传播媒介的消长规律；病原体的分析结果；某些影响流行的因素；以往疫情的资料。

国家动物疫情测报中心、各省级动物疫情测报中心、各动物疫情测报站和边境动物疫情监测站，对疫情进行监测和流行病学调查，作出疫情预测预报，及时发现突发疫情及隐患。重点地区的监测包括边境地区、发生过疫情的地区、养殖密集区、传播媒介活动密集区等。每次组织监测结束，在一定时间内提出汇总、分析和评估动物疫情报告，预测疫情流行态势，并根据疫情分析结果，完善相应防控对策和措施。同时，及时向社会发布疫情预警信息。

◆ 任务案例

××省口蹄疫监测计划

（一）监测目的

评估畜群免疫效果，掌握群体免疫状况；了解口蹄疫发病和分布状况，跟踪监测病毒变异特点和趋势，查找传播风险因素。

（二）监测对象

猪、牛、羊等偶蹄动物。

（三）监测范围

饲养猪、牛、羊等偶蹄动物的种畜场、规模饲养场、屠宰场、活畜交易市场、散养户（以一个自然村为一个监测采样的流行病学单元）。

（四）监测时间

每半年进行一次集中监测，上半年集中监测在 6 月底前完成，下半年集中监测在 11 月底前完成。

日常监测由各地根据实际情况安排，每半年进行一次免疫抗体监测。对病死或不明原因死亡家畜和野生动物，随时采样，及时检测。

（五）监测数量

1. 集中监测 分别于 5 月底前和 10 月底前完成样品采集，病原学检测样品送省动物疫病预防与控制中心，血清学检测样品由各市动物疫病预防与控制中心检测。

2. 日常监测 每年监测不少于 2 次，家畜养殖重点市每个市每次应随机选取至少 20 个养殖场（点），其他市每次应随机选取至少 10 个养殖场（点）开展监测。

（六）检测方法

1. 病原检测 食道—咽部分泌物（O—P 液）和颌下淋巴结用逆转录聚合酶链式反应（RT-PCR）或荧光 RT-PCR 方法检测口蹄疫抗原。

牛、羊、猪口蹄疫感染情况采用非结构蛋白抗体 ELISA 方法检测，检测结果为阳性的，牛、羊采集食道—咽部分泌物（O—P 液）用 RT-PCR 或荧光 RT-PCR 方法检测，如果检测结果为阴性，应间隔 15d 再采样检测一次，RT-PCR 检测阳性的判为阳性。猪颌下淋巴结 RT-PCR 方法检测阳性的判为阳性。在免疫状况下，对养殖环节采集的生猪样品，可根据非结构蛋白（NSP）抗体阳性率变化判断是否染病毒。首次监测 NSP 抗体检测阳性的，2～4 周后对猪进行二次采样检测，NSP 抗体阳性率等于或低于首次检测结果的，可排除感染。

2. 免疫抗体检测 猪免疫 28d 后，牛羊免疫 21d 后，采集血清样品进行免疫效果监测。

（1）O 型口蹄疫。采用正向间接血凝或液相阻断 ELISA 检测，合成肽疫苗采用 VP1 结构蛋白 ELISA 进行检测。

（2）亚洲 I 型和 A 型口蹄疫。采用液相阻断 ELISA 检测。

（七）判定标准

1. 免疫合格抗体 正向间接血凝试验，抗体效价 $\geqslant 2^5$；液相阻断 ELISA，抗体效价 $\geqslant 2^6$；VP1 结构蛋白抗体 ELISA，抗体效价 $\geqslant 2^5$。

2. 免疫合格群体 免疫合格个体数量占群体总数的 70%（含）以上。

3. 可疑阳性个体 免疫家畜非结构蛋白抗体 ELISA 检测阳性的；未免疫家畜的血清抗体检测阳性的。

4. 可疑阳性群体 群体内至少检出 1 个可疑阳性个体。

5. 监测阳性个体 牛、羊采集食道—咽部分泌物（O—P 液），猪采集颌下淋巴结用 RT-PCR 方法检测，结果为阳性的。

6. 确诊阳性个体 监测阳性个体经过国家参考实验室确诊，结果为阳性的。

7. 阳性群体 群体内至少检出 1 个确诊阳性个体的。

8. 临床病例 按照《口蹄疫防治技术规范》确定。

◆ 职业测试

1. 判断题

（1）疫病监测是掌握动物疫病分布特征和发展趋势以及评价疫病控制措施效果的重要方法。 （　　）

（2）开展动物疫病监测时，动物养殖、屠宰、经营等企业应当给予配合。 （　　）

（3）疫病监测资料收集时应注意完整性、连续性和系统性。 （　　）

（4）疫病监测的内容不包括动物群的免疫水平。 （　　）

（5）对疫病监测问题的解释和评价应当及时发送给提供资料的机构和个人。 （　　）

（6）疫病监测也是保证动物产品质量的重要措施之一。 （　　）

（7）养殖企业可以根据疫病监测的结果及时调整对动物的免疫及药物预防措施。 （　　）

（8）我国将各种法定报告的动物传染病和外来动物疫病作为重点监测对象。 （　　）

（9）影响疫病发生和流行的社会因素也是疫病监测的主要内容。 （　　）

（10）鸡新城疫免疫抗体检测呈阳性的被监测禽场应采取净化措施。　　　　（　　）

2. 实践操作题

（1）请你通过此任务的学习，结合每年农业农村部发布的国家动物疫病监测计划，为某县拟定该县猪瘟、口蹄疫、高致病性猪蓝耳病三种疫病监测的实施方案。

（2）运用你学过的知识，对教师提供的某猪场猪瘟的监测资料进行分析并给予准确合理的解释。

任务5-2　动物疫情报告

◆ 任务描述

动物疫情报告任务根据高级动物疫病防治员动物疫病防控能力培养目标和对动物防疫岗位典型工作任务的分析安排。通过对所属区域养殖场动物疫情现状的实地观察和调查，模拟为该区域发生动物疫情后撰写一份疫情报告，及时准确上报至上级部门，让上级部门更好地查明病因和预测疫情暴发或流行趋势，为控制动物疫病的进一步扩散提供一定的实践依据，并为畜禽安全、健康、生态饲养提供可靠的防控保障支持。

◆ 能力目标

在学校教师和企业技师共同指导下，完成本学习任务后，希望学生获得：

（1）按照动物防疫控制工作规范独立完成动物疫情报告工作任务的能力。

（2）查找不同动物疫情报告相关资料并获取信息的能力。

（3）在教师、技师或同学帮助下，主动参与评价自己及他人任务完成程度的能力。

（4）不断积累经验，并能从某一养殖场动物疫情报告撰写个案中寻找共性。

（5）完成疫情报告所需的语言及文字表达能力和实地观察及调查能力。

（6）主动参与小组活动，积极与他人沟通和交流，团队协作的能力。

（7）从事撰写动物疫情报告并及时上报工作岗位的能力。

◆ 学习内容

动物疫情指动物疫病发生、流行的情况。动物疫情涉及家畜家禽以及人工饲养、合法捕获的其他动物的饲养、屠宰、经营、隔离、运输等活动。重大动物疫情是指一、二、三类动物疫病突然发生，迅速传播，给养殖业生产安全造成严重威胁、危害，以及可能对公众身体健康与生命安全造成危害的情形。新发动物疫病指由已知病原体演变或变异而引起的动物疫病，或者由未知病原体引发的动物疫病，或者国家已经宣布消灭的动物疫病。外来动物疫病指境外存在但境内尚未发现的动物疫病。为规范动物疫情报告、通报和公布工作，加强动物疫情管理，提升动物疫病防控工作水平，我国《中华人民共和国动物防疫法》《重大动物疫情应急条例》等法律法规对动物疫情报告、通报和公布工作做了明确规定。

一、疫情报告责任人

《中华人民共和国动物防疫法》第三十一条规定："从事动物疫情监测、检测、检验检疫、研究、诊疗以及动物饲养、屠宰、经营、隔离、运输等活动的单位和个人，发现动物染疫或者疑似染疫的，应当立即向所在地农业农村主管部门或者动物疫病预防控制机构报告，并迅速采取隔离等控制措施，防止动物疫情扩散。其他单位和个人发现动物染疫或者疑似染疫的，应当及时报告。接到动物疫情报告的单位，应当及时采取临时隔离控制等必要措施，防止延误防控时机，并及时按照国家规定的程序上报。"因此，动物疫情报告责任人，主要指以下的单位和个人：

1. 从事动物疫情监测、检测的单位和个人　指从事动物疫情监测、检测的各级动物疫病预防控制机构及其工作人员，接受兽医主管部门及动物疫病预防控制机构委托从事动物疫情监测、检测的单位及其工作人员，对特定出口动物单位进行动物疫情监测、检测的进出境动物检疫部门及其工作人员。

2. 从事检验检疫的单位和个人　指动物卫生监督机构及其官方兽医等人员，也包括从事进出境动物检疫的单位及其工作人员。

3. 从事动物疫病研究的单位和个人　指从事动物疫病研究的科研单位和院校及其相关人员等。

4. 从事动物诊疗的单位和个人　主要是指动物诊所、动物医院以及执业兽医等。

5. 从事动物饲养的单位和个人　包括养殖场、养殖小区、农村散养户以及饲养实验动物等各种动物的饲养单位和个人。

6. 从事动物屠宰的单位和个人　指各种动物的屠宰场（厂）及其工作人员。

7. 从事动物经营的单位和个人　指在集市等场所从事动物经营的单位和个人。

8. 从事动物隔离的单位和个人　指开办出入境动物隔离场的经营人员。有的地方建有专门的外引动物隔离场，提供场地、设施、饲养等服务，例如奶牛隔离场。

9. 从事动物运输的单位和个人　包括公路、水路、铁路、航空等从事动物运输的单位和个人。

10. 责任报告人以外的其他单位和个人　发现动物染疫或者疑似染疫的，也有报告动物疫情的义务，但该义务与责任报告人的义务不同，性质上属于举报，他们不承担不报告动物疫情的法律责任。

二、职责分工

农业农村部主管全国动物疫情报告、通报和公布工作。县级以上地方人民政府兽医主管部门主管本行政区域内的动物疫情报告和通报工作。中国动物疫病预防控制中心及县级以上地方人民政府建立的动物疫病预防控制机构，承担动物疫情信息的收集、分析预警和报告工作。中国动物卫生与流行病学中心负责收集境外动物疫情信息，开展动物疫病预警分析工作。国家兽医参考实验室和专业实验室承担相关动物疫病确诊、分析和报告等工作。

三、疫情报告

动物疫情报告实行快报、月报和年报。

（一）快报

有下列情形之一，应当进行快报：

（1）发生口蹄疫、高致病性禽流感、小反刍兽疫等重大动物疫情。

（2）发生新发动物疫病或新传入动物疫病。

（3）无规定动物疫病区、无规定动物疫病小区发生规定动物疫病。

（4）二、三类动物疫病呈暴发流行。

（5）动物疫病的寄主范围、致病性以及病原学特征等发生重大变化。

（6）动物发生不明原因急性发病、大量死亡。

（7）农业农村部规定需要快报的其他情形。

符合快报规定情形，县级动物疫病预防控制机构应当在 2h 内将情况逐级报至省级动物疫病预防控制机构，并同时报所在地人民政府兽医主管部门。省级动物疫病预防控制机构应当在接到报告后 1h 内，报本级人民政府兽医主管部门确认后报至中国动物疫病预防控制中心。中国动物疫病预防控制中心应当在接到报告后 1h 内报至农业农村部畜牧兽医局。

快报应当包括基础信息、疫情概况、疫点情况、疫区及受威胁区情况、流行病学信息、控制措施、诊断方法及结果、疫点位置及经纬度、疫情处置进展以及其他需要说明的信息等内容。

进行快报后，县级动物疫病预防控制机构应当每周进行后续报告；疫情被排除或解除封锁、撤销疫区，应当进行最终报告。后续报告和最终报告按快报程序上报。

（二）月报和年报

县级以上地方动物疫病预防控制机构应当每月对本行政区域内动物疫情进行汇总，经同级人民政府兽医主管部门审核后，在次月 5 日前通过动物疫情信息管理系统将上月汇总的动物疫情逐级上报至中国动物疫病预防控制中心。中国动物疫病预防控制中心应当在每月 15 日前将上月汇总分析结果报农业农村部畜牧兽医局。中国动物疫病预防控制中心应当于 2 月 15 日前将上年度汇总分析结果报农业农村部畜牧兽医局。

月报、年报包括动物种类、疫病名称、疫情县数、疫点数、疫区内易感动物存栏数、发病数、病死数、扑杀与无害化处理数、急宰数、紧急免疫数、治疗数等内容。

四、疫病确诊与疫情认定

疑似发生口蹄疫、高致病性禽流感和小反刍兽疫等重大动物疫情的，由县级动物疫病预防控制机构负责采集或接收病料及其相关样品，并按要求将病料样品送至省级动物疫病预防控制机构。省级动物疫病预防控制机构应当按有关防治技术规范进行诊断，无法确诊的，应当将病料样品送相关国家兽医参考实验室进行确诊；能够确诊的，应当将病料样品送相关国家兽医参考实验室做进一步病原分析和研究。

疑似发生新发动物疫病或新传入动物疫病，动物发生不明原因急性发病、大量死亡，省级动物疫病预防控制机构无法确诊的，送中国动物疫病预防控制中心进行确诊，或者由中国动物疫病预防控制中心组织相关兽医实验室进行确诊。

动物疫情由县级以上人民政府农业农村主管部门认定，其中重大动物疫情由省级人民政府农业农村主管部门认定，必要时报国务院农业农村主管部门认定。新发动物疫病、新传入动物疫病疫情以及省级人民政府农业农村主管部门无法认定的动物疫情，由农业农村部认定。

五、疫情通报与公布

国家实行动物疫情通报制度。农业农村部应及时向国务院卫生健康等有关部门和军队有关部门以及省级人民政府农业农村主管部门通报重大动物疫情的发生和处理情况；海关发现进出境动物和动物产品染疫或者疑似染疫的，应当及时处置并向农业农村主管部门通报；县级以上地方人民政府野生动物保护主管部门发现野生动物染疫或者疑似染疫的，应当及时处置并向本级人民政府农业农村主管部门通报；国务院农业农村主管部门应当依照我国缔结或者参加的条约、协定，及时向有关国际组织或者贸易方通报重大动物疫情的发生和处置情况。

发生人畜共患传染病疫情，县级以上人民政府农业农村主管部门应当按照《中华人民共和国动物防疫法》要求，与本级人民政府卫生健康、野生动物保护等主管部门应当及时相互通报。

国务院农业农村主管部门向社会及时公布全国动物疫情，也可以根据需要授权省、自治区、直辖市人民政府农业农村主管部门公布本行政区域的动物疫情。其他单位和个人不得发布动物疫情。任何单位和个人不得瞒报、谎报、迟报、漏报动物疫情，不得授意他人瞒报、谎报、迟报动物疫情，不得阻碍他人报告动物疫情。

六、疫情举报和核查

县级以上地方人民政府兽医主管部门应当向社会公布动物疫情举报电话，并由专门机构受理动物疫情举报。农业农村部在中国动物疫病预防控制中心设立重大动物疫情举报电话，负责受理全国重大动物疫情举报。动物疫情举报受理机构接到举报，应及时向举报人核实其基本信息和举报内容，包括举报人真实姓名、联系电话及详细地址，举报的疑似发病动物种类、发病情况和养殖场（户）基本信息等；核实举报信息后，应当及时组织有关单位进行核查和处置；核查处置完成后，有关单位应当及时按要求进行疫情报告并向举报受理部门反馈核查结果。

七、其他规定

中国动物卫生与流行病学中心应当定期将境外动物疫情的汇总分析结果报农业农村部兽医局。国家兽医参考实验室和专业实验室在监测、病原研究等活动中，发现符合快报情形的，应当及时报至中国动物疫病预防控制中心，并抄送样品来源省份的省级动物疫病预防控制机构；国家兽医参考实验室、专业实验室和有关单位应当做好国内外期刊、相关数据库中有关我国动物疫情信息的收集、分析预警，发现符合快报情形的，应当及时报至中国动物疫病预防控制中心。中国动物疫病预防控制中心接到上述报告后，应当在 1h 内报至农业农村部畜牧兽医局。

◆ 任务案例

根据工作计划安排，结合动物疫情报告撰写工作流程，经小组讨论，撰写某次动物疫情报告最佳工作过程如下：

1. 调查养殖场的基本信息 在养殖场（小区、户）兽医技术人员的指导下，调查并撰写养殖场（小区、户）的基本信息、养殖资料、既往疫情防控资料等，并做好详细的记录。

2. 询问本次疫情的基本情况 询问养殖场（小区、户）兽医技术人员或养殖人员，并了解该养殖场（小区、户）动物疫情发生的时间、地点，染疫、疑似染疫动物种类和数量，同群动物数量，免疫情况，死亡数量，临床症状，病理变化，诊断情况，流行病学和疫源追踪情况，采取的控制措施等信息。

3. 填写动物疫情报告表 根据调查和询问情况，结合养殖场（小区、户）的实地观察或检查情况，认真填写动物疫情报告表（表5-1）。

表 5-1 _____ 养殖场（小区、户）动物疫情报告表 单位：头、只（羽）

发病地点	发病时间	动物种类	存栏数	发病数	死亡数	免疫情况	临床症状	病理变化	初诊情况	诊断人	疫源追踪	采取措施	备注

疫情报告人：   填表日期：   联系电话：

填表说明：①发病动物种类，应注明动物的具体种类，如口蹄疫，应注明是猪、牛或羊，牛则要写明奶牛、肉牛或耕牛。②存栏数应填写发病时动物所在场或户的存栏数。③发病地点应具体到村（户）、场。④采取措施填报告疫情时已采取的控制措施。⑤备注处对需要说明的事宜进行说明。

4. 撰写动物疫情报告 在教师和企业技师的共同指导下，按照疫情报告的书面格式，结合调查、询问或实地动物疫情观察与检查情况，以自己作为报告人，该养殖场（小区、户）为假定疫情单位撰写一份动物疫情报告。

◆ 职业测试

1. 判断题

（1）任何单位和个人不得违反规定发布重大动物疫情信息。 （   ）

（2）只要发现动物疫病或者疑似动物疫病发生时，就应当立即进行疫情报告。 （   ）

（3）报告时机是指发现动物染疫或者疑似染疫时。 （   ）

（4）任何单位和个人不得瞒报、谎报、阻碍他人报告动物疫情。 （   ）

（5）发现一类动物疫病应当在2h内将情况逐级报至省级动物疫病预防控制机构，并同时报所在地人民政府农业农村主管部门。 （   ）

（6）省级人民政府农业农村主管部门应当在接到一类疫病报告后1h内报至本级人民政府和农业农村部。 （   ）

（7）重大动物疫情由省级人民政府农业农村主管部门认定。 （   ）

（8）新发动物疫病和外来动物疫病疫情应当由农业农村部认定。 （   ）

（9）动物疫情责任报告人发现动物染疫或者疑似染疫时可以向当地农业农村主管部门、动物卫生监督机构或者动物疫病预防控制机构三个机构之一报告。 （   ）

（10）染疫是指动物患传染性疾病；疑似染疫是指尚未确诊，但有症状或征候表明动物可能染疫。 （   ）

（11）发生人畜共患传染病疫情的，县级以上人民政府农业农村主管部门与同级卫生计生行政部门应当及时相互通报。   （   ）

（12）动物疫情由县级以上人民政府农业农村主管部门认定。   （   ）

（13）农业农村部负责向社会公布全国动物疫情，省级人民政府农业农村主管部门可以根据农业农村部授权公布本行政区域内的动物疫情。   （   ）

（14）接到重大动物疫情报告、发现疑似重大动物疫病或者出现大量不明原因发病死亡的，县级动物疫病预防控制机构负责接收或采集病料及其相关样品。   （   ）

（15）疑似为口蹄疫、高致病性禽流感等重大动物疫病，以及新发动物疫病或外来动物疫病的，由省级动物疫病预防控制机构确诊。   （   ）

2. 实践操作题

（1）请你通过学习此任务的内容，撰写一份10 000只蛋鸡场发生疑似高致病性禽流感疫情报告。

（2）运用你学过的知识，撰写一份800头奶牛场发生疑似口蹄疫疫情报告。

任务 5-3 动物疫情调查与分析

◆ 任务描述

动物疫情调查与分析任务根据高级动物疫病防治员动物疫病防控能力培养目标和对动物防疫岗位典型工作任务的分析安排。通过对动物疫情流行病学调查与分析及临诊观察等动物疫情巡查的技术应用，查明病因线索及危害因素，确定疫情可能扩散范围，预测疫情暴发或流行趋势，提出疫情控制措施和建议，并评价其控制措施效果，以达到控制动物疫病的目的，为畜禽安全、健康、生态饲养提供可靠的防控保障。

◆ 能力目标

在学校教师和企业技师共同指导下，完成本学习任务后，希望学生获得：

（1）掌握不同动物疫情流行病学调查与分析的方法及步骤。

（2）掌握不同动物疫情的临诊观察的方法和技术。

（3）制定不同动物疫情流行病学调查方案。

（4）能够按照工作规范独立完成动物疫情巡查工作任务。

（5）查找不同动物疫情巡查相关资料并获取信息的能力。

（6）从事不同动物疫情巡查及控制疫情管理的能力。

◆ 学习内容

一、流行病学调查种类和内容

根据流行病学调查对象和目的的不同，一般分为个例调查、流行（或暴发）调查、专题调查。

1. 个例调查 个例调查是指疫病发生以后，对每个疫源地所进行的调查。目的是查出传染源、传播途径和传播因素，以便及时采取措施，防止疫病蔓延。个例调查是流行病学调查与分析的基础。个例调查的内容如下：

（1）核实诊断。准确的诊断是制定正确的防疫措施和进一步调查分析的依据。有些疫病的症状相似，但传播方式、预防方法却完全不同。如果混淆了诊断，会使调查线索不清，防疫措施无效。所以调查时首先必须核实诊断，除临床症状和流行病学诊断外，尚需进行血清学诊断、病原学诊断和病理学诊断。

（2）确定疫源地范围。根据患病动物在传染期内的活动范围，判断疫源地的范围。

（3）查明接触者。通常是将患病动物发病前1个潜伏期或从发病之日到隔离之前这段时间曾经与患病动物有过有效接触的动物和人视为接触者。所谓有效接触，如与呼吸道传染病病畜拴系在一起，与肠道传染病病畜同槽饲喂、同槽饮水等均属于有效接触。

（4）找出传染源。通常根据该病的潜伏期来推断传染源。如系个别散发病例，则传染源调查应首先从确定感染日期开始。感染日期计算一般是从发病之日向前推一个潜伏期，在最长潜伏期与最短潜伏期之间，即可能为感染日期。感染日期确定后，再仔细询问畜主，病畜在这几天里所到过的地方、活动场所及使役情况；是否接触过类似的病畜以及接触方式。当怀疑某畜是传染源时，可进一步调查登记该畜周围畜群中有无类似的病畜发生。若同样发现类似病畜，则该畜为传染源的可能性很大。

如系一次流行或暴发，可根据潜伏期来估计有无共同流行因素存在，以推断传染源。若发病日期集中在该病最短潜伏期之内，说明它们之间不可能是互相传染的，可能来自一个共同传染源。

一般情况下，临床症状明显、传播途径比较简单的疫病，如狂犬病等，传染源比较容易寻找；可有些疫病，如结核病、布鲁氏菌病等，因有大量的慢性或隐性感染病畜存在，传染源就比较难以查明。

（5）判定传播途径。一般是根据与传染源的接触方式来推断。当传染源不能确定时，可根据可能受感染方式来推断，如钩端螺旋体病可根据有疫水接触史来判断。

（6）调查防疫措施。包括患病动物的隔离检疫日期、方法、接触的畜禽及死亡畜禽处理情况、群体免疫情况、有无继发病例、疫源地是否经过消毒等，并针对存在的问题，采取必要的措施。

2. 流行（或暴发）调查　流行调查是指对某一单位或一定地区在短期内突然发生某种疫病很多病例所进行的调查。流行时，由于病畜禽数量较多、疫情紧急，当地动物防疫监督机构接到疫情报告后，应尽快派人赶赴现场，及时进行调查。调查一般按如下两个步骤进行。

（1）初步调查。首先了解疫情，着重了解本次流行开始发生的日期和逐日发病情况，最先从哪些单位或哪种动物中发生的；哪些单位和动物发病最多，哪些单位和动物发病最少，哪些单位和动物没有发病；对比发病与未发病的单位和动物在近期内使役和免疫、消毒、饲养管理情况等方面有何不同；已经采取的防疫措施；当地居民有无类似疫病发生等。其次作出初步诊断，根据了解到的情况及在现场对病畜的检查，作出初步诊断，推测流行原因，判断疫情发展趋势。最后根据本次流行的可能原因及流行趋势，结合传播途径特点，有针对性地提出初步防疫措施。

（2）深入调查。首先对已发生的病例作全部或抽样调查，并按事先设计的流行病学调查表进行登记。调查时应注意寻找最早的病畜禽及其传染源；查明误诊或漏诊的病例；

对疑似传染源的病畜禽或病原携带者，应多次进行病原学检查；根据实际发病数，了解发病顺序，调查各病例之间的相互传播关系，判断可能的传染源和传播途径。然后计算各种发病率，根据发病日期绘制时间分布曲线；按患病畜禽单位分布、畜禽群分布，分别计算发病率，并对比不同组别的发病率，找出相互之间的差异。推测流行（或暴发）的性质是接触传播，还是经污染的饲料、饮水或其他方式传播；是由于一次污染引起，还是长期污染的结果。再次进行流行因素调查，根据不同的病种及特征，有重点地对流行的有关因素进行详细调查。如可疑为经水或经饲料传播时，则可对水源或饲料作重点调查，从而可以判断流行（或暴发）的原因。最后制定进一步的防疫措施，针对流行（或暴发）的原因，采取综合性防疫措施，尽快控制疫情。如果调查分析正确，措施落实后，发病应得到控制，经过该病一个最长潜伏期没有新病例发生。反之，疫情可能继续发展。因此，疫情能否被控制是验证调查分析是否正确的标志。在整个调查过程中，必须与防疫措施结合进行，不能只顾调查不采取措施。

3. 专题调查　在流行病学调查中，有时为了阐明某一个流行病学专题，需要进行深入的调查，以做出明确的结论。如常见病、多发病和自然疫源性疾病的调查、某病带菌（毒）率的调查、血清学调查等，均属于专题调查。近来越来越广泛地将流行病学调查的方法应用于一些病因未明的非传染病的病因研究，这类调查具有更为明显的科学研究的性质，因此事先要有严密的科研设计。所用的调查方法有回顾性调查与前瞻性调查两种。

（1）回顾性调查。也称病史调查或病例对照调查，是在病例发生之后进行的调查。个例调查及流行（或暴发）调查均属于回顾性调查。在做对照调查时，首先要确定病例组与对照组（非病例组），在两组中回顾某些因素与发病有无联系。作为对照组，条件必须与病例组相同。回顾性调查不能直接估计某因素与某病的因果关系，只能提供线索。因此，回顾性调查的作用只是"从果推因"。

（2）前瞻性调查。在疫病未发生之前，为了研究某因素是否与某病的发生或死亡有联系，可先将畜群划分为两组：一组为暴露于某因素组，另一组为非暴露于某因素组。然后在一定时期内跟踪观察两组某病的发病率和死亡率，并进行比较。前瞻性调查是"从因到果"，它可以直接估计某因素与某病的关系。预防接种或某项防疫措施的效果观察也属于前瞻性调查。

二、流行病学调查方法及步骤

调查前，工作人员必须熟悉所要调查的疫病的临床症状和流行病学特征以及预防措施，明确调查的目的，根据调查目的决定调查方法、拟订调查计划，根据计划要求设计合理的调查表。调查的方法与步骤如下：

1. 询问座谈　询问是流行病学调查的一种最简单而又基本的方法，必要时可组织座谈。调查对象主要是畜主。调查结果按照统一的规定和要求记录在调查表上。询问时要耐心细致，态度亲切，边提问边分析，但不要按主观意图作暗示性提问，力求使调查的结果客观真实。询问时要着重问清：疫病从何处传来，怎样传来，病畜是否有可能传染给了其他健畜。

2. 现场调查　就是对病畜禽周围环境进行实地调查。了解病畜禽发病当时周围环境的卫生状况，以便分析发病原因和传播方式。查看的内容应根据不同疫病的传播途径特点来确定。如当调查肠道疫病时，应着重查看畜禽舍、水源、饲料等场所的卫生状况，以及防蚊蝇、灭鼠措施等；调查呼吸道疫病时，应着重查看畜禽舍的卫生条件及接触的密切程度（是否拥挤）；调查虫媒疫病时，应着重查看媒介昆虫的种类、密度、滋生场所以及防虫灭虫措施等，并分析这些因素对发病的影响。

3. 实验室检查　调查中为了查明可疑的传染源和传播途径，确定病畜禽周围环境的污染情况及接触畜禽的感染情况等，有条件时可对有关标本作细菌培养鉴定、病毒病原学及血清学检查等。

4. 收集有关流行病学资料　包括以下几方面的资料：①本地区、本单位历年或近几年本病的逐年、逐月发病率；②疫情报告表、门诊登记以及过去防治经验总结等；③本单位的畜禽繁殖生产、调运销售等记录档案以及周围的畜禽发病情况、卫生习惯、环境卫生状况等；④当地的地理、气候及野生动物、昆虫等。

5. 确定调查范围

（1）普查。即某地区或某单位发生疫病流行时，对其畜禽群（包括病畜禽及健康动物）普遍进行调查。如果流行范围不大，普查是较为理想的方法，获得资料比较全面。

（2）抽样调查。即从畜禽群中抽取部分畜禽进行调查。通过对部分畜禽的调查了解某病在全群中的发病情况，以部分估计总体。此法节省人力和时间，运用合适，可以得出较准确的结果。抽样调查的原则是：一要保证样本足够大；二要保证样本的代表性，使每个对象都具有同等被抽到的机会，不带任何主观选择性，这样才能使样本具有充分的代表性。其方法是用随机抽样法。最简单的随机抽样法就是抽签或将全体畜禽群按顺序编号，或抽双数或抽单数，或每隔一定数字抽取一个等方法。若为了了解疫病在各种畜禽群中的发病特点，可用分层抽样，即将全群畜禽按不同的标志，如年龄、性别、使役或放牧等分成不同的组别，再在各组畜禽中进行随机抽样。分层抽样调查所获得的结果比较正确，可以相互比较研究各组发病率差异的原因。

6. 拟定流行病学调查表　流行病学调查表是进行流行病学分析的原始资料，必须有统一的格式及内容。表格的项目应根据调查的目的和疫病种类而定。要简要有重点，不宜烦琐，但必要的内容不可遗漏。项目的内容要明确具体，不致因调查者理解不同造成记录混乱而无法归类整理。流行病学调查表通常包括以下必要内容：①一般项目：单位、年龄、性别、使役或放牧、引入时间等；②发病日期、症状、剖检变化、化验、诊断等；③既往病史和预防接种史；④传染源及传播途径；⑤接触者及其他可能受感染者（包括人在内）；⑥疫源地卫生状况；⑦已采取的防疫措施。

三、流行病学调查资料整理

首先将调查所获得的资料做全面检查，看是否完整、准确。若有遗漏项目尽可能予以补查。对一些没有价值的或错误的材料予以剔除，以保证分析结果不致出现偏差。然后根据所分析的目的，将资料按不同的性质进行分组，如畜禽群可按年龄、性别、使役或放牧、免疫情况等进行分组，时间可按日、周、旬、月、年进行分组；地区可按农区、牧区、多林山区、半农半牧区或单位分组。分组后，计算各组发病率，并制成统计表或统计图进行对比，综合分析。流行病学分析中常用的几种统计指标如下。

1. 发病率　在一定时间内新发生的某种动物疫病病例数与同期该种动物总头数之比，常以百分率表示。"动物总头数"指对该种疫病具有易感性的动物种的头数，特指者例外。

"平均"指特定期内（如1月或1周）存养均数。

$$发病率 = \frac{新发病例数}{同期平均动物总头数} \times 100\%$$

2. 感染率　在特定时间内，某疫病感染动物的总数在被调查（检查）动物群样本中所占的比例。感染率能比较深入地反映出流行过程，特别是在发生某些慢性传染病，如猪支原体肺炎、结核病、布鲁氏菌病、鸡白痢、鼻疽等时，进行感染率的统计分析，具有重要的实践意义。

$$（某疫病）感染率 = \frac{（调查当时）感染动物数}{被调（检）查动物总数} \times 100\%$$

3. 患病率　又称现患率。表示特定时间内，某地动物群体中存在某病新老病例的频率。

$$（某病）患 = \frac{（特定时间某病）（新老）患病例数}{（同期）暴露（受检）动物头数} \times 100\%$$

4. 死亡率　某动物群体在一定时间死亡总数与该群同期动物平均总数之比值，常以百分率表示。

$$死亡率 = \frac{（一定时间内）动物死亡总数}{该群体动物的平均总数} \times 100\%$$

5. 病死率　一定时间内因某病病死的动物头数与同期确诊该病病例动物总数之比，以百分率表示。

$$病死率 = \frac{某病病死动物头数}{同期确诊的该病例动物总数} \times 100\%$$

6. 流行率　调查时，特定地区某病（新老）感染头数占调查头数的百分率。

$$流行率 = \frac{某病（新老）感染头数}{被调查动物数} \times 100\%$$

四、流行病学调查资料分析

（一）分析的方法

1. 综合分析　动物疫病的流行过程受社会因素和自然因素多方面的影响，因此其过程的表现复杂多样。有必然现象，也有偶然现象；有真相，也有假象。所以分析时，应以调查的客观资料为依据，进行全面的综合分析，不能单凭个别现象就片面作出流行病学结论。

2. 对比分析　是流行病学分析中常用的重要方法。即对比不同单位、不同时间、不同畜禽群等之间发病率的差别，找出差别的原因，从而找出流行的主要因素。

3. 逐个排除　类似于临床上的鉴别诊断。即结合流行特征的分析，先提出引起流行的各种可能因素，再对其逐个深入调查与分析，即可得出结论。

（二）分析的内容

1. 流行特征的分析　主要对发病率、发病时间、发病地区和发病畜禽群分布等四个方面进行分析。

（1）发病率的分析。发病率是流行强度的指标。通过对发病率的分析，可以了解流行水平、流行趋势，评价防疫措施的效果和明确防疫工作的重点。如从某畜牧场近几年几种主要传染病的年度发病率的升降曲线进行分析，可以看出在当前几种传染病中，对畜禽群威胁最大的是哪一种，防疫工作的重点应放在哪里。又如分析某传染病历年发病率变动情况，可以看出该传染病发病趋势，是继续上升，还是趋于下降或稳定状态，以此判断历年所采取的防疫措施的效果，有助于总结经验。

（2）发病时间的分析。通常是将发病时间按小时或日、周、旬或月、季（年度分析时）为单位进行分组，排列在横坐标上，将发病数、发病率或百分比排列在纵坐标上，制成流行曲线图，以一目了然地看出流行的起始时间、升降趋势及流行强度，从中推测流行的原因。一般从以下几个方面进行分析：若短时间内突然有大批病畜禽发生，时间都集中在该病的潜伏期范围以内，说明所有病畜禽可能是在同一个时间内，由共同因素所感染。围绕感染日期进行调查，可以查明流行或暴发的原因。即使共同的传播因素已被消除，但相互接触传播仍可能存在。所以通常有流行的"拖尾"现象，而食物中毒则无，因病例之间不会相互传播。若一个共同因素（如饲料或水）隔一定时间发生两次污染，则发病曲线可出现两个高峰（双峰型），如钩端螺旋体病的流行，即出现两个高峰，这两个高峰与两次降雨时间是一致的，因大雨将含有钩端螺旋体的鼠（或猪）尿冲刷到雨水中，耕作到稻田耕地而受到感染。若病畜禽陆续出现，发病时间不集中，流行持续时间较久，超过一个潜伏期，病畜禽之间有较为明显的相互传播关系，则通常不是由共同原因引起的，可能畜禽群在日常接触中传播，其发病曲线多呈不规则形。

（3）发病地区分布的分析。将病畜禽按地区、单位、畜禽舍等分别进行统计，比较发病率的差别，并绘制点状分布图（图上可标出病畜发病日期）。根据分布的特点（集中或分散），分析发病与周围环境的关系。若病畜在图上呈散在性分布，找不到相互联系的关系，说明可能有多种传播因素同时存在；如果病畜禽呈集中分布，局限在一定范围内，说明该地区可能存在一个共同传播因素。

（4）发病畜禽群分布的分析。按病畜禽的年龄、性别、役别、匹（头）数等，分析某病发病率，可以阐明该病的易感动物和主要患病对象，从而可以确定该病的主要防疫对象。同时结合病畜禽发病前的使役情况及饲养管理条件可以判断传播途径和流行因素。如某单位在一次钩端螺旋体病的流行中，发病的畜群均在3周前有下稻田使役的经历，而未下稻田的畜群中，无一动物发病，说明接触稻田疫水可能是传播途径。

2. 流行因素的分析　将可疑的流行因素，如畜禽群的饲养管理、卫生条件、使役情况、气象因素（温度、湿度、雨量）、媒介昆虫的消长等，与病畜禽的发病曲线结合制成曲线图，进行综合分析，可提示两者之间的因果关系，找出流行的因素。

3. 防疫效果的分析　防疫措施的效果，主要表现在发病率和流行规律的变化上。一般来说，若措施有效，发病率应在采取措施后，经过一个潜伏期的时间就开始下降，或表现为流行季节性的消失，流行高峰的削平。如果发病率在采取措施前已开始下降，或措施一开始发病立即下降，则不能说明这是措施的效果。在评价防疫效果时，还要分析以下几点：①对传染源的措施，包括诊断的正确性与及时性、病畜禽隔离的早晚、继发病例的多少等；②对传播途径的措施，包括对疫源地消毒、杀虫的时间、方法和效果的评价；③对预防接种效果的分析，可对比接种组与未接种组的发病率，或测定接种前后体内抗体的水平（免疫监测）。通过对防疫措施效果的分析，总结经验，可以找出薄弱环节，不断改进。

五、临诊观察的基本程序

利用问、视、触、叩、听、嗅等临床诊断方法，对畜禽进行直接观察和系统检查，根据检查结果和收集到的症状、资料，综合判断其健康状况和疾病的性质。该法是疫病诊断中最基本、最简便易行的方法，也是疫病监测临诊观察的重要方法。

临诊观察的基本程序包括病畜禽登记、问诊及发病情况调查、流行病学调查、现症检查、一般辅助或特殊检查。

对于某些具有特征性症状的典型病例，通过临诊观察一般可以确诊。但应当指出，临诊观察具有一定的局限性，如对发病初期特征性症状尚不明显的病例和非典型病例，则临诊观察难以确诊，只能提出可疑疫病的大致范围，必须配合其他方法进行诊断。在临诊观察时，要收集发病动物群表现的所有症状，进行综合分析判断，不能单凭少数病例的症状轻易下结论，并要注意与类症鉴别。

1. 登记病畜禽基本情况　病畜禽登记的内容包括：畜主的姓名、住址，动物的种类、品种、用途、性别、年龄、毛色等。通过登记，一方面可了解病畜禽的个体特征，另一方面对疫病的诊断也可提供帮助。因为动物的种类、品种、用途、性别、年龄等不同，对疾病的抵抗力、易感性、耐受性等都有较大差异。

2. 问诊及发病情况调查

(1) 询问发病时间。据此可推断是急性或慢性病，是否继发其他病。

(2) 了解发病的主要表现。如采食、饮水、排粪情况，有无腹痛、腹泻、咳嗽等，现在有何变化，借以弄清楚疾病的发展情况。

(3) 调查本病是否已经治疗。如果已经治疗，用的是什么药，剂量如何，处置方法怎么样，效果如何。借此可弄清是否因用药不当使病情复杂化，同时也对再用药提供参考。

3. 流行病学调查

(1) 调查是否属于传染病。调查过去是否患过同样的病，附近畜禽有无同样的病，有无新引进畜禽，发病率和死亡率如何，据此可了解是否属于传染病。

(2) 调查卫生防疫情况。是否因卫生较差、防疫不当或失败而造成疾病的流行。

(3) 调查其他情况。了解饲养管理、使役情况，以及繁育方式和配种制度等。

4. 现症检查　现症检查包括以下几方面内容。

(1) 一般检查。包括全身状况观察（包括精神状态、营养状况、体格发育、姿势和运步等）、三项指标测定（包括体温测定、呼吸数测定、脉搏数测定等）、被毛和皮肤检查（包括被毛、羽毛、皮肤等性状的检查）、可视黏膜检查（主要检查可视黏膜色泽等）、体表淋巴结检查（主要检查体表淋巴结有无肿大）。

(2) 系统检查。包括消化系统、呼吸系统、心血管系统、泌尿生殖系统以及神经系统等检查。

5. 一般辅助或特殊检查　主要包括实验室检查（血液、粪便、尿液的常规化验，肝功能化验等）、心电图检查、超声探查、同位素检查、直肠检查、组织器官穿刺液检查等。

六、健康动物的主要体征

1. 健康动物的外观　健康动物外观精神状态良好，对外部刺激反应敏捷，步态平稳，被毛平顺有光泽，皮肤光滑且富有弹性，呼吸运动均匀，饮食欲旺盛，天然孔干净无分泌物，粪便具有该动物应有的形状、硬度、颜色和气味。叫声悦耳有节律，心律平稳、规则，呼吸均匀无杂音。

2. 健康畜禽的正常体温 见表5-2。

表5-2 健康畜禽的正常体温

动物	正常体温（℃）	动物	正常体温（℃）	动物	正常体温（℃）
马	37.5～38.5	猪	38.5～40.0	牛	37.5～39.5
骡	38.0～39.0	山羊	38.0～40.0	羊	38.5～40.5
驴	37.5～38.5	兔	38.5～39.5	犬	37.5～39.0
骆驼	36.5～38.5	鸡	41.0～42.5	鹅	40.0～41.0

3. 健康畜禽每分钟脉搏数 见表5-3。

表5-3 健康畜禽每分钟脉搏数

动物	脉搏（次/min）	动物	脉搏（次/min）	动物	脉搏（次/min）
马、骡	28～42	羊	70～80	牛	40～80
马驹	40～76	幼羊	100～120	猪	60～80
骆驼	30～50	驴	42～54	犊牛、马	80～110
兔	140～160	犬	70～120	鸡（心跳）	150～200

4. 健康畜禽每分钟的呼吸数（次/min） 见表5-4。

表5-4 健康畜禽每分钟的呼吸数

动物	呼吸数（次/min）	动物	呼吸数（次/min）	动物	呼吸数（次/min）
马	8～16	猪	10～20	羊、山羊	12～20
黄牛	10～30	兔	50～60	犬	10～30
水牛	10～25	鸡	20～40	鹅	20～25

七、临诊病健动物鉴别

1. 从精神状态上区分 健康畜禽头耳灵活，两眼有神，行动灵活协调，对外界刺激反应迅速敏捷。毛、羽平顺且富有光泽。患病动物常表现精神沉郁、低头闭眼、反应迟钝、离群独处等；禽则羽毛蓬松、垂头缩颈、两羽下垂。也有的表现为精神亢奋、骚动不安，甚至狂奔乱跑等。

2. 从食欲上区分 健康畜禽食欲旺盛，饲喂饲料时争抢采食，采食过程中不断饮水。患病动物食欲减少或废绝，对饲喂饲料反应淡漠，或勉强采食几口后离群独处，有发热或腹泻表现的病畜可能饮水量增加或喜饮脏水。病情严重的病畜可能饮食废绝。

3. 从姿势上区分 各种畜禽都有特有的姿势，可观察站立的姿势是否有异常。健康猪贪吃好睡，仔猪灵活好动，不时摇尾；健康牛喜欢卧地，常有间歇性反刍及舌舔鼻镜和被毛的动作。患病动物常出现姿势异常，如破伤风病畜常见鼻孔开张，两耳直立，头颈伸直，后肢僵直，尾竖起，步态僵硬，牙关紧闭，口含黏涎等；家畜便秘时常见病畜拱背翘尾，不断努责，两后肢向外展开站立；马患肠阻塞时，常见时起时卧，用蹄刨地，卧下时常回视腹部，有时甚至打滚；羊患肠套叠时，有明显的拉弓姿势。

4. 从动物机体营养状况上区分 根据肌肉、皮下脂肪及被毛光泽等情况，可判定畜禽营养状况的好坏。一般可分为良好、中等和不良三种。健康畜禽营养良好。患病畜禽营养不良，可由各种慢性传染性疾病或寄生虫病引起；短期内很快消瘦，多由于急性高热性疾病、肠炎腹泻或采食和吞咽困难等病症引起。

5. 从粪便检查上区分

（1）粪便的形状及硬度。正常牛粪较稀薄，落地后呈轮层状的粪堆；马粪为球状，深绿色，表面有光泽，落地能滚动；猪粪黏稠，软而成型，有时干硬，呈节状，有时稀软呈粥状。在疾病过程中，粪便比正常坚硬，常为便秘；比正常稀薄呈水样则为腹泻。

（2）粪便颜色。正常动物不同种类的粪便略有不同，常为黄褐色或黄绿色，略带饲料或饲草的颜色。深部肠道出血时粪呈黑褐色；后部肠道出血时，可见血液附于粪便表面呈红色或鲜红色。

（3）粪便的气味。正常动物的粪便有发酵的臭味，有时略带饲料或饲草的味道。肠炎等的粪便散发酸败臭味；粪便混有脓汁及血液时，呈腐败腥臭味。

（4）粪便中的混杂物。正常动物的粪便里无杂物，有时含有未消化完全的饲料和饲草。肠炎时常混有黏液及脱落的黏膜上皮，有时混有脓汁、血液等；有异食癖的畜禽，粪内常混有异物如木柴、砂、毛等；有寄生虫时混有虫体或虫卵。

6. 从皮肤变化上区分

（1）被毛。健康畜禽的被毛平滑，富有光泽，且不易脱落（春秋两季换毛季节除外）。患病时，被毛逆立蓬松粗乱，失去光泽、易脱落或换毛季节推迟；慢性疾病或长期消化不良时，换毛迟缓；患有疥癣及湿疹时，被毛容易脱落，并现出有鳞屑或痂皮覆盖的皮肤。

（2）皮温。全身皮温增高，多见于热性病、疝痛等；全身皮温降低，四肢发凉，多见于久病衰弱；皮温不整，表示血液循环、神经支配紊乱；某一部位皮温增高，多见于局部性疾病。

（3）皮肤湿度。剧痛性疾病如骨折、疝痛等，全身皮肤出汗；心力衰竭、虚脱、大出血等，常出冷汗；皮肤干燥，多见于老龄家畜的营养不良、大量失水等；局部出汗，多与外周神经创伤性损伤有关；牛鼻镜、猪鼻盘干燥，表示已发生疾病。

（4）皮肤颜色。多在皮肤无色素部位检查。出血性潮红，是皮肤或皮下组织内溢血的结果，用手指按压时不褪色，常见于猪瘟等；充血性潮红，是皮肤毛细血管扩张、血管内积聚大量血液引起，用手指按压时颜色容易消失，可见于猪丹毒等；皮肤苍白，多见于大失血、内出血、贫血等；皮肤黄染，是黄疸症的特征，常见于马十二指肠卡他、梨形虫病等。但被毛和皮肤有色的动物，其充血或出血病变不明显。

（5）皮肤弹性。如果皱襞迅速消失，则表示皮肤弹性正常。严重肠炎脱水、大出血、虚脱、皮肤病、寄生虫病、营养不良等均可使皮肤弹性减退或消失，以致皱襞消失很慢或完全不消失。

（6）皮肤肿胀。皮肤肿胀包括皮下气肿、水肿、脓肿、血肿及其他病理的皮肤容积增大。

①皮下气肿。即皮下组织积有多量的气体，按压时有捻发音，叩诊时有鼓音。多见于疏松组织部位，一般无热痛。如气肿疽、黑斑病甘薯中毒后期等可发生皮下气肿。

②皮下水肿。是由于皮下积聚液体而引起，触诊呈捏粉状，指压痕消失很慢。炎性水肿多发生在压伤或挫伤之后，发红、有热痛；非炎性水肿不发红、无热痛。

③脓肿和血肿。发生于皮下化脓或皮下出血，触诊有波动感。针刺穿孔或自溃后，脓肿流出脓液，血肿流出血液。

（7）皮肤气味 各种家畜都有其特有的气味，当患有某些疾病时，可出现病理的特异气味，如尿毒症的尿臭味、酮血症的醋酮味、皮肤坏疽的尸臭味等。

7. 从动物的黏膜变化上区分 一般检查黏膜颜色，是以眼结膜、口黏膜及舌等为主。健康家畜眼结膜均为淡粉红色而有光泽，但马的略带黄色，牛眼结膜颜色略淡。患病时则有如下表现：

①苍白。血液中血红蛋白减少，各可视黏膜都呈现苍白色，这是贫血的典型病变。发生较缓慢的，常因体内寄生虫病、贫血性疾病及营养不良所引起；大量出血以后或内出血时，结膜马上变苍白，而且皮温显著下降。

②潮红。表示充血。如呈树枝状的血管性充血，见于脑充血及脑膜炎、肺炎、热性病初期以及心脏疾患所引起的循环障碍。结膜呈弥漫性暗红色，见于高度呼吸困难、胃肠炎后期、炭疽等。

③发绀。黏膜呈紫蓝色，无光泽，也可表现在鼻、唇黏膜，是心力不足、大循环淤血、血内氧含量不足，病情严重的象征。可见于出血性败血症、创伤性心包炎、中毒病，及引起心力衰竭和呼吸障碍的疾病等。

④黄染。可视黏膜呈黄色，是黄疸的一个特征，见于血液寄生虫病、肝脏疾病以及胆石症、十二指肠炎、磷中毒等。

⑤眼结膜肿胀。炎性肿胀，常见于某些传染病，如猪瘟、结膜炎、流感、犬瘟热等。水肿性肿胀，结膜具有玻璃样光泽，多见于体内寄生虫病或衰竭性疾病等。

◆ 任务案例

江苏省某养殖小区，主要以养猪产业为主，该小区的生猪养殖大户达到 20 多户，年饲养量突破 3 万头。根据动物流行病学调查与分析工作任务的要求，结合当地养殖业的实际情况，对该小区的动物疫情实施流行病学调查。

1. 任务说明 动物流行病学调查是研究动物疫病流行规律的重要方法，也是认识疫病并正确制定疫病防控措施的基础。本工作任务旨在通过动物流行病学调查与分析，使学生掌握动物疫病流行病学调查的一般方法并学会对疫情资料进行初步统计分析。

2. 设备材料 所需材料为动物疫病流行病学的调查表、计算器、某饲养场的疫情资料、养殖场基本信息、动物存栏情况及饲养制度、养殖档案等。

3. 工作过程

（1）制定调查方案。调查方案的内容和形式主要包括以下几个方面：

①确定调查目的。主要包括为什么要组织这次调查及要取得哪些资料两个方面。

②确定调查对象和调查单位。调查对象是绿牧养殖小区，调查单位从该小区中选择有代表性的养殖场（户）。

③确定调查内容与调查表。确定调查哪些指标，将这些指标分解成具体的项目，拟订出调查表或问卷。参考调查表见表 5-5。

動物防疫技术

表 5-5 _____动物疫情流行病学调查表

编号：_____ 调查日期： 年 月 日

场/户/养殖小区/检查站名称		启用时间	
畜（货）主＊/负责人姓名		联系电话		邮 编	
联系地址			

养殖场（户、小区）/市场/屠宰场/检查站等疫点及运输的基本状况	1. 地理特点：□高山 □山地 □丘陵 □平坝 □河谷 □盆地 □其他：_____
	2. 近期气候是否异常：□否 □是：_____
	3. 交通情况：距交通干线：___km；距居民区：___km；距最近易感动物群：___km
	4. 场区面积：_____；畜禽舍栋数：_____；每栋畜禽舍面积：_____
	5. 周边有无河流、湖泊：□无 □有：_____
	   附近是否有养殖场污水排入：□无 □有：_____
	6. 周围是否有野生动物（野野、野禽等）□否 □是：_____
	   分布情况：_____
	7. 隔离野鸟、防鼠、防蚊等设施设备：□无 □有：_____
	8. 畜禽群构成：□种畜禽 □商品畜禽（□肉用 □蛋用 □奶用 □皮毛用） □混合
	9. 饲养量：发病前存栏数：_____头/只；年出栏数：_____头/只
	10. 饲养方式：□全进全出 □连续饲养 混群前是否隔离：□是 □否
	11. 混养情况：□否 □是：□禽与猪 □鸡与水禽 □牛与羊 □其他：_____
	12. 防疫设施：□进场洗澡更衣 □进生产区换胶鞋 □场舍门口有消毒池
	             □定期全场消毒 □供料道与出粪道分开 □有防鼠和蚊虫设施
	13. 饲养管理水平：□好 □一般 □差 畜禽场卫生状况：□好 □一般 □差
	14. 饲料：□全价饲料 □配合饲料 □自产作物及杂粮 □其他：_____
	15. 排污设施：□无 □有：_____；病死动物无害化处理设施：□无 □有：_____
	16. 饲养人员居住情况：□驻场 □不驻场；家里是否饲养畜禽 □否 □是：_____
	17. 屠宰场：□现代化 □半机械化 □手工；年屠宰量：_____万头/只
	   屠宰检疫规范：□否 □是；车间/隔离圈日消毒次数：_____
	   屠宰动物来源：_____
	   耳标：□无 □有：_____头；检疫证明：□无 □有：_____头
	18. 检查站：运输工具：_____；牌照：_____ 承运人：_____
	   动物来源：_____；启运地：_____；目的地：_____
	   耳标：□无 □有：_____头；检疫证明：□无 □有：_____头

发病情况	主要发病动物种类		最初发病时间		开始死亡时间	
	发病年龄					
	病 程					
	临床表现	发病数：____头，其中：仔畜雏禽（____日/月龄）____头；育成畜禽____头；成年畜禽：____；种畜禽____头；发病率：____% 死亡数：____头，其中：仔畜雏禽（____日/月龄）____头；育成畜禽____头；成年畜禽____头；种畜禽____头；死亡率：____% 早产/流产/死产：____窝；死胎：____个；木乃伊胎：____个；弱仔：____个				

（续）

发病情况	临床表现	主要临床症状： 剖检病理表现：
	人感染和 发病情况	
	野生动物 及其他易 感动物发 病情况	
发病后治疗和消毒情况 以及其他防控措施 及其效果	治疗情况	使用抗菌药物： 使用激素类药物： 使用抗病毒药物： 是否开展紧急接种：□否　□是： 其他对症治疗措施： 治疗效果：□疗效很好　□有一定疗效　□没有明显疗效　□加重病情 其他补充情况：
	消毒情况	畜禽场：消毒时间：_____；消毒次数：_____；消毒剂：_____ 运载工具：消毒时间：_____；消毒次数：_____；消毒剂：_____
	其他措施 与效果	
周边有无疫情	□无　□有：□本村　□本乡/镇/街道　□本区/县；发生的时间： 发病简要情况：	

	疫苗名称	生产厂家、生产日期及批号	免疫时间	免疫剂量
免疫情况				
	免疫程序：			
	是否开展免疫效果检测：□否　□是：免疫监测结果：			

（续）

疫病史	过去是否发生过类似情况：□否 □是：发生时间：_____；诊断类型：□临床 □实验室 诊断单位：_____诊断结论：_____
	过去一年 确诊的疫病	血清学： 病原学：
	过去一年疫病总发病数：_____头/只；总发病率_____% 过去一年疫病总死亡数：_____头/只；总死亡率_____%
	发病前30d内周围有无畜禽群发生疫病：□无 □有：□本村 □本乡/镇/街道 □本区/县； 发生的疫病种类：_____ 发生的时间：_____ 发病简要情况：
	发病前30d内周围有无人感染/发生人畜共患病：□无 □有：□本村 □本乡/镇/街道 □本区/县；发生的疫病种类：_____ 发生的时间：_____ 发病简要情况：
水源情况	饮用水：□自来水 □泉水 □浅井水 □深井水 □江河溪水 □塘、库水 □其他：_____ 冲洗水：□自来水 □泉水 □浅井水 □深井水 □江河溪水 □塘、库水 □其他：_____
种畜禽（禽苗/仔畜） 来源	□本地（区县）： □外区县： □市外： □自繁（孵）自养：最初引种时间：_____；引种数量：_____头/只；引种地：_____
最近30d内 购入畜禽情况	来源：□种畜禽场 □交易市场 □畜禽贩子 □其他：_____ 购进：时间：_____ 数量：_____ 来源地名：_____ 动物：品种：_____ 健康状况：_____ 混群前是否进行隔离：□否 □是 有无异常：□无 □有：_____ 混群情况：□同舍（户）饲养 □邻舍（户）饲养 □单独隔离饲养
最近一次 购饲料及原料情况	来源：□交易市场 □种畜禽场 □饲料经销/代理商 □饲料厂 □其他畜禽场 □其他：_____ 购进：时间：_____ 数量：_____ 来源地名：_____
发病前30d 野生动物入场情况	野生动物种类：□野猪；□啮齿类；□野鸟；□其他：_____ 数量：_____头；_____只；_____只； 来源：_____ 与畜禽接触地点：□进入场内 □畜禽栏舍四周 场舍建筑物上 □存料处及料槽 □其他：_____ 与接触点的接触频率：□每天数次 □每天一次 □其他：_____

（续）

发病前 30d 可疑 污染物进入情况	可疑污染物品/药品/器械名称： 可疑污染物品/药品/器械数量： 经过或存放地： 运入后使用情况：
发病前 30d 场外 有关业务人员入场情况	姓　　名： 日　　期： 职　　业： 联系电话： 来自何地： 是否疫区：
饲料及饲养方式改变	发病前 30d 是否有饲养/管理方式的改变：□否　□是； 发病前 30d 是否有饲料及其原料的改变：□否　□是；
自发病前 21d 以来 畜禽及产品的流向	名称：　　　　　地点：　　　　　数量：　　　　　时间： 名称：　　　　　地点：　　　　　数量：　　　　　时间： 名称：　　　　　地点：　　　　　数量：　　　　　时间： 名称：　　　　　地点：　　　　　数量：　　　　　时间： 名称：　　　　　地点：　　　　　数量：　　　　　时间： 名称：　　　　　地点：　　　　　数量：　　　　　时间：
临床诊断与 病因调查结论	临床疑似诊断： 专家组成员： 初步结论：
疫源初步 调查结果及分析	
采样送样情况	血清：_____份；抗凝血：_____份；水疱液/皮：_____份；体液/渗出液：_____份 拭子（□口咽 □鼻 □肛 □肠）：_____份；死胎：_____份 脏器（□心 □肝 □脾 □肺 □肾 □淋巴结 □脑 □脊髓 □扁桃体 □胰腺 □其他： _____）：_____份

（续）

被调查人与单位	被调查人：	（签名/盖章）	联系电话：
	被调查人：	（签名/盖章）	联系电话：
	被调查单位：	（盖章）	联系电话：
调查人	姓名： 联系电话：		
	单位：		（盖章）
送样人与单位	送样人：	（签名/盖章）	联系电话：
	送样单位：	（盖章）	联系电话：

备注：必要时，可附加文字材料补充说明。自然村集中发病的疫点，畜主可只填村社干部或村级防疫员/疫情报告观察员。

④选择抽样方法和确定抽样框。在流行病学调查中，常采用抽样调查的方式，而抽样首先要根据研究的特点等选择合适的抽样方法，如随机抽样、整群抽样还是分层抽样等。抽样框就是抽样调查对象中所有抽样单位的名单。

⑤确定样本容量。根据估计方法、估计量、预算经费等确定样本容量。

⑥抽取样本，收集数据。

⑦结果分析及建议。

（2）实施调查。按照调查方案，在养殖场兽医技术人员或养殖技术人员的指导下，采取填写动物疫情流行病学调查表、座谈询问、查阅各种记录（气象、动物生产、治疗等）和实地调查等方式进行。

（3）调查材料的整理与分析。将获得的资料进行数据统计（如发病率、死亡率、病死率等）和情况分析。提出规律性资料（如生产能力，发病季节，降雨量及水源的关系，与中间宿主和传播者的关系，与人、犬、猫等的关系等）。

（4）撰写调查报告。根据调查情况，结合数据统计与分析情况，最后撰写动物疫情流行病学调查报告。

◆ 职业测试

1. 判断题

（1）发病率指在一定时间内新发生的某种动物疫病病例数与同期该种动物总头数之比。
（　　）

（2）根据调查对象和目的的不同，动物流行病学调查一般分为个例调查、流行调查、专题调查。
（　　）

（3）基本的兽医临床检查法主要包括问诊、视诊、触诊、叩诊和听诊。（　　）

（4）流行病学调查不能为拟定防治措施提供依据。（　　）

（5）动物传染病的临床诊断就是利用人的感官或借助于一些简单的器械如体温表、听诊

器等直接对动物进行检查。　　　　　　　　　　　　　　　　　　　　　（　　）

（6）死亡率是指某病死亡的动物头数占该病动物总头数的百分比。（　　）

（7）致死率是指某病死亡的动物头数占该患病动物总头数的百分比。（　　）

（8）某农户购入雏鸡500只，10日内因白痢死亡50只，死亡率是10%。（　　）

（9）流行病学调查只适用于动物传染病。　　　　　　　　　　　　　（　　）

（10）在临诊观察时，要收集发病动物群表现的所有症状，进行综合分析判断，不能单凭少数病例的症状轻易下结论。　　　　　　　　　　　　　　　　　　（　　）

（11）动物疫病的流行过程受着社会因素和自然因素多方面的影响，因此其过程的表现复杂多样。　　　　　　　　　　　　　　　　　　　　　　　　　　　（　　）

（12）准确的诊断是制定正确的防疫措施和进一步调查分析的依据。（　　）

（13）防疫措施的效果主要表现在发病率和流行规律的变化上。　　（　　）

（14）流行病学调查表格的项目应根据调查的目的和疫病种类而定。（　　）

（15）通过对发病率的分析，可以了解流行水平、流行趋势，评价防疫措施的效果和明确防疫工作的重点。　　　　　　　　　　　　　　　　　　　　　　　（　　）

2. 实践操作题

（1）通过你学过的知识，给一个发生了疑似布鲁氏菌病疫情的200头规模的奶牛场进行疫情的流行病学调查。

（2）某肉鸡养殖场饲养6 000只肉鸡，发生了疑似新城疫疫情，请你通过学习此任务的内容，制订调查方案并设计一份动物疫情流行病学调查表，供该养鸡场参考。

任务5-4　病理剖检与病料采集、运送

◆ 任务描述

畜禽病理剖检与病料采集、运送工作任务根据高级动物疫病防治员的动物疫病防控技能培养目标和对动物防疫岗位典型工作任务的分析安排。通过对发病畜禽或尸体的病理剖检，监测其病理变化，为疫病的临床诊断提供技术支撑，同时，通过对发病畜禽或尸体的病料采集及运送，为疫病的实验室诊断提供可靠的材料保障。通过此项工作任务的实施，为畜禽安全、健康、生态饲养提供有力的防疫保障。

◆ 能力目标

在学校教师和企业技师共同指导下，完成本学习任务后，希望学生获得：

（1）针对不同畜禽实施病理剖检及病料采集、运送的能力。

（2）病理剖检及病料包装、运送工作过程中的防病原扩散能力。

（3）较好的学习病例剖检新知识和新技术的能力。

（4）查找对不同畜禽病理剖检与病料采集、运送等技术的相关资料并截取信息的能力。

（5）从病理剖检与病料采集、运送等技术个案中寻找共性的能力。

（6）撰写剖检报告所需的语言、文字表达能力。

（7）从事不同畜禽病理剖检与病料采集、运送等技术工作岗位的能力。

◆ 学习内容

一、病料样品的种类

病料样品指取自动物或环境、拟通过检验反映动物个体、群体或环境有关状况的材料或物品。病料样品的种类繁多，主要包括血液样品、脏器样品、分泌物及排泄物样品等。

1. 血液样品 血液样品分两类，一类是添加抗凝剂，制备的血液样品为全血；另一类是不添加抗凝剂，制备的血液样品为血清。

2. 脏器样品 脏器样品包括心、肝、脾、肺、肾、淋巴结、扁桃体、皮肤、肠管、脑、脊髓等。

3. 分泌物及排泄物样品 这类样品包括泄殖腔拭子、咽喉拭子、鼻腔拭子、胆汁、唾液、乳汁、粪便、水疱液、眼分泌物、尿液、胸腔积液、腹水、心包液和关节囊液等。

4. 其他样品 包括骨骼、胎儿、生殖道样品（胎儿、胎盘、阴道分泌物、阴道冲洗液、阴茎包皮冲洗液、精液、受精卵）、胃肠内容物等。

二、采样前的准备

采样指按照规定的程序和要求，从动物或环境取得一定量的样本并经过适当的处理，留作待检样品的过程。做好采样前的各项准备工作是采样成功的基础。

1. 采样人员 采样人员应熟悉动物防疫的有关法律规定，具备一定的专业技术知识，熟练掌握采样工作程序和采样操作技术。采样前，应做好个人安全防护准备（穿戴手套、口罩、一次性防护服、鞋套等，必要时戴护目镜或口罩）。

2. 采样工具和器械 应根据所采集样品种类和数量的需要，选择不同的采样工具、器械及容器等，并进行适量包装。采样工具和盛样器具应洁净、干燥，且应做灭菌处理：刀、剪、镊子、穿刺针等用具应经高压蒸汽（103.43kPa）或煮沸灭菌30min或经160℃干烤2h灭菌；或置于1%～2%碳酸氢钠水溶液中煮沸10～15min后，再用灭菌纱布擦干，无菌保存备用。注射器和针头应放于清洁水中煮沸30min，无菌保存备用；也可使用一次性针头和注射器或一次性采血器。

3. 保存液 应根据所采集样品的种类和要求，准备不同类型并分装成适量的保存液，如PBS缓冲液、30%甘油磷酸盐缓冲液、灭菌肉汤（pH 7.2～7.4）和运输培养基等。

4. 记录用品 不干胶标签、签字笔、圆珠笔、记号笔、采样单、记录本等。

三、采样应遵循的一般原则

1. 先排除后采样 凡发现急性死亡的动物，怀疑患有炭疽时，不得解剖，应先针刺死畜鼻腔或尾根部静脉抽取血液，进行血液抹片镜检，在确定不是炭疽后，方可解剖采样。

2. 合理选择采样方法 应根据采样的目的、内容和要求合理选择样品采集的种类、数量、部位与抽样方法。样品数量应满足流行病学调查和生物统计学的要求。诊断或被动监测时，应选择症状典型、病变明显或有患病征兆的畜禽、疑似污染物；在无法确定病因时，采样种类应尽量全面。主动监测时，应根据畜禽日龄、季节、周边疫情情况估计其流行率，确定抽样单元。在抽样单元内，应遵循随机采样原则。

3. 采样时限 采集病死动物的病料，应于动物死亡后 2h 内采集。无法完成时，夏天不得超过 6h，冬天不得超过 24h。

4. 无菌操作 采样过程应注意无菌操作，刀、剪、镊子、器皿、注射器、针头等采样用具应事先严格灭菌，每种样品应单独采集。

5. 尽量减少应激和损害 活体动物采样时，应避免过度刺激或损害动物；也应避免对采样者造成危害。

6. 生物安全防护 采样人员应加强个人防护，严格遵守生物安全操作的相关规定，严防人畜共患病感染；同时，应做好环境消毒以及动物或组织的无害化处理，避免污染环境，防止疫病传播。

四、血液样品的采集

(一) 采血方法

1. 耳静脉采血 适合猪、兔等动物，同时样品要求量比较小的检验项目。操作步骤：①将猪、兔站立或横卧保定，或用保定器具保定。②耳静脉局部按常规消毒处理。③用手指捏压耳根部静脉血管处，使静脉充盈、怒张（或用酒精棉反复局部涂擦以引发充血）。④术者用左手把持耳朵，将其托平并使采血部位稍高。⑤右手持连接针头的采血器，沿静脉管使针头与皮肤呈 15°角，由远心端向近心端刺入血管，见有血液回流后放松按压，缓慢抽取血液或接入真空采血管（图 5-1、图 5-2）。

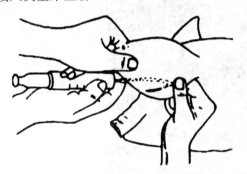

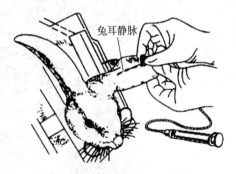

兔耳静脉

图 5-1 猪耳静脉采血示意　　　　图 5-2 兔耳静脉采血示意

2. 颈静脉采血 适合马、牛、羊等大家畜（图 5-3、图 5-4）。能满足常见的检测项目的要求。

(1) 操作步骤。①保定好动物，使其头部稍向前伸并略微偏向对侧。②对颈静脉局部进行剪毛、消毒。③看清颈静脉后，术者用左手拇指（或食指与中指）在采血部位稍下方（近心端）压迫静脉血管，使之充盈、怒张。④右手持采血针头，沿颈静脉沟与皮肤呈 45°角，迅速刺入皮肤及血管内，如见回血，即证明已刺入；使针头后端靠近皮肤，以减小

羊颈静脉采血

其间的角度，近似平行地将针头再伸入血管内 1~2cm。⑤撒开压迫脉管的左手，让血液流入采血容器。采完后，以酒精棉球压迫局部并拔出针头，再以 5%碘酊进行局部消毒。

图 5-3 羊颈静脉采血

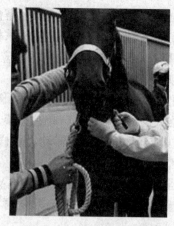
图 5-4 马颈静脉采血

（2）注意事项。①采血完毕，做好止血工作，即用酒精棉球压迫采血部位止血，防止血流过多。酒精棉球压迫前要挤净酒精，防止酒精刺激引起流血过多。②牛、水牛的皮肤较厚，颈静脉采血刺入时应用力并瞬时刺入，见有血液流出后，将针头送入采血管中，即可流出血液。

3. 牛尾静脉采血 将牛尾上提，在离尾根 10cm 左右中点凹陷处（图 5-5），将采血器针头垂直刺入约 1cm，见有血液回流时，即把针芯向外拉使血液流入采血器或接入真空采血管。

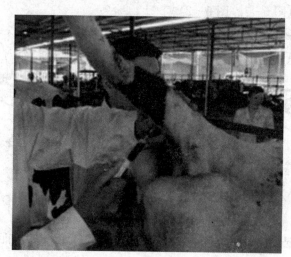
图 5-5 牛尾静脉采血

4. 前腔静脉采血 多用于猪的采血，适合于大量采血用。操作步骤：①仰卧保定，把前肢向后方拉直（图 5-6、图 5-7）。②选取胸骨端与耳基部的连线上胸骨端旁 2cm 的凹陷处，消毒。③用装有 20 号针头的注射器或家畜一次性采血器刺入消毒部位，针刺方向为向后内方与地面呈 60°角刺入 2~3cm，当进入约 2cm 时可一边刺入一边回抽针管内芯，刺入血管时即可见血液进入管内。采血完毕后，局部消毒。大猪一般采用前肢立式保定，拴系猪的

猪前腔静脉采血

上腭，保定人向上提拉保定绳，使猪头颈上扬与水平面呈 30°以上角度，偏向一侧，充分暴露前腔静脉区（图 5-8、图 5-9），选择颈部最低凹处，使针头偏向气管约 15°方向进针，见有血液回流时，即把针芯向外拉使血液流入采血器或接入真空采血管。

图 5-6 小猪的保定和前腔
　　　　静脉采血

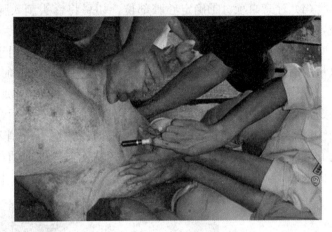

图 5-7 侧卧式保定和前腔静脉采血

图 5-8 前肢立式保定和前腔静脉采血

图 5-9 猪栏内保定和前腔静脉采血

5. 心脏采血 适合禽类、家兔、鼠等个体比较小的动物的采血。

（1）家兔和鼠心脏采血的操作步骤。以家兔为例：①确定心脏的生理部位。家兔和豚鼠的心脏部位约在胸前由下向上数第三与第四肋骨间。②选择用手触摸心脏搏动最强的部位，去毛消毒。③将稍微后拉栓塞的注射器针头由剑状软骨左侧呈 30°～45°刺入心脏，当家兔略有颤动时，表明针头已穿入心脏，然后轻轻地抽取，如有回血，表明已插入心腔内，即可抽血；如无回血，可将针头退回一些，重新插入心腔内，若有回血，则顺心脏压力缓慢抽取所需血量。

（2）小鼠采血，可以先麻醉，采血方法与兔子相似。

（3）禽类心脏采血操作步骤。雏鸡和成年禽类的心脏采血步骤略有差异。

①雏鸡心脏采血。左手抓鸡，右手手持采血针，平行颈椎从胸腔前口插入，回抽见有回血时，即把针芯向外拉使血液流入采血器。

②成年禽类心脏采血。成年禽类采血可取侧卧或仰卧保定。

侧卧保定采血：助手抓住禽两翅及两腿，右侧卧保定，在触及心搏动明显处，或胸骨脊前端至背部下凹处连线的 1/2 处消毒，垂直或稍向前方刺入 2～3cm，回抽见有回血时，即把针芯向外拉，使血液流入采血针。

仰卧保定采血：胸骨朝上，用手指压离嗉囊，露出胸前口，用装有长针头的注射器或家禽一次性采血器，将针头沿其锁骨俯角刺入，顺着体中线方向水平穿行，直到刺入心脏。

（4）注意事项。①确定心脏部位，切忌将针头刺入肺；②顺着心脏的跳动频率抽取血液，切忌抽血过快。

6. 翅静脉采血 适合禽类等有翅膀类的动物，多用于家禽、水禽、鹌鹑等的采血。采血量少时多采用该法。注意采血完毕及时压迫采血处止血，避免形成淤血块。

操作步骤：①侧卧保定禽只，展开翅膀，露出腋窝部，拔掉羽毛，在翅下静脉处消毒；②拇指压迫近心端，待血管怒张后，用装有细针头的注射器或家禽一次性采血器，由翼根向翅方向平行刺入静脉，放松对近心端的按压，缓慢抽取血液。或者，从无血管处向翅静脉丛刺入，见有血液回流，即把针芯向外拉使血液流入采血针（图5-10）。

鸡翅静脉采血

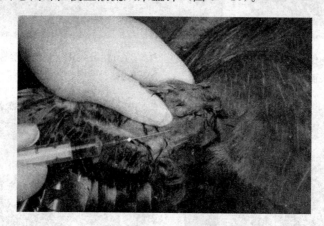

图5-10 鸡翅静脉采血

7. 犬猫前肢头静脉采血 前肢头静脉在前臂内侧皮下，靠近臂内侧外缘。

操作步骤：①将犬猫侧卧，保定好；②局部剪毛、消毒；③压迫犬猫肘部使前臂头静脉怒张，绷紧头静脉两侧皮肤；④右手持连有5号半针头的采血器，针头斜面朝上，呈15°角由远心端向近心端刺入静脉血管，见有血液回流时，缓慢抽取血液或接入真空采血管（图5-11、图5-12）。

图5-11 犬前肢静脉采血

图5-12 猫前肢静脉采血

注意事项：①采集少量血液时，在针孔插入血管后，接住滴下的血液即可，如做血常规检验等；②采集多量血液时，先解除静脉上端加压的手或胶皮管，用采血器缓慢抽取，若抽吸速度过快，易使针口吸着血管内壁，血液不能进入采血器；③采完血后注意及时、正确地止血。

（二）血样的处理

1. 全血样品　样品容器中应加 0.1% 肝素钠、阿氏液（2 份阿氏液可抗 1 份血液）、3.8%～4% 枸橼酸钠（0.1mL 可抗 1mL 血液）或乙二胺四乙酸（EDTA，PCR 检测血样的首选抗凝剂）等抗凝剂，采血后充分混合。

2. 脱纤血样品　应将血液置入装有玻璃珠的容器内，反复震荡，注意防止红细胞破裂。待纤维蛋白凝固后，即可制成脱纤血样品，封存后以冷藏状态立即送至实验室。

3. 血清样品　应将血样室温下倾斜 30° 静置 2～4h，待血液凝固有血清析出时，无菌剥离血凝块，然后置 4℃ 冰箱过夜，待大部分血清析出后即可取出血清，必要时可低速离心（1 000r/min 离心 10～15min）分离出血清，在不影响检测要求原则下，可以根据需要加入适宜的防腐剂，做病毒中和试验的血清和抗体检测的血清均应避免使用化学防腐剂（如叠氮钠、硼酸、硫柳汞等），若需长时间保存，应将血清置 -20℃ 以下保存，且应避免反复冻融。

采集双份血清用于比较抗体效价变化的，第一份血清采于疫病初期并做冷冻保存，第二份血清采于第一份血清后 3～4 周，双份血清同时送至实验室。

4. 血浆样品　应在样品容器内加入抗凝剂，采血后充分混合，然后静止，待红细胞自然下沉或离心沉淀后，取上层液体即为血浆。

五、畜禽活体样品的采集

1. 猪扁桃体样品　固定猪只，用开口器开口（图 5 - 13），可以看到突起的扁桃体，把采样枪枪头钩在扁桃体上，扣动扳机取出扁桃体置于灭菌离心管中，冷藏送检。

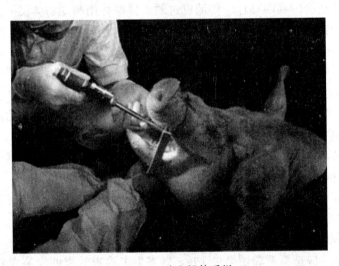

图 5 - 13　猪扁桃体采样

2. 猪鼻腔拭子和家禽咽喉拭子样品　取无菌棉签（图 5 - 14），插入猪鼻腔 2～3cm 或家禽口腔至咽的后部直达喉气管（图 5 - 15），轻轻擦拭并慢慢旋转 2～3 圈，沾取鼻腔分泌物或气管分泌物取出后，立即将拭子浸入保存液或半固体培养基中，密封低温保存。常用的保存液有 pH 7.2～7.4 的灭菌肉汤或 30％甘油磷酸盐缓冲液或 PBS 缓冲液。如准备将待检标本接种组织培养，则保存于含 0.5％乳蛋白水解物的 Hank's 液中，一般每支拭子需保存 5mL。

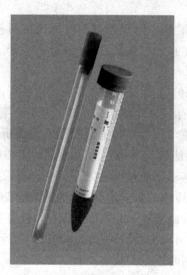 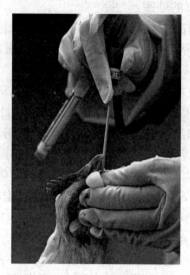

图 5-14　采样管及棉拭子　　　　图 5-15　病禽咽喉拭子采集

3. 牛、羊食道-咽部分泌物（O-P 液）采集

（1）被检动物在采样前禁食（可饮水）12h，以免反刍胃内容物严重污染 O-P 液。采样特制探杯在使用前放入装有 0.2％柠檬酸或 2％氢氧化钠溶液的塑料桶中浸泡 5min，再用自来水冲洗。每采完一头动物，探杯都要进行反复消毒和清洗。

（2）观察被检动物的吞咽动作。将消毒过的采样探杯用与动物体温一致的清水冲洗。

（3）采样时动物站立保定，操作者左手打开动物口腔，右手握探杯，随吞咽动作将探杯送入食道上部 10～15cm 处，轻轻来回抽动 2～3 次，然后将探杯拉出。如采集的 O-P 液被反刍内容物严重污染，要用生理盐水或自来水冲洗口腔后重新采样。在采样现场将采集到的 8～10mL O-P 液，倒入盛有 8～10mL 细胞培养维持液或 0.04mol/L PBS（pH7.4）的灭菌容器中，充分混匀后置于装有冰袋的冷藏箱内，送往实验室或转往-60℃冰箱保存。

4. 胃液及瘤胃内容物样品采集

（1）胃液样品。胃液可用多孔的胃管抽取。将胃管送入胃内，其外露端接在吸引器的负压瓶上，加负压后，胃液即可自动流出。

（2）瘤胃内容物样品。反刍动物在反刍时，当食团从食道进入口腔时，立即开口拉住舌头，另一只手深入口腔即可取出少量的瘤胃内容物。

5. 粪便和肛拭子样品

（1）粪便样品。应选新鲜粪便至少 10g，做寄生虫检查的粪便应装入容器，在 24h 内送达实验室。如运输时间超过 24h 则应进行冷冻，以防寄生虫卵孵化。运送粪便样品可用带螺帽容器或灭菌塑料袋，不得使用带皮塞的试管。

（2）肛拭子样品。采集肛拭子样品时，取无菌棉拭子插入畜禽肛门或泄殖腔中，旋转

2～3圈，刮取直肠黏液或粪便，放入装有30%甘油磷酸盐缓冲液或半固体培养基中送检，粪便样品通常在4℃下保存和运输。

6. 皮肤组织及其附属物样品　对于产生水疱病变或其他皮肤病变的疾病，应直接从病变部位采集病变皮肤的碎屑，未破裂水疱的水疱液、水疱皮等作为样品。

（1）皮肤组织样品。无菌采取2g感染的上皮组织或水疱皮置于5mL 30%甘油磷酸盐缓冲液中送检。

（2）毛发或绒毛样品。拔取毛发或绒毛样品，可用于检查体表的螨虫、跳蚤和真菌感染。用解剖刀片边缘刮取的表层皮屑用于检查皮肤真菌，深层皮屑（刮至轻微出血）可用于检查疥螨。对于禽类，当怀疑为马立克氏病时，可采集羽毛根进行病毒抗原检测。

（3）水疱液样品。水疱液应取自尚未破裂的水疱。可用灭菌注射器或其他器具吸取水疱液，置于灭菌容器中送检。

7. 生殖道分泌物和精液样品

（1）生殖道冲洗样品。采集阴道或包皮冲洗液，将消毒好的特制吸管插入子宫颈口或阴道内，向内注射少量营养液或生理盐水，用吸球反复抽吸几次后吸出液体，注入培养液中。用软胶管插入公畜的包皮内，向内注射少量的营养液或生理盐水多次揉搓，使液体充分冲洗包皮内壁，收集冲洗液注入无菌容器中。

（2）生殖道拭子样品。采用合适的拭子采取阴道或包皮内分泌物，有时也可采集宫颈或尿道拭子。

（3）精液样品。精液样品最好用假阴道挤压阴茎或人工刺激的方法采集。精液样品精子含量要多，不要加入防腐剂，且应避免抗菌冲洗液污染。

8. 脑脊液样品　从颈椎穿刺时，穿刺部位为环枢孔，动物实施站立保定或横卧保定，使其头部向前下方屈曲，术部经剪毛消毒，穿刺针与皮肤面呈垂直角度缓缓刺入。将针体刺入蛛网膜下腔，立即拔出针芯，脑脊液自动流出或点滴状流出，盛入消毒容器内。大型动物颈部穿刺一次采集量为35～70mL；从腰椎穿刺时，穿刺部位为腰荐孔，动物实施站立保定，术部剪毛消毒后，用专用的穿刺针刺入，当刺入蛛网膜下腔时，即有脊髓液滴状流出或用消毒注射器抽取，盛入消毒容器内，大型动物腰椎穿刺一次采集量为15～30mL。

9. 乳汁样品　乳房应先用消毒药水洗净，并把乳房附近的毛刷湿，最初所挤3～4把乳汁弃去，然后再采集10mL左右乳汁于灭菌试管中。进行血清学检验的乳汁不应冻结、加热或强烈震动。

10. 尿液样品　在动物排尿时，用洁净的容器直接接取；也可使用塑料袋，固定在雌畜外阴部或雄畜的阴茎下接取尿液。采取尿液，宜早晨进行。

11. 鼻液（唾液）样品　可用棉花或棉纱拭子采取。采样前，最好用运输培养基浸泡拭子。拭子先与分泌物接触1min，然后置入该运输培养基，在4℃条件下立即送往实验室。应用长柄、防护式鼻咽拭子采集某些疑似病毒感染的样品。

六、病死（屠宰）畜禽样品及环境和饲料样品的采集

采取病料时，应根据生前发病情况或对疾病的初步诊断印象，有选择地采取相应病变最严重的脏器或最典型的病变内容物。如分不清病的性质或种类时，可全面采取病料。

1. 一般组织样品　应使用常规解剖器械剥离动物的皮肤，体腔应用消毒器械剥开，所

需病料应按无菌操作方法从新鲜尸体中采集，剖开腹腔时，注意不要损坏肠道。

（1）病原分离样品。所采组织样品应新鲜，应尽可能地减少污染，且应避免其接触消毒剂及抗菌、抗病毒等药物。应用无菌器械采取做病原分离用组织块，每个组织块应单独置于无菌容器内或接种于适宜的培养基上，且应注明动物和组织名称以及采样日期等。

（2）组织病理学检查样品。处死或病死动物应立刻采样，以保证样品新鲜。应选典型、明显的病变部位，采集包括病灶及邻近正常组织的组织块，立即放入不低于 10 倍于组织块体积的 10％中性缓冲福尔马林溶液中固定，固定时间一般为 16～24h。切取的组织块大小一般厚度不超过 0.5cm，长宽不超过 1.5cm×1.5cm，固定 3～4h 后进行修块，修切为厚度为0.2cm，长宽 1cm×1cm（检查狂犬病则需要较大的组织块）后，更换新的固定液继续固定。组织块切忌挤压、刮摸和用水洗。如做冷冻切片用，则应将组织块放在 0～4℃容器中，送往实验室检验。福尔马林固定组织不能冷冻，固定后可以弃去固定液，应保持组织湿润，送往实验室。

2. 肠道组织、肠内容物样品

（1）肠道组织样品。应选择病变最明显的肠道部分，弃去内容物并用灭菌生理盐水冲洗，无菌截取肠道组织，置于灭菌容器或塑料袋送检。

（2）肠内容物样品。取肠内容物时，应烧烙肠壁表面，用吸管扎穿肠壁，从肠腔内吸取内容物放入盛有灭菌的 30％甘油磷酸盐缓冲液或半固体培养基中送检，或将带有粪便的肠管两端结扎，从两端结扎处外侧剪断送检。

3. 脑组织样品 应将采集的脑组织样品浸入 30％甘油磷酸盐缓冲液中或将整个头部割下，置于适宜容器内送检。

（1）牛羊脑组织样品。从延脑腹侧将采样勺插入枕骨大孔中 5～7cm（采羊脑时插入深度约为 4cm），将勺子手柄向上扳，同时往外取出延脑组织。

（2）犬脑组织样品。取内径 0.5cm 的塑料吸管，沿枕骨大孔向一只眼的方向插入，边插边轻轻旋转至不能深入为止，捏紧吸管后端并拔出，将含脑组织部分的吸管用剪刀剪下。

4. 眼部组织和分泌物样品 眼结膜表面用拭子轻轻擦拭后，置于灭菌的 30％甘油磷酸盐缓冲液（病毒检测加双抗）或运输培养基中送检。

5. 胚胎和胎儿样品 选取无腐败的胚胎、胎儿或胎儿的实质器官，装入适宜容器内立即送检，如果在 24h 内不能将样品送达实验室，应冷冻运送。

6. 小家畜及家禽样品 将整个尸体包入不透水塑料薄膜、油纸或油布中，装入结实、不透水和防泄漏的容器内，送往实验室。

7. 骨髓样品 需要完整的骨标本时，应将附着的肌肉和韧带等全部除去，表面撒上食盐，然后包入浸过 5％石炭酸溶液的纱布中，装入不漏水的容器内送往实验室。

8. 液体病料样品 采集胆汁、脓、黏液或关节液等样品时，应采用烫烙法消毒采样部位，用灭菌吸管、毛细吸管或注射器经烫烙部位插入，吸取内部液体病料，然后将病料注入灭菌的试管中，塞好棉塞送检。也可将接种环经消毒的部位插入，提取病料直接接种在培养基上。

供显微镜检查的脓、血液及黏液抹片的制备方法：先将材料置玻片上，再用一灭菌玻棒均匀涂抹或另用一玻片推抹。用组织块做触片时，持小镊子将组织块的游离面在玻片上轻轻涂抹即可。

9. 环境和饲料样品　环境样品通常采集垃圾、垫草或排泄的粪便或尿液。可用拭子在通风道、饲料槽和下水处采样。这种采样在有特殊设备的孵化场、人工授精中心和屠宰场尤其重要。样品也可在食槽或大容器的动物饲料中采集。水样样品可从饲槽、饮水器、水箱或天然及人工供应水源中采集。

七、畜禽尸体剖检

(一) 尸体剖检的准备

1. 剖检的时间　除特殊情况下，尸体剖检最好在白天进行，以正确地反映脏器固有的颜色；剖检尸体越早越好。

2. 剖检场地的选择　剖检场地应坚实、平整、不渗透，便于清洗、消毒，防止病原扩散。最好在有一定设备条件的室内进行剖检。如在野外剖检，要选择比较偏僻的、远离居民点、动物饲养场、水源、畜禽群、草地、交通要道的干燥地方，挖一个深坑，深度视尸体大小而定，坑边铺上干草或塑料布等垫物，把尸体放在上面剖检。剖检完后，将尸体连同垫物推入坑中掩埋或焚烧。

3. 剖检器械　剥皮刀、解剖刀、外科刀、剪刀、镊子、斧子、锯子等。

4. 消毒液　0.1%新洁尔灭溶液或3%来苏儿溶液、4%氢氧化钠溶液、2%碘酊、75%酒精等。

5. 尸体的运送　搬运尸体时，应防止其排泄物、分泌物泄漏地面，要用不透水的密闭容器运送。对传染病尸体应用浸有消毒液的棉花或纱布等将尸体天然孔及穿透创进行堵塞或包扎，并用消毒药液喷洒尸体体表。使用后的运送工具要严密消毒或掩埋。

6. 剖检人员的防护准备　应准备好工作服、橡胶手套、胶靴、口罩、护目镜等；在手臂上涂上凡士林油以保护皮肤，防止感染；剖检中如术者手或其他部位不慎损伤时，应立即消毒或包扎；如有血液或渗出物溅入眼或口内，应用2%硼酸水冲洗。

(二) 畜禽尸体剖检术式

首先，进行外部检查，检查和记录尸体来源、病史、症状、治疗经过，检查尸体体表特征，可视黏膜有无出血、充血、淤血、溃疡、外伤等，尸体姿势、卧位、尸冷、尸僵、尸斑、尸腐、腹部有无膨气，天然孔有无异物，分泌物和排泄物的性质等。对怀疑死于炭疽的病尸，禁止解剖。

然后进行内部检查，通常包括剥皮、皮下检查、体腔剖开、内脏器官摘出及器官检查四个步骤。

1. 猪的剖检术式　猪的剖检一般不剥皮，通常采取背卧（仰卧）式。

（1）打开腹腔。

①第一刀自剑状软骨后方沿腹壁正中线向后直切至耻骨联合的前缘。

②第二、三刀分别从剑状软骨沿左右肋软骨弓后缘至腰椎横突，做弧形切线，两线均切透，至此，腹腔即打开。

（2）摘出脏器。

①首先检查腹腔脏器位置、腹水量、颜色等。

②接着在横膈膜处双重结扎并切断食管、血管。

③在骨盆腔处双重结扎并切断直肠。

④将整个腹腔脏器一并取出，边取边切断脊椎下的肠系膜韧带。

⑤分离并做双重结扎，分别取下胃、十二指肠、回肠、空肠、盲肠和结肠、肝等。

⑥再于腰部脊柱下取出肾。

⑦观察骨盆腔脏器的位置及有无异常变化。

⑧锯开耻骨和坐骨，一并取出骨盆腔脏器、肛门和公畜阴茎。

（3）打开胸腔及摘出胸腔脏器。

①先切除胸廓两侧的肌肉，用刀或剪沿左右两侧肋软骨和肋骨结合处切断或剪断，切断胸肌和胸膜。

②切断肋骨与胸椎的连接，打开胸腔。

③切开下颌皮肤和皮下脂肪，向后剥离颌下及颈下部肌肉组织，暴露出支气管、食管。

④切断胸腔内的韧带，并切断舌骨，将舌、咽、喉、气管等连同心、肺一起取出。

（4）内脏器官的检查。

①由表及里用眼观、手触及刀割等方法，有系统地、重点进行检查。

②观察各脏器及附近淋巴结的大小、形状、色泽、硬度。

③分段全面观察胃、肠、膀胱有无病理变化。

④寄生虫检查材料应在检查脏器时收集。

2. 鸡的尸体剖检术式　一般登记和体表检查与猪基本相同。

（1）先将羽毛用水或消毒水浸湿，以免绒毛及尘土扬起。未死的病鸡可采用心脏注射空气的方法致死。

鸡剖检与采样

（2）尸体取背卧位，将两侧大腿与腹壁相连处的皮肤与疏松结缔组织切开，用力按压两大腿，使之脱臼，使背卧位更平稳，便于操作。

（3）打开胸、腹腔。横切胸骨末端后方皮肤，与两侧大腿的竖切口连接，剥离皮肤，充分暴露整个胸腹的皮下组织和肌肉，剪断肋骨和乌喙骨，把胸骨向前外翻，露出胸、腹腔。

（4）观察脏器位置、胸水和腹水的状况等。

（5）切断食管，将腺胃、肌胃、肝、脾、肠管及肛门一同取出。

（6）从口腔下剪，剪开一侧喙角及颈部皮肤肌肉，打开口腔，切断舌骨，将舌、喉、食管、嗉囊、气管等从颈部剥离下来。

（7）用刀柄进行钝性分离，把肾、肺、心脏取出，将卵巢和输卵管或睾丸一起取出。

（8）用骨剪剪开鼻腔，检查鼻腔及其内容物。

（9）剪开头部皮肤，打开头骨，检查脑部。

（10）脏器检查的一般方法与其他动物脏器的检查基本相同。

3. 牛的尸体剖检术式　牛的躯体重而大，有大容量的瘤胃，故剖检牛尸体时，应取左侧卧位。

（1）剥皮。由下颌角开始沿腹正中线纵向切开皮肤，直至脐部，分成两切线绕开生殖器或乳房，再吻合于尾根下。沿四肢内侧中线切开四肢皮肤，至系（跗）关节下做环形切线，沿上述各线剥下全身皮肤，边剥边观察皮下组织的变化。

（2）截肢。沿肩胛骨做环形切线，切断所有的肌肉、血管和神经，最后将前肢向背侧牵引，即可取下前肢。沿股骨大转子环行切割其肌肉和韧带，当大转子周围的肌肉被大部分切除后，将后肢向背侧牵引，切脱关节即可取下后肢。

（3）胸、腹、骨盆腔脏器的摘出。牛胸、腹、骨盆腔打开的切线、脏器摘出和观察与猪的基本相同。在脏器摘出时，先由胃开始，找到十二指肠进行双重结扎，在其中间切断，将整个胃取出。然后再以双重结扎，分离取出全部肠管及其他脏器。

八、畜禽脏器的常见病理变化

（一）出血

破裂性出血时，如流出的血液蓄积于组织间隙或器官的被膜下，形成肿块并压挤周围组织，称为血肿；如血液流入体腔，则称为腔出血或腔积血（如胸腔积血、心包积血等）。渗出性出血时，常因发生的原因和部位不同而有所差异。常见有以下几种形态：

1. 点状出血　多呈粟粒大至高粱米大，弥漫性散布，见于浆膜、黏膜及肝、肾等器官的表面。如马传染性贫血病马舌下点状出血、鸡新城疫病鸡腺胃出血（图 5-16）等。

2. 斑状出血　形成绿豆大、黄豆大或更大的密集血斑。如鸭病毒性肝炎肝出血（图 5-17）。

3. 出血性浸润　血液弥漫浸透于组织间隙，出血局部呈整片暗红色，在肾、膀胱发生渗出性出血时，有时可见到血尿。当机体有全身性渗出性出血倾向时，称为出血性素质。如患最急性型猪肺疫时咽喉部出血性浆液性浸润。

　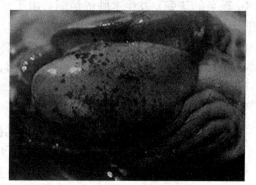

图 5-16　鸡新城疫腺胃乳头出血　　　　　　图 5-17　鸭病毒性肝炎肝出血斑

（二）梗死

1. 贫血性梗死　主要是由于动脉阻塞的结果，常发生于脾、肾、心、脑等处。由于梗死区缺血，加上梗死区的细胞蛋白质凝固等，梗死区呈苍白色。由于肾、脾的血管呈树枝状分布，因而梗死灶位于脏器的边缘时，切面多呈三角形或楔形，尖端指向被阻塞的血管，梗死灶与周围分界清楚，常有充血、出血带包围。

2. 出血性梗死　常见于脾、肺、肠，梗死灶因有出血而呈暗红色。肠系膜血管有丰富的吻合支，肺内动脉不仅吻合支多且有支气管动脉的双重支配，因而个别动脉阻塞并不引起梗死。只有在动脉阻塞的同时，又伴有严重的静脉淤血时，由于局部静脉压升高可阻止动脉吻合支的血流，并妨碍侧支循环的建立，从而发生梗死，进而淤积在静脉和毛细血管内的血液亦随血液的自溶而泛滥于梗死区内，形成出血性梗死。如猪瘟时脾的出血性梗死。

（三）坏死

局部组织或细胞的死亡称为坏死，是一种不可恢复的病理过程，如禽霍乱时肝的灰白色坏死灶。但并不是所有的坏死都是病理现象，有的是生理现象，如表皮的死亡脱落，白细胞的不断破坏等。

（四）结石

凡在排泄或分泌器官的管腔或囊腔内，有机成分或无机盐类由溶解状态变为固体物质的过程称为结石形成，所形成的固体物称为结石。结石多见于胃、肠、胰腺排泄管、胆囊、胆管、肾盂、膀胱和尿道中。如鸡传染性法氏囊病、鸡肾型传染性支气管炎的肾结石、牛胆结石、马肠结石等。

（五）黄疸

由于胆红素形成过多或排泄障碍导致大量胆红素蓄积在体内，使皮肤、黏膜、浆膜及实质器官等染成黄色，称为黄疸。如梨形虫病、钩端螺旋体病、马传染性贫血、附红细胞体病、胆道蛔虫等均可引起皮肤、黏膜、浆膜等黄染。

（六）水肿

1. 体积增大　水肿器官组织由于组织内滞留多量水肿液，致使体积增大，结构致密的组织体积肿胀多不明显。

2. 紧张度的改变　发生水肿的组织，紧张度增加，弹性减少，因而指压留有压痕，而且压痕消失很慢，这种表现以皮肤浮肿时最为明显。

3. 颜色的改变　发生水肿的组织，由于组织内积聚大量的无色液体，并压迫血管，故组织多贫血而呈苍白色。

4. 切面的改变　切开水肿组织时，切面高度湿润，往往有透明感，有透明无色或淡黄色液体自切口流出，用手挤压流出的液体增多，组织疏松，间质增宽。

九、采样与剖检的无害化处理

活畜禽、病死畜禽组织样品采集或尸体剖检前后，应做好样品外包装和环境消毒，病死畜禽及其产品、无法达到检测要求的样品做无害化处理。

一般选择在密闭的实验室中进行，如果在野外进行，剖检与采样前先挖好大而深的坑，一般填入尸体后深度仍不低于1.5m。剖检与采样在坑边进行，检查或采样完的内脏器官随手丢弃坑内，剖检与采样后将尸体和尸垫一起投入坑内，在尸体上撒生石灰或其他消毒药，铲净污染的表层土壤，投入坑内。埋好后，对地表进行消毒。

剖检与采样中所用衣物和器材最好直接放入煮锅或手提高压锅内，经灭菌后，方可清洗和处理；解剖器械也可直接放入消毒液内浸泡消毒后，再清洗处理。胶手套消毒后，用清水洗净，擦干，撒上滑石粉。金属器械消毒清洁后擦干，涂抹凡士林，以免生锈。

剖检与采样搬运尸体前，需用浸有消毒液的脱脂棉或破布堵塞尸体天然孔，以防液体流出污染环境。对搬运尸体用过的车辆、用具及死畜禽生前接触过的环境进行全面、彻底的消毒。

剖检与采样场地要进行彻底消毒，以防污染周围环境。如遇特殊情况（如高致病性禽流感），检验工作在现场进行，当撤离检验工作点时，要做终末消毒，以保证继用者的安全。

十、病料样品的记录与包装

（一）采样单及标签等的填写

采样时，应清晰标识每份样品，同时在采样记录表上清晰记录采样的相关信息。

采样记录应包括以下内容：疫病发生的地点（记录所处的经度和纬度）、畜（禽）场的地址和畜主的姓名、地址、电话及传真；采样者的姓名、通信地址、邮编、E-mail 地址、电话及传真；畜（禽）场里饲养的动物品种及其数量；疑似病种及检测要求；采样动物畜种、品种、年龄和性别及标识号；首发病例及继发病例的日期及造成的损失；感染动物在畜群中的分布情况；畜禽养殖场户的存栏数、死亡动物数、出现临床症状的动物数量及其日龄；临床症状及其持续时间，包括口腔、眼睛和腿部情况，产乳或产蛋的记录，死亡时间等；受检动物清单、说明及尸检发现；饲养类型和标准，包括饲料种类；送检样品清单和说明，包括病料的种类、保存方法等；动物免疫和用药情况；采样及送检日期。

采样单应用钢笔或签字笔逐项填写（一式三份），样品标签和封条应用圆珠笔填写，保温容器外封条应用钢笔或签字笔填写，小塑料离心管上可用记号笔做标记。应将采样单和病史资料装在塑料包装袋中，随样品一起送到实验室。

采样单样式见表 5-6。

表 5-6 采样单样式

场　名				级　别		☐原种　☐祖代　☐父母代　☐商品代 ☐散养户　☐畜禽交易市场		
通信地址				邮　编				
联系人				电　话				
栋　号	畜（禽）名	品　种	日　龄	规　模	采样数量	样品名称		编　号
免疫情况	（免疫程序、时间、疫苗种类、疫苗生产厂家、批号、免疫剂量等）							
临床表现								
既往病史								
其他								
被检单位盖章或签名 　　　　　　　　　年　　月　　日				采样单位盖章或签名 　　　　　　　　年　　月　　日				

（二）包装要求

每个组织样品应仔细分别密封包装。在样品袋或平皿外贴上标签，标签注明样品名、样品编号和采样日期等，再将各个样品放到塑料密封包装袋中。拭子样品的小塑料离心管应放在规定离心管塑料盒内。血清样品装于小瓶时应用铝盒盛放，盒内加填塞物避免小瓶晃动，若装于小塑料离心管中，则应置于离心管塑料盒内。密封包装袋外、塑料盒及铝盒应贴封条，封条上应有采样人的签章，并应注明贴封日期，标注放置方向。对于重大动物疫病如新城疫、口蹄疫、高致病性禽流感、猪瘟和高致病性猪蓝耳病，样品包装应符合我国《高致病性动物病原微生物菌（毒）种或者样本运输包装规范》的要求。

十一、病料样品的保存与运送

（一）样品保存

采集的样品在无法于24h内送检的情况下，应根据不同的检验要求，将样品按所需温度分类保存于冰箱、冰柜中。血清应放于—20℃保存，全血应放于4℃冰箱中保存。供细菌检验的样品应于4℃保存，或用灭菌后浓度为30%～50%的甘油生理盐水4℃保存。供病毒检验的样品应在0℃以下低温保存，也可用浓度为30%～50%的灭菌甘油生理盐水0℃以下低温保存，长时间—20℃冻存不利于病毒分离。

（二）样品运输

所采集的样品以最快最直接的途径送往实验室。如果样品能在采集后24h内送抵实验室，则可放在4℃左右的容器中冷藏运送。对于不能在24h内送往实验室但不影响检验结果的样品，应以冷冻状态运送。图5-18为一款冷链运输用冷藏采样箱。

要避免样品泄漏。制成的涂片、触片、玻片上应注名编号。玻片应放入专门的病理切片盒中，在保证不被压碎的条件下运送。所有运输包装均应贴上详细标签，并做好记录。运送高致病性病原微生物样品，应按照我国《病原微生物实验室生物安全管理条例》的规定执行。

图5-18 冷藏采样箱

十二、常用组织样品保存剂的配制

1.30%甘油生理盐水配制　30份纯净甘油（一级或二级）、70份生理盐水，混合后，经高压蒸汽灭菌备用。

2.50%甘油生理盐水配制　50份纯甘油、50份生理盐水，混合后，经高压蒸汽灭菌备用。

3.50%甘油磷酸盐缓冲液配制　纯净甘油50份，磷酸盐缓冲液50份，混合后，经高压蒸汽灭菌备用。

4.30%甘油缓冲溶液配制　纯净甘油30mL、氯化钠0.5g、磷酸氢二钠1g、0.02%酚红1.5mL、中性蒸馏水100mL，混合后，高压蒸汽灭菌备用。

5.pH7.4的等渗磷酸盐缓冲液（0.01mol/mL，pH7.4，PBS）配制　取氯化钠8g、磷酸二氢钾0.2g、磷酸氢二钠2.9g、氯化钾0.2g，按次序加入容器中，加适量蒸馏水溶解后，再定容至1 000mL，调pH至7.4，高压蒸汽灭菌20min，冷却后，保存于4℃冰箱中备用。

6. 棉拭子用抗生素PBS（病毒保存液）的配制　取上述PBS，按要求加入下列抗生素：喉气管拭子用PBS液中加入青霉素（2 000U）、链霉素（2mg）、阿米卡星（1 000U）、制霉菌素（1 000U）。粪便和泄殖腔、拭子所用的PBS中抗生素浓度应提高5倍。加入抗生素后应调pH至7.4。在采样前分装小塑料离心管，每管中加这种PBS 1.0～1.3mL。采粪便时，在青霉素瓶中加PBS 1.0～1.5mL，采样前冷冻保存。

7. 饱和食盐水溶液　取蒸馏水 100mL，加入氯化钠 38～39g，充分搅拌溶解后，然后用滤纸过滤，高压灭菌备用。

8. 10%福尔马林溶液　取福尔马林（40%甲醛溶液）10mL 加入蒸馏水 90mL 即成。常用于保存病理组织学材料。

◆ 任务案例

（一）疫病检测样品的采集、保存和送检

1. 任务说明　科学采集、保存和送检病料是顺利进行动物疫病病理学及免疫学检测的重要基础性工作。本任务旨在通过疫病检测样品的采集、保存和送检，使学生掌握疫病检测样品的采集、保存和送检的基本操作技术，提高实践动手能力和技术规范意识。

2. 设备材料　本任务选择在需要疫病检测的畜禽养殖场进行，所需实训材料为高压锅、显微镜、载玻片、解剖刀、剪刀、镊子、注射器、针头、试管、平皿、棉签以及病料保存液等。

3. 工作过程　学生在养殖场兽医技术人员的指导下，将采集所需器械灭菌。在养殖场兽医诊疗室或动物圈舍内按规定采集病料。疫病监测样品的采集主要包括血清样品的采集和病料的采集。禽类采血量不得少于 2mL，猪、牛、羊不得少于 5mL。采取病料的种类，应根据不同的传染病，相应地采其脏器或内容物。主要采取淋巴结、肺、肝、脾及肾等，采取的病料置于灭菌试管、平皿或一次性封口塑料袋中。采取的病料应及时送检，装病料的容器外面，要用浸消毒液的纱布充分擦拭，瓶口以灭菌棉塞或胶塞塞紧，并用胶布密封。容器上要贴标签，注明病料名称、采取日期和保存方法等。送检病料时，要避免高温和日光直射，以防腐败和病原体死亡。在送检病料同时，附上采样单、病历和尸体剖检记录。

（二）鸡的尸体剖检

1. 任务说明　尸体剖检是疾病诊断的重要方法之一。本任务旨在通过鸡的剖检使学生掌握传染病动物尸体的剖检及处理方法。

2. 设备材料　对于鸡剖检，一般有剪刀和镊子即可工作。另外可根据需要准备骨剪、肠剪、手术刀、搪瓷盆、标本缸、广口瓶、消毒注射器、针头、培养皿等，以便收集各种组织标本。防护用具需准备工作服、胶靴、一次性医用手套或橡胶手套、脸盆或塑料小水桶、消毒剂、肥皂、毛巾等。还需有尸体处理设施。

3. 工作过程

（1）选择地点。应在远离生产区的下风处，尽量远离生产区，避免病原的传播。

（2）鸡的致死。常用的方法有断颈法（即一手提起双翅，另一手掐住头部，将头部急剧扭向颈椎垂直方向的同时，快速用力向前拉扯）；往心腔内注入空气等。

（3）将其尸体表面及羽毛用消毒液完全浸湿，然后将其移入搪瓷盆或其他用具中进行剖检。

（4）将鸡的尸体背位仰卧，在腿腹之间切开皮肤，然后紧握大腿股骨，用手将两条腿掰开，直至股骨头和髋臼分离，这样两腿将整个鸡的尸体支撑在搪瓷盆上。

（5）沿中线先把胸骨嵴和肛门间的皮肤纵行切开，然后向前，剪开胸、颈的皮肤，剥离皮肤暴露颈、胸、腹部和腿部的肌肉，观察皮下脂肪、皮下血管、龙骨、胸腺、甲状腺、甲状旁腺、肌肉、嗉囊等的变化。

（6）沿下颌骨剪开一侧口角，再剪开喉头、气管、食道和嗉囊，观察鼻孔、腭裂、喉头、气管、食道和嗉囊等的异常病理变化。此外在鼻孔的上方横向剪开鼻裂腔，观察鼻腔和

鼻甲骨的异常病理变化。

(7) 在脊柱的两侧，仔细将肾别除，可露出腰荐神经丛；在大腿的内侧，剥离内收肌，可找到坐骨神经；将病鸡的尸体翻转，在肩胛和脊柱之间切开皮肤，可发现臂神经；在颈椎的两侧可找到迷走神经；观察两侧神经的粗细、横纹和色彩、光滑度。

(8) 切开头顶部的皮肤，将其剥离，露出颅骨，用剪刀在两侧眼眶后缘之间剪断额骨，再剪开顶骨至枕骨大孔，掀开脑盖骨，暴露大脑、丘脑和小脑，观察脑膜、脑组织的变化。

(9) 用剪刀剪开关节囊，观察关节内部的病理变化；用手术刀纵向切开骨骼，观察骨髓、骨骺的病理变化。

(10) 填写剖检记录，剖检器械、场地消毒处理，尸体焚毁或深埋处理。

◆ 职业测试

1. 判断题

(1) 怀疑炭疽时应对患病动物进行解剖做进一步诊断。　　　　　　　　（　　）

(2) 如疑似患狂犬病的动物应取脊髓组织进行包涵体检查。　　　　　　（　　）

(3) 采集用作病原学检测的病料时应做到无菌操作，并尽早送检。　　　（　　）

(4) 粪便检查是寄生虫病监测最常用的方法。　　　　　　　　　　　　（　　）

(5) 50%的甘油缓冲液常用来作为细菌病料的保存剂。　　　　　　　（　　）

(6) 采集乳汁时，应取最初所挤的 3～4 把乳汁。　　　　　　　　　　（　　）

(7) 刮取皮屑，应在患病皮肤与健康皮肤的交界处进行刮取，在这里螨虫最多。（　　）

(8) 猪前腔静脉注射可以采取站立或侧卧姿势保定，切不可取仰卧姿势保定。（　　）

(9) 采取的病理检验材料通常使用 100%酒精固定保存。　　　　　　　（　　）

(10) 猪在剖检时，第一刀自左侧第一肋后方沿腹壁正中线向后直切至耻骨联合的前缘。
　　　　　　　　　　　　　　　　　　　　　　　　　　　　　　　（　　）

2. 实践操作题

(1) 请你结合学习此项工作任务情况，安排并完成一头病猪的病理剖检与病料采集、运送工作。

(2) 请你结合自身学习的情况，实践操作一只支原体性肺炎病羊的病理剖检与病料采集、运送。

任务 5-5　实验室检测

◆ 任务描述

动物疫病实验室检测工作任务根据高级动物疫病防治员的动物疫病防控技能培养目标和对动物防疫岗位典型工作任务的分析安排。通过完成不同动物疫病的病原学检测、免疫学检测和分子生物学检测等实验室检测工作任务，为动物疫病的实验室诊断、动物免疫效果的监测等提供一定的技术支撑，也为动物疫病的诊断和动物的免疫提供一定的依据，为畜禽安全、健康、生态饲养提供有力的防疫保障。

◆ 能力目标

在学校教师和企业技师共同指导下，完成本学习任务后，希望学生获得：

(1) 对不同动物疫病病原学检测的能力。

(2) 对不同动物疫病免疫学检测的能力。

(3) 鸡新城疫等疫病抗体监测能力。

(4) 查找疫病实验室检测相关资料并获取信息的能力。

(5) 制订动物疫病实验室检测工作计划并解决问题的能力。

(6) 经过完整实际工作过程训练，具有从事对不同动物疫病进行实验室检测工作岗位的能力。

◆ 学习内容

一、动物疫病病原学检测技术

动物疫病病原学检测主要包括细菌学检测技术、病毒学检测技术和寄生虫学检测技术。

（一）细菌学检测技术

1. 显微镜检查

(1) 病料处理。将病料涂成薄而均匀的涂片，室温下自然干燥。细菌培养物涂片用火焰固定，血液和组织涂片多用甲醇固定。然后根据检查目的选择染色液和染色方法。

常用的染色方法有革兰氏染色法、美蓝染色法、瑞氏染色法和吉姆萨染色法等。有些细菌则需采用特殊染色方法，如结核杆菌和副结核杆菌用萋—尼氏抗酸性染色法；布鲁氏菌用柯氏鉴别染色法；钩端螺旋体用镀银染色法；有时为观察细菌特殊构造，也需要特殊染色如用荚膜染色法观察细菌的荚膜。

细菌革兰氏染色法

(2) 显微镜检查。经染色水洗后的涂片标本，用吸水纸吸干（切勿摩擦）。亦可在酒精灯火焰的远端烘干，滴加香柏油，用油浸镜观察细菌的形态结构和染色特性。

2. 培养性状检查 各种细菌在培养基上培养时，表现出一定的生长特征，可作为鉴别细菌种属的重要依据。

(1) 固体培养基上菌落性状的检查。细菌在固体培养基上培养，长出肉眼可见的细菌菌落。其菌落大小、形状、边缘特征、色泽、表面性状和透明度等因不同菌种而异。因此，菌落特征是鉴别细菌的重要依据。

(2) 液体培养基性状观察。细菌在液体培养基中生长可使液体出现混浊、沉淀、液面形成菌膜以及液体变色、产气等现象。在普通肉汤中，大肠杆菌生长旺盛使培养基均匀混浊，培养基表面形成菌膜，管底有黏液性沉淀，并常有特殊粪臭气味；而巴氏杆菌则使肉汤轻度混浊，管底有黏稠沉淀，形成菌环；绿脓杆菌生长旺盛，肉汤呈草绿色混浊，液面形成很厚的菌膜。

3. 生化试验 生化试验是利用生物化学的方法，检测细菌在人工培养繁殖过程中所产生的某种新陈代谢产物是否存在，是一种定性检测。不同的细菌，新陈代谢产物各异，表现出不同的生化性状，这些性状对细菌种属鉴别有重要价值。生化试验的项目很多，可据监测目的适当选择。常用的生化反应有糖发酵试验、靛基质试验、V-P试验、甲基红试验、硫化氢试验等。

4. 动物试验 通过动物试验可以分离并鉴定细菌。最常用的实验动物有：小鼠、大鼠、豚鼠和家兔。实验动物在试验前应编号分组，以便对照。实验动物接种方法有：皮下接种法、腹腔接种法、肌肉接种法、静脉注射法。动物接种以后应立即隔离饲养，每天从静态、动态和摄食饮水等方面进行观察，做好记录。对发病和死亡的实验动物及时剖检，观察病理变化，并采取病料接种培养基，分离病原体。

5. 药敏试验 药敏试验可以相对快速有效地检测病原菌对各种抗菌药的敏感性。临床常用的药敏试验方法主要有扩散法和稀释法。其中扩散法是通过测试药物纸片在固体培养基上的抑菌圈的大小，判断细菌对该种药物是否敏感。稀释法包括试管稀释法和微量稀释法，通过测试细菌在含不同浓度药物培养基内的生长情况，判断其最低抑菌浓度（MIC）。

纸片法药敏试验

（二）病毒学检测技术

畜禽病毒性疫病是危害最严重的一类疫病，给畜牧业带来的经济损失最大。除少数如绵羊痘等可以根据临床症状、流行病学、病变做出诊断外，大多数病毒性传染病的检测，必须在临床诊断的基础上进行实验室诊断，以确定病毒的存在或检出特异性的抗体。常用的检测方法有：包涵体的检查、病毒的分离培养、病毒的血清学试验、动物接种试验、分子生物学方法等。

1. 病毒感染的快速诊断 病毒感染的快速诊断主要有形态学检查、病毒蛋白抗原检查和检测病毒核酸三种方法。

（1）形态学检查可利用普通光镜、电镜和免疫电镜进行。有些病毒能在易感细胞中形成包涵体，将被检材料直接涂片、做组织切片或冰冻切片，经特殊染色后，可用普通光学显微镜进行检查。这种方法对能形成包涵体的病毒性传染病具有重要的诊断意义。能够产生包涵体的畜禽常见病毒有痘病毒、狂犬病病毒、伪狂犬病病毒等。

（2）病毒蛋白抗原检查主要有免疫荧光技术、固相放射免疫测定、酶免疫技术等，在兽医临床上典型的应用是猪瘟荧光抗体染色法检测猪瘟病毒。将组织制成冰冻切片，经冷丙酮固定后，滴加猪瘟荧光抗体37℃作用30min，洗涤，干燥，置荧光显微镜下观察，以鉴定荧光的特异性。

（3）检测病毒核酸主要是针对不同病原微生物具有的特异性核酸序列和结构进行检测。其特点是反应的灵敏度高、特异性强、检出率高。目前利用核酸杂交技术、核酸扩增技术和基因芯片技术等已经研制出多种商品化试剂盒，如口蹄疫病毒系列 RT-PCR 检测试剂盒、猪瘟病毒 RT-PCR 检测试剂盒、猪伪狂犬病毒 PCR 检测试剂盒、禽流感病毒 RT-PCR 检测试剂盒等，用于病毒感染的快速检测。

2. 病毒的分离培养 将采集的病料接种动物、禽胚或组织细胞，可进行病毒的分离培养。供接种或培养的病料应做除菌处理。除菌的方法有滤器除菌、高速离心除菌和利用抗生素处理三种。如口蹄疫的水疱皮病料进行病毒分离培养时，将送检的水疱皮置平皿内。以灭菌的磷酸盐缓冲液洗涤数次，并用灭菌滤纸吸干，称重，剪碎，研制成1∶5悬液，为防止细菌污染，每毫升加青霉素 1 000U，链霉素 1 000 μg，置2～4℃冰箱内 4～6h，然后用8 000～10 000r/min速度离心沉淀30min，吸取上清备用。

病毒必须在活细胞内才能增殖。应根据不同病毒，选用动物接种、鸡胚接种、细胞培养等方法来进行培养。动物接种在病毒毒力测定上应用广泛。病毒的鸡胚培养法主要有四种接种途径，即尿囊腔、绒毛尿囊膜、羊膜腔和卵黄囊，不同的病毒应选择各自适宜的接种途径，并根据接种途径确定鸡胚的孵育日龄。病毒细胞培养的类型有原代细胞培养、二倍体细胞培养和传代细胞系培养，细胞培养的方法有静置培养、旋转培养、悬浮培养和微载体培养等。

3. 病毒的血清学试验 血清学试验是诊断病毒感染和鉴定病毒的重要手段。血清学试验最常用的有中和试验、血凝及血凝抑制试验、免疫扩散试验等。中和试验是病毒型特异性反应，具有高度的特异性和敏感性，常用于口蹄疫、猪水疱病、蓝舌病、鸡传染性喉气管炎、

高致病性禽流感血凝
与血凝抑制试验

鸭瘟、鸭病毒性肝炎等疫病的检测。血凝试验和血凝抑制试验为型特异性反应，临床上常用于新城疫和禽流感等疫病的监测。免疫扩散试验操作简便，特异性与敏感性均较高，常用于马立克氏病、传染性法氏囊病等的诊断。

（三）寄生虫学检测技术

1. 虫卵检查

（1）直接涂片镜检。用以检查蠕虫卵、原虫的包囊和滋养体。滴 1 滴生理盐水于洁净的载玻片上，用棉签棍或牙签挑取绿豆大小的粪便块，在生理盐水中涂抹均匀；涂片的厚度以透过涂片约可辨认书上的字迹为宜。一般在低倍镜下检查，如用高倍镜观察，需加盖片。但在粪便中虫卵较少时，检出率不高。

（2）集卵法检查。利用不同密度的液体对粪便进行处理，使粪中的虫卵下沉或上浮而被集中起来，再进行镜检，以提高检出率。其方法有水洗沉淀法和饱和盐水漂浮法。

①水洗沉淀法。取 5～10g 被检粪便放入烧杯或其他容器，捣碎，加常水 150mL 搅拌，过滤，滤液静置沉淀 30min，弃去上清液，保留沉渣。再加水，再沉淀，如此反复直到上清液透明，弃去上清液，取沉渣涂片镜检。此方法适合密度较大的吸虫卵和棘头虫卵的检查。

②饱和盐水漂浮法。取 5～10g 被检粪便捣碎，加饱和食盐水（1 000mL 沸水中加入食盐 400g，充分搅拌溶解，待冷却，过滤备用）100mL 混合过滤，滤液静置 45min 后，取滤液表面的液膜镜检。此法适用于线虫卵和绦虫卵的检查。

2. 虫体检查

（1）蠕虫虫体检查法。绝大多数蠕虫的成虫较大，肉眼可见，用肉眼观察其形态特征可做诊断。幼虫检查法主要用于非消化道寄生虫和通过虫卵不易鉴定的寄生虫的检查。肺线虫的幼虫用贝尔曼氏幼虫分离法（漏斗幼虫分离法）和平皿法。平皿法特别适合检查球形畜粪，取 3～5 个粪球放入小平皿，加少量 40℃温水，静置 15min，取出粪球，低倍镜下观察液体中活动的幼虫。

另外，丝状线虫的幼虫常采取血液制成压滴标本或涂片标本，显微镜检查；血吸虫的幼虫需用毛蚴孵化法来检查；旋毛虫、住肉孢子虫则需进行肌肉压片镜检。

（2）节肢动物虫体检查法。通常采用煤油浸泡法，将病料置于载玻片上，滴加数滴煤油，上覆另一载玻片，用手搓动两玻片使皮屑粉碎，镜检。对于蜱等其他节肢动物，常采用肉眼检查法。

（3）原虫虫体检查法。原虫大多为单细胞寄生虫，肉眼不可见，需借助于显微镜检查。

①血液原虫检查法。有血液涂片检查法（梨形虫的检查）、血液压滴标本检查法（伊氏锥虫的检查）、淋巴结穿刺涂片检查法（牛环形泰勒虫的检查）。

②泌尿生殖器官原虫检查法。将采集的病料放于载玻片，并防止材料干燥，高倍镜、暗视野镜检，能发现活动的虫体。也可将病料涂片后用甲醇固定，吉姆萨染色，镜检。

③球虫卵囊检查法。同蠕虫虫卵检查的方法，可直接涂片，亦可用饱和盐水漂浮法。若

尸体剖检，家兔可取肝坏死病灶涂片，鸡可用盲肠黏膜涂片，染色后镜检。

④弓形虫虫体检查法。活体采样，可取腹水、血液或淋巴结穿刺液涂片，吉姆萨染液染色，镜检，观察细胞内外有无滋养体、包囊。尸体剖检，可取脑、肺、淋巴结等组织做触片，染色镜检，检查其中的包囊、滋养体。亦常取死亡动物的肺、肝、淋巴结或急性病例的腹水、血液作为病料，于小鼠腹腔接种，观察其临床表现并分离虫体。

二、动物疫病免疫学检测技术

免疫学检测是指用免疫学的方法检测动物疫病。它是疫病诊断和检疫中常用的重要方法，包括血清学试验、变态反应和免疫抗体监测三大类。

(一)血清学试验

血清学试验是利用抗原和抗体特异性结合的免疫学反应进行诊断。可用已知的抗原来测定被检动物血清中的特异性抗体；也可用已知的抗体（免疫血清）来测定被检材料中的抗原。血清学试验有中和试验、凝集试验、沉淀试验、补体结合试验、免疫荧光试验、免疫酶技术、放射免疫测定、单克隆抗体等。

(二)变态反应

动物患某些疫病（主要是慢性传染病）时，可对该病病原体或其产物（某种抗原物质）的再次进入机体产生强烈反应。能引起变态反应的物质（病原微生物、病原微生物产物或抽提物）称为变态原，如结核菌素、鼻疽菌素等，采用一定的方法将其注入患病动物时，可引起局部或全身反应。

(三)免疫抗体监测

1. 免疫抗体监测的概念 免疫抗体监测就是通过监测动物血清抗体水平，了解疫苗的免疫效果，掌握动物免疫后在畜禽群体内的抗体消长规律，发布免疫预警信息，科学指导养殖场（户）制订动物疫病免疫程序，正确把握动物免疫时间，合理有效地开展动物免疫工作。因此，免疫抗体监测具有评价疫苗质量、评估免疫质量、重大疫病预警和动物重大疫病防控成效认证等作用。监测病种既包括国家规定强制免疫的病种如高致病性禽流感、新城疫、口蹄疫、猪瘟等疫病外，还包括各地特殊要求进行抗体监测的病种。

2. 免疫抗体监测的类型 免疫抗体监测分为集中监测和日常监测。

（1）集中监测。指春防和秋防结束后，集中采集免疫 21d 以后的畜禽血清进行高致病性禽流感、新城疫、口蹄疫、猪瘟等国家强制性免疫的动物疫病的免疫抗体监测。

（2）日常监测。指除集中监测外，每个月进行的强制性免疫的动物疫病和非强制性免疫的动物疫病的监测。

3. 免疫抗体监测的程序

（1）采血。

①采血器材。防护服、无粉乳胶手套、防护口罩、灭菌剪刀、镊子、手术刀、注射器、针头、记号笔、签字笔、空白标签纸、胶布、抗凝剂、75％酒精棉球、碘酊棉球、15mL 的离心管、1.5mL EP 管、冰袋、冷藏容器、消毒药品、血清采样单和调查表等。

②采血时间及方法。免疫注射后 21d 的动物方可采血。对采血部位的皮肤先剃（拔）毛，碘酊消毒，75％的酒精消毒，待干燥后采血。采血方法推行生猪站立式或仰卧式前腔静脉采血、牛羊站立式颈静脉采血、禽类翅静脉采血，采血过程严格无菌操作。

③采血数量。单一病种抗体监测的每头（只）采集 2～3mL 全血，多病种抗体检测的每头（只）采集 5～10mL 全血。

④全血保存。采集好的全血转入盛血试管，斜面存放，室温凝固后直接放在盛有冰块的保温箱，送实验室。从全血采出到血清分离出的时间不超过 10h。血清样品装于小瓶时应用铝盒盛放，盒内加填塞物避免小瓶晃动，若装于小塑料离心管中，则应置于塑料盒内。

（2）血清分离与保存。

①血清的分离、保存及运送。用作血清样品的血液中不加抗凝剂，血液在室温下静置 2～4h（防止曝晒），待血液凝固，有血清析出时，用无菌剥离针剥离血凝块，然后置 4℃ 冰箱过夜，待大部分血清析出后取出血清，必要时经低速离心分离出血清。在不影响检验要求原则下可因需要加入适宜的防腐剂。做病毒中和试验的血清避免使用化学防腐剂（如硼酸、硫柳汞等）。若需长时间保存，则将血清置−20℃ 以下保存，但要尽量防止或减少反复冻融。样品容器上贴详细标签。

②血清编号及采样单填写。采血时应按动物血清采样单的内容详细填写，采样单一式三份，一份由被采样单位保存，一份由送检单位保存，一份由检测单位保存。

动物血清采样单的内容一般包括样品编号、动物种类、用途（种、蛋用）、日龄（月龄）、耳标号、免疫情况（如疫苗种类、生产厂家、产品批号、免疫剂量、免疫时间等）、动物健康状况、采集地点（乡镇、村、养殖场、屠宰场、市场、畜主等）、抽样比例、市场样品来源地、备注等。

（3）抗体检测方法。常见动物疫病免疫抗体检测标准及方法见表 5-7。

表 5-7　常见动物疫病免疫抗体检测标准及方法

分类	动物疫病种类	执行标准	检测方法
国家强制免疫的重大动物疫病	高致病性禽流感	GB/T 18936—2003	血凝-血凝抑制试验（HA-HI）和琼脂免疫扩散试验（AGP）
	新城疫	GB 16550—2008	血凝-血凝抑制试验（HA-HI）
	口蹄疫	GB/T 18935—2003 和 NY/SY 150—2 000	正向间接血凝试验（IHA）和液相阻断酶联免疫吸附试验（LPB-ELISA）
	猪瘟	GB/T 16551—2008	猪瘟抗体阻断 ELISA、猪瘟抗体间接 ELISA 或猪瘟抗体正向间接血凝试验
	高致病性猪蓝耳病	GB/T 18090—2008	间接免疫荧光试验（IFA）和间接酶联免疫吸附试验（间接 ELISA）
	小反刍兽疫	GB/T 27982—2011	竞争酶联免疫吸附试验（ELISA）

◆ **任务案例**

新城疫是严重危害养鸡业发展的一种病毒性传染病，在我国被列为一类动物疫病，需采取严格措施予以防控。养鸡场鸡新城疫抗体监测是评价鸡新城疫疫苗免疫效果和确定免疫时机的重要依据，也是养鸡场开展新城疫防控工作的重要手段。

（一）监测工作前准备

1. 工具准备　微量振荡器、离心机、微量加样器（配滴头）、96 孔 V 型反应板、1mL

和 5mL 注射器、针头、试管、吸管等。

2. 材料准备 主要有 pH7.2、0.01mol/L 磷酸盐缓冲溶液（PBS）、1‰鸡红细胞悬液、阿氏液、灭菌生理盐水、青霉素、链霉素、鸡新城疫病毒悬液、鸡新城疫阳性血清、被检鸡血清等。

（1）阿氏液配制。葡萄糖 2.05g，枸橼酸钠 0.8g，枸橼酸 0.055g，氯化钠 0.42g，蒸馏水加至 100mL，微热溶解后，过滤，用 10%枸橼酸调至 pH6.1，分装，在 69kPa 下高压灭菌 15min，4℃保存备用。

（2）1‰鸡红细胞悬液制备。采集至少 3 只 SPF 公鸡或无新城疫抗体的健康公鸡的血液与等体积阿氏液混合，用 pH 7.2、0.01mol/L PBS 洗涤 3 次，每次以 1 000r/min 离心10min，洗涤后配成体积分数为 1‰鸡红细胞悬液，4℃保存备用。

（3）pH 7.2 的 0.01mol/L PBS 制备。①配制 25×PB：称重 2.74g 磷酸氢二钠和 0.79g磷酸二氢钠加蒸馏水至 100mL。②配制 1×PBS：量取 40mL 25×PB，加入 8.5g 氯化钠，加蒸馏水至 1 000mL。③用氢氧化钠或盐酸调 pH 至 7.2。④灭菌或过滤。注意：pH7.2、0.01mol/L PBS 一经使用，于 4℃保存不超过 3 周。

（4）被检血清制备。从已免疫新城疫鸡的翅静脉采血装入 2mL 的离心管中，凝固后离心，析出的液体为被检血清。也可用消毒过的干燥注射器采血，装于小试管内，使凝固成一斜面。放于室温中，待血清析出后，倒出保存于 4℃。

（二）操作方法

最常用的方法是采集血清做微量血凝抑制（HI）试验。

1. 微量血凝（HA）试验 在进行 HI 试验之前必须先进行 HA 试验，测定病毒抗原的

血凝价，以确定 HI 试验 4 个血凝单位所用病毒抗原的稀释倍数。

鸡新城疫免疫抗体监测

操作步骤：①用微量加样器向反应板上每个孔中分别加 PBS 缓冲液25 μL，共滴 4 排，换滴头。②吸取 25 μL 病毒液，加于第 1 孔中，用该加样器挤压 5～6 次使病毒混合均匀，然后向第 2 孔移入 25 μL，挤压 5～6 次后再向第 3 孔移入 25 μL，依次倍比稀释到第 11 孔，使第 11 孔中液体混合后从中吸出 25 μL 弃去，换滴头。第 12 孔不加病毒抗原，只作对照。③每孔再加 PBS 缓冲液 25 μL。④每孔均加 1‰鸡红细胞悬液（将鸡红细胞悬液充分摇匀后加入）25 μL。⑤加样完毕，将反应板置于微型振荡器上振荡 1min，或手持血凝板摇动混匀，并放室温（20～30℃）下作用 40min，观察并判定结果，试验操作术式见表 5-8。

表 5-8 鸡新城疫血凝试验操作术式

孔 号	1	2	3	4	5	6	7	8	9	10	11	12
抗原稀释倍数	2^1	2^2	2^3	2^4	2^5	2^6	2^7	2^8	2^9	2^{10}	2^{11}	对照
PBS缓冲液	25	25	25	25	25	25	25	25	25	25	25	25
抗原（μL）	25	25	25	25	25	25	25	25	25	25	25	—
PBS缓冲液（μL）	25	25	25	25	25	25	25	25	25	25	25	25
1%鸡红细胞（μL）	25	25	25	25	25	25	25	25	25	25	25	25
	振荡 1 min 或室温（20～30℃）下作用 40 min 判定											弃去 25
结果示例	#	#	#	#	#	#	#	#	#	#	++	—	—

结果判定时，应将反应板倾斜，观察红细胞有无泪珠样流淌。完全凝集时不流淌。"♯"表示红细胞完全凝集，"＋＋"为不完全凝集，"—"为不凝集。

新城疫病毒液能凝集鸡的红细胞，但随着病毒液被稀释，其凝集红细胞的作用逐渐变弱。稀释到一定倍数时，就不能使红细胞出现完全的凝集，从而出现可疑或不凝集结果。能使全部红细胞发生凝集（♯）的反应孔中病毒液的最大稀释倍数为该病毒的血凝滴度或称血凝价。上表例抗原血凝价为1：512。

2. 微量血凝抑制（HI）试验

操作步骤：①4个血凝单位的病毒抗原配制及验证。血凝价除以4，如上表512÷4＝128，即1mL（抗原）＋127 mL（PBS）即成。配制好后和每天应用前都必须对4个血凝单位的病毒抗原进行测试验证。②采用同样的血凝板，每排孔可检查1份血清样品。检查另一份血清时，必须更换吸取血清的滴头。③用微量加样器向1～11号孔中分别加入25 μL PBS缓冲液，第12号孔加50 μL PBS缓冲液。④用另一微量加样器取一份待检血清25 μL 置于第1孔中，挤压6～7次混匀。然后依次倍比稀释至第10孔，并将其弃去25 μL。第11孔为病毒血凝对照，第12孔为PBS对照，不加待检血清。⑤用微量加样器吸取稀释好的4个血凝单位的病毒抗原，分别向1～11孔中各加25 μL。然后，将反应板置20℃～30℃下作用至少30min。⑥取出血凝板，用微量加样器向每孔中各加入1%红细胞悬液25 μL，轻轻混匀1min，静置40min。应在第11孔完全凝集，第12孔红细胞呈纽扣状沉于孔底时观察。⑦结果判定。以完全抑制4个血凝单位的病毒抗原的最高血清稀释倍数为血凝抑制价（HI效价）。如下表的血凝抑制价为1：128，试验操作术式见表5-9。

表5-9 鸡新城疫血凝抑制试验操作术式

孔 号	1	2	3	4	5	6	7	8	9	10	11	12
血清稀释倍数	2^1	2^2	2^3	2^4	2^5	2^6	2^7	2^8	2^9	2^{10}	抗原对照	PBS 对照
PBS缓冲液	25	25	25	25	25	25	25	25	25	25	25	50
血清（μL）	25	25	25	25	25	25	25	25	25	25	—	—
4单位抗原（μL）	25	25	25	25	25	25	25	25	25	25	25	
室温（20～30℃）下作用至少30min										弃去25		
1%鸡红细胞（μL）	25	25	25	25	25	25	25	25	25	25	25	25
轻轻混匀1min，静置40min判定												
示例	—	—	—	—	—	—	—	＋＋	♯	♯	♯	—

（三）应用

雏鸡最适首次免疫时间的确定主要根据其血清母源抗体的水平。雏鸡在3日龄时母源抗体滴度最高，以后逐渐下降，其半衰期约为4.5d，一般认为，当母源抗体滴度下降至1：8以下进行首次免疫可获得理想免疫效果。

监测免疫效果：鸡群免疫后10～14d，抽样采血测定HI效价，若HI抗体滴度增加2个以上，如免疫前1：8，免疫后1：32，则为合格；若免疫后抗体滴度很低仅有1：（4～8），则应进行重新免疫。监测时要随机抽样采血，血样数根据鸡群的大小而定。1 000只以下的鸡群，取10～15只鸡的血样；1 000～5 000只时，取25～30只鸡的血样；5 000～10 000只的鸡群，取 40～50 只鸡的血样。

◆ 职业测试

1. 判断题

(1) 粪便检查是寄生虫病检测最常用的方法。 （　　）

(2) 新城疫抗体的免疫监测应在免疫 21d 后进行。 （　　）

(3) 在奶牛结核病监测时，皮内注射剂量为 100 000U 的牛型提纯结核菌素。 （　　）

(4) 漂浮法检查寄生虫卵时所需粪便无须是新鲜的。 （　　）

(5) 动物疫病病原学检测主要包括细菌学检测技术、病毒学检测技术和寄生虫学检测技术。 （　　）

(6) 常用的染色方法有革兰氏染色法、美蓝染色法、瑞氏染色法和吉姆萨染色法等。 （　　）

(7) 结核杆菌和副结核杆菌应用萋-尼氏抗酸性染色法染色。 （　　）

(8) 各种细菌在培养基上培养时，表现出一定的生长特征，可作为鉴别细菌种属的重要依据。 （　　）

(9) 菌落特征是鉴别细菌的重要依据。 （　　）

(10) 不同的细菌，新陈代谢产物各异，表现出不同的生化性状，这些性状对细菌种属鉴别有重要价值。 （　　）

(11) 血清学试验诊断就是利用抗原和抗体特异性结合的免疫学反应进行诊断。 （　　）

(12) 免疫抗体监测具有评价疫苗质量、评估免疫质量、重大疫病预警和动物重大疫病防控成效认证的作用。 （　　）

(13) 绝大多数蠕虫的成虫较大，肉眼可见，用肉眼观察其形态特征可做诊断。 （　　）

(14) 血凝试验和血凝抑制试验为型特异性反应，临床上常用于新城疫和禽流感等疾病的监测。 （　　）

(15) 免疫扩散试验操作简便，特异性与敏感性均较高，常用于马立克氏病、传染性法氏囊病等的诊断。 （　　）

2. 实践操作题

(1) 请你通过学习此任务的内容，安排并实施奶牛结核病的检测工作任务。

(2) 通过你学过的知识，请你对某一养鸡场进行一次全面的鸡新城疫抗体的监测，并根据监测结果，给此鸡场设计一份免疫计划。

任务 5-6　动物疫病净化

◆ 任务描述

　　动物疫病净化工作任务根据高级动物疫病防治员的动物疫病防控技能培养目标和对动物防疫岗位典型工作任务的分析安排。通过完成不同动物疫病的净化工作任务，为动物疫病的防控提供一定的技术支撑，为种畜禽安全、健康、生态饲养提供有力的防疫保障，并为养殖工作人员提供可靠的安全保障。

◆ 能力目标

在学校教师和企业技师的共同指导下，完成本学习任务后，希望学生获得：
(1) 制订常见动物疫病净化方案的能力。
(2) 用不同的净化方案来控制常见动物疫病的能力。
(3) 学习动物疫病净化新知识和新技术的能力。
(4) 查找常见动物疫病净化工作任务相关资料并获取信息的能力。
(5) 在教师、技师或同学帮助下，主动参与评价自己及他人任务完成程度的能力。
(6) 能不断积累经验，从某一动物疫病净化控制的个案中寻找共性。
(7) 主动参与小组活动，积极与他人沟通和交流的能力。

◆ 学习内容

一、动物疫病分类管理

（一）按病原体的种类分类

按病原体的种类可将动物疫病分为动物传染病和寄生虫病。其中动物传染病分为病毒病、细菌病、支原体病、衣原体病、螺旋体病、放线菌病、立克次氏体病和霉菌病等。动物传染病又分为病毒性传染病和细菌性传染病，由病毒引起的传染病称病毒性传染病，由其他病原体引起的动物疫病通常称为细菌性疫病。寄生虫病可分为吸虫病、原虫病、昆虫病等。

（二）按防控地位分类

按防控地位可将动物疫病分为一般动物疫病和重大动物疫病。《中华人民共和国动物防疫法》第四条规定，根据动物疫病对养殖业生产和人体健康的危害程度，规定管理的动物疫病分为三类，动物疫病具体病种名录由国务院农业农村主管部门制定并公布，且应当根据动物疫病发生、流行情况和危害程度，及时增加、减少或者调整一、二、三类动物疫病具体病种并予以公布。这种分类方法的主要意义是根据动物疫病的发生特点、传播媒介、危害程度、危害范围和危害对象，在众多的动物疫病中能够分别主次，明确动物疫病防治工作的重点，便于组织实施动物疫病的扑灭和净化计划。国家原农业部第 1125 号公告〔2008〕公布了修订后的一、二、三类动物疫病病种名录。

1. 一类动物疫病　一类疫病是指口蹄疫、非洲猪瘟、高致病性禽流感等对人、动物构成特别严重危害，可能造成重大经济损失和社会影响，需要采取紧急、严厉的强制预防、控制等措施的动物疫病。《中华人民共和国动物防疫法》规定，发生一类动物疫病时，所在地县级以上地方人民政府农业农村主管部门应当立即派人到现场，划定疫点、疫区、受威胁区，调查疫源，及时报请本级人民政府对疫区实行封锁，疫区范围涉及两个以上行政区域的，由有关行政区域共同的上一级人民政府对疫区实行封锁。必要时，上级人民政府可以责成下级人民政府对疫区实行封锁。县级以上地方人民政府应当立即组织有关部门和单位采取封锁、隔离、扑杀、销毁、消毒、无害化处理、紧急免疫接种等强制性措施；在封锁期间，禁止染疫、疑似染疫和易感染的动物、动物产品流出疫区，禁止非疫区的易感染动物进入疫区，并根据需要对出入疫区的人员、运输工具及有关物品采取消毒和其他限制性措施。

2. 二类动物疫病　　二类动物疫病是指狂犬病、布鲁氏菌病、草鱼出血病等对人、动物构成严重危害，可能造成较大经济损失和社会影响，需要采取严格预防、控制等措施的动物疫病。《中华人民共和国动物防疫法》规定，发生二类动物疫病时，所在地县级以上地方人民政府农业农村主管部门应当划定疫点、疫区、受威胁区。县级以上地方人民政府根据需要组织有关部门和单位采取隔离、扑杀、销毁、消毒、无害化处理、紧急免疫接种、限制易感染的动物和动物产品及有关物品出入等措施。二类动物疫病呈暴发性流行时，按照一类动物疫病处理。

3. 三类动物疫病　　三类动物疫病是指大肠杆菌病、禽结核病、鳖腮腺炎病等常见多发，对人、动物构成危害，可能造成一定程度的经济损失和社会影响，需要及时预防、控制的动物疫病。《中华人民共和国动物防疫法》规定，发生三类动物疫病时，所在地县级、乡级人民政府应当按照国务院农业农村主管部门的规定组织防治。三类动物疫病呈暴发性流行时，也要按照一类动物疫病处理。

二、动物疫病净化

1. 动物疫病净化管理　　国务院农业农村主管部门制定并组织实施动物疫病净化、消灭规划。县级以上地方人民政府根据动物疫病净化、消灭规划，制定并组织实施本行政区域的动物疫病净化、消灭计划。动物疫病预防控制机构按照动物疫病净化、消灭规划、计划，开展动物疫病净化技术指导、培训，对动物疫病净化效果进行监测、评估。国家推进动物疫病净化，鼓励和支持饲养动物的单位和个人开展动物疫病净化。饲养动物的单位和个人达到国务院农业农村主管部门规定的净化标准的，由省级以上人民政府农业农村主管部门予以公布。饲养种用、乳用动物的单位和个人，应当按照国务院农业农村主管部门的要求，定期对种用、乳用动物开展动物疫病检测，检测结果符合国务院农业农村主管部门规定的健康标准的视为检测合格；检测不合格的，应当按照国家有关规定处理。

2. 动物疫病净化的概念　　疫病净化指有计划地在特定区域或场所对特定动物疫病通过监测、检验检疫、隔离、扑杀、销毁等一系列技术和管理措施，最终达到在该范围内动物个体不发病和无感染状态的根除消灭疫病病原的过程，从而达到并维持动物个体和群体健康。疫病净化以消灭和清除传染源为目的。这个"特定区域"是人为确定的一个固定范围，可以是一个养殖场、一个自然区域、一个行政区，也可以是一个国家。因此，动物疫病净化从狭义上来说，是指在一个养殖场，通过检测、监测发现患病动物或感染动物，通过淘汰这些动物根除某种动物疫病的过程，主要是针对种用动物或规模化养殖场进行疫病净化；从广义上来说，则是通过监测、检验检疫、隔离、淘汰、培育健康动物、强化生物安全等综合措施，在特定区域消灭某种动物疫病的过程。

3. 动物疫病净化方法　　加强饲养管理，严格执行消毒、免疫、检疫、病害动物及产品的无害化处理等制度是动物疫病净化的重要基础，净化工作的核心是实施养殖生产、运输、屠宰的生物安全措施。实施疫病病原学及血清学的检测，及时隔离、淘汰患病动物和血清学、病原学阳性动物是疫病净化的根本措施。一般净化技术路线是，针对不同疫病本底调查情况，一场一策制定相应净化方案。采取严格的生物安全措施、免疫预防措施、病原学检测、免疫抗体监测、野毒感染与疫苗免疫鉴别诊断监测，淘汰带毒动物，分群饲养，建立健康动物群。对假定阴性群加强综合防控措施，逐步扩大净化效果，最终建立净化场。同时加强人流、物流管控，降低疫病水平和传播风险；强化本场引种的检测，避免外来病原传入风险；建立完善的防疫和生产管理等制度，优化生产结构和建筑设计布局，构建持续有效的生物安全防护体系，确保净化效果持续、有效。

4. 动物疫病净化的标准　种用、乳用动物饲养单位和个人应当按照国家和各地制订的动物疫病监测、净化计划，实施动物疫病的监测、净化，达到国家和所在地规定的标准后方可向社会提供商品动物和动物产品。净化的标准一般有三种，一是非免疫动物群某病血清学和病原学检测阴性，免疫动物群某病病原学检测阴性；二是某病血清学阳性率控制在一定范围内；三是某病发病率控制在一定范围内。某病净化的具体标准按照国家或各省要求执行。

三、动物疫病重点净化病种

我国动物防疫实行预防为主，预防与控制、净化、消灭相结合的方针，目的是通过采取切实有效的动物防疫措施，促进养殖业发展，防控人畜共患传染病，保障公共卫生安全和人体健康。由于我国动物疫病病种多、病原复杂、流行范围广，只能实施分病种、分区域、分阶段的动物疫病防治策略，从有计划地控制、净化和消灭严重危害畜牧业生产和人民群众健康安全的动物疫病向逐步净化消灭过渡。规模化种畜禽场作为向市场提供仔畜禽的养殖单位是国家重点推进的垂直传播性疫病净化区域，规模化奶牛场具有向人类提供安全乳产品的重要职责，与人体健康关系密切也是国家重点推进的人畜共患传染病净化区域。

规模化种畜禽场重点净化的动物疫病病种主要如下。

规模化奶牛场：口蹄疫、布鲁氏菌病、牛结核病。

规模化种鸡场：禽流感、新城疫、鸡白痢和禽白血病。

规模化种羊场：口蹄疫、布鲁氏菌病、绵羊痘和山羊痘。

规模化种猪场：猪口蹄疫、猪瘟、猪繁殖与呼吸综合征、猪伪狂犬病。

四、动物疫病净化技术

(一)种猪场疫病净化技术

1. 疫病净化前的准备

(1) 淘汰隔离场的准备。为减少淘汰损失和防止交叉感染，必须有一个单独的、距离养猪场（站）500m以上的隔离场，以隔离阳性猪。

(2) 人员及技术准备。种猪场（站）种猪基数大，采样及检测工作量大，需要有经验丰富的采样人员和检测人员。

(3) 疫病抗原检测。通过采样检测种猪疫病抗原阳性率，预测需要隔离或淘汰的数量，计划场地及设施，评估经济效益，制定净化方案。

(4) 了解种猪免疫状况。如净化猪伪狂犬病，种猪如果没有使用疫苗或使用了gE基因缺失的疫苗，则可着手净化；如果使用全基因疫苗（如常规灭活苗），则必须换成gE基因缺失的疫苗，半年后方可着手净化。

2. 种猪疫病净化的主要措施

(1) 开展血清学检测。种猪场（站）要在2~3d内完成猪的采血并分离血清，所有的血清置于-20℃冰冻保存（3d内能测完的可放于2~8℃冷藏保存），采血过程及样品要防止污染并正规标记。对检测阳性猪进行扑杀或淘汰处理。

（2）加强仔猪选育。实行早期断乳技术，保育期间对留种用的仔猪做一次野毒感染检测，野毒感染抗体阴性的仔猪作种用，阳性仔猪则淘汰。

（3）加强种公猪和后备种母猪监测。为建立阴性、健康的种猪群，后备猪群混群前应严格检测，检疫合格后备猪才可进入猪场。每年定期检测，阳性猪扑杀或淘汰。

（4）对引种严格把关。引进的种猪必须来自非疫区猪场，要有《种畜禽生产合格证》和《动物检疫合格证明》，引进后隔离饲养 30～60d 经检疫合格后才可混群饲养。

（5）做好疫苗免疫效果评价。种猪群分胎次、仔猪分周龄按一定比例抽样检测疫苗抗体，评价疫苗的免疫效果，若免疫合格率达不到要求时，应分析是疫苗原因还是生猪自身原因，若是疫苗质量问题可更换疫苗加强免疫一次，若是生猪自身原因，可加强免疫一次，仍不合格，淘汰免疫抗体阴性猪。

（6）重视环境卫生消毒。建立种猪场、生猪人工授精站和周边环境的消毒制度，减少环境中的致病微生物数量。种猪场、生猪人工授精站的粪尿要及时清理和处理，猪场的死胎、流产物、弱仔猪要高温处理，及时清除猪场（站）存在的传染源。

（7）制订寄生虫控制计划。选择高效、安全、广谱的抗寄生虫药。首次执行寄生虫控制程序的猪场，应首先对全场猪进行彻底的驱虫。对怀孕母猪于产前 1～4 周内用一次抗寄生虫药。对公猪每年至少用药 2 次。对外寄生虫感染严重的猪场，每年应用药 4～6 次。所有仔猪在转群时用药 1 次。后备母猪在配种前用药 1 次。新进的猪只驱虫两次（每次间隔10～14d），并隔离饲养至少 30d 才能和其他猪并群。

3. 种猪疫病净化的配套管理措施　在开展种猪疫病净化的同时，必须实行配套管理措施。一是建立严格的防疫体系。必须确保生猪得到有效的防疫和隔离，避免接触到传染源而发生再次感染，同时，种猪场（站）要对猪舍、栏圈定期消毒。二是实施早期断乳技术，降低或控制其他病原的早期感染，建立健康猪群。三是实施全进全出制度，生猪调入调出前后用不同的消毒药物彻底清洗消毒栏舍。四是对生猪实施部分清群。首先对能出售的生猪销售清空，其次对疫病多而复杂的生猪进行清群或分场管理，对濒临淘汰的生猪及早淘汰。对于上述清群后的猪舍进行清洗、消毒、空舍等处理。五是禁止在种猪场、生猪人工授精站内饲养其他动物，实施灭鼠措施。六是加强生猪的保健工作。净化措施会涉及频繁而且数量较多的转群，对转群前后生猪和产前产后母猪进行药物预防保健。

（二）种鸡场疫病净化技术

种鸡的疫病净化是指有些传染病如鸡白痢、支原体病和淋巴白血病等不仅能够经种蛋传递给下一代，这些病还会严重影响鸡的生长发育和产蛋，需要进行净化以消除危害。种鸡场疫病净化工作的关键措施有以下几点：

1. 做到合理布局、全进全出　种鸡场应建立在地势高燥、排水方便、水源充足、水质良好，离公路、河流、村镇（居民区）、工厂、学校和其他畜禽场至少 500m 以外的地方。特别是与畜禽屠宰、肉类和畜禽产品加工厂、垃圾站等距离要更远一些。并做好场内合理布局，饲养时全进全出。

2. 重视饲料质量的控制和饮水的卫生消毒　鸡的饮水应清洁、无病原菌。种鸡场应定期对本场的水质进行检测，为保持鸡饮水的清洁卫生，可在鸡舍的进水管上安装消毒系统，按比例向水中加入消毒剂。用于水的消毒药常用的有次氯酸钠等。

3. 重视环境的治理　在重视外环境治理的同时，还应注意鸡舍内环境的控制。鸡舍的温度、湿度、光照、通风、粉尘及微生物的含量等都会影响鸡的生长发育和产蛋。特别是鸡舍的氨气超过限量，对鸡的生长发育甚至免疫都会产生不利，还容易诱发传染性鼻炎等呼吸道疾病。因此，应定期对鸡舍内环境进行监测，发现问题，及时采取措施解决。

4. 重视人工授精、种蛋和孵化过程中的消毒工作　为防止鸡白痢、支原体病、淋巴白血病、大肠杆菌病、葡萄球菌病等的传染，首先要保持产蛋箱的清洁卫生，定期消毒，减少种蛋的污染。窝外蛋、破蛋、脏蛋一律不得作为种蛋入孵，被选蛋放入种蛋消毒柜内用 $28mL/m^3$ 的福尔马林熏蒸消毒 30min，然后送入孵化厅（室）定期进行清洗消毒。兽医人员对种蛋和孵化过程中的每个环节定期采样监测消毒效果。采用人工授精的种鸡场要特别注意人工授精所用器具一定要严格消毒，输精时要做到一鸡一管，不能混用。

5. 做好种鸡群的免疫工作　种鸡和商品鸡在免疫方面有相同的地方，也有不同之处。种鸡的免疫不仅要通过免疫本场的种鸡得到保护，还要使下一代雏鸡对一些主要传染病具有高而整齐的母源抗体，使雏鸡对一些主要传染病有抵抗力，这对于提高雏鸡的成活率有重要意义。

（三）奶牛"两病"净化技术

奶牛"两病"是指奶牛布鲁氏菌病和奶牛结核病。这两种病都是人畜共患传染病，对人类健康危害较大。因此，做好奶牛"两病"净化工作意义重大。奶牛"两病"净化工作的关键措施有以下几点：

1. 加强监测、检疫工作　搞好"两病"净化工作，是一个非常漫长的过程，需要加大力度，加强"两病"的防疫检疫工作，才能逐渐达到"两病"净化的目的。每年5～6月份对奶牛普遍进行一次布鲁氏菌病和结核病检疫，发现阳性牛要立即扑杀并进行无害化处理。"两病"的监测，成年牛净化每年最好春、秋两季各监测1次。

2. 加强宣传，切断传播途径　加强"两病"净化工作的宣传，提高养牛户对"两病"的认识，对于搞好"两病"净化非常重要。可通过出板报、发传单、广播等多种形式，广泛宣传"两病"净化的意义。如可通过鲜乳收购点必须凭奶牛健康证明收购鲜乳等措施，调动养殖户对奶牛"两病"检疫的积极性。对饲养人员、从事"两病"净化工作的人员每年定期进行健康检查，发现患病者，应调离岗位并及时治疗。

3. 加强对外引奶牛的监管　可通过多种方式，如村级防疫员监督饲养户购入奶牛情况，并及时报告当地动物防疫监督管理部门，进行实验室检测、检疫，从而预防"两病"发生。外运的奶牛须来自健康群、非疫区，并凭当地动物防疫监督机构出具的"动物检疫合格证明"，方可购入。购入后要隔离饲养45d，再经本地动物防疫监督机构检疫、监测，确认"两病"都为阴性时，方可解除隔离，混群饲养。

4. 严格实行隔离、扑杀、消毒制度　大批检疫时，无论布鲁氏菌病或结核病，对检出的阳性畜均应立即隔离饲养，待检疫结束后，统一扑杀并进行无害化处理。制定饲养户消毒制度，定期进行消毒，尤其对检出阳性牛的场户，更要加强消毒工作。对病牛分泌物、污染物及污染的环境进行彻底消毒。消毒剂可选用适当浓度的氢氧化钠、强力消毒灵等，对控制和净化"两病"都有一定作用。

5. 奶牛"两病"的净化标准　结核病的场群净化标准为：6周龄以上的奶牛每年抽样检测2次，连续2年个体阳性率小于0.1%，且阳性牛已扑杀。布鲁氏菌病的场群净化标准为：连续3年以上，牛布鲁氏菌病个体阳性率在0.2%以下，所有染疫牛均已扑杀，1年内无本地人间新发确诊病例，满足以上条件后，用试管凝集试验、补体结合试验、间接酶联免疫吸附试验（iELISA）或竞争酶联免疫吸附试验（cELISA）检测血清均为阴性，且场群连续2年无本病疫情及本地人间新发确诊病例。

◆ 任务案例

奶牛业是我国畜牧养殖的朝阳产业，奶牛结核病的检测是净化奶牛场结核病，保障奶牛、牛奶及养殖技术人员安全的重要工作。

1. 任务说明 出生后20d的奶牛，进行结核病的检测常用变态反应的方法。

2. 设备材料 牛型提纯结核菌素（PPD）、酒精棉、卡尺、1～2.5mL金属皮内注射器、皮内注射针头、煮沸消毒锅、镊子、毛剪、牛鼻钳、纱布、工作服、帽、口罩、胶鞋、记录表、线手套等。如为冻干结核菌素，还需准备稀释用注射用水或灭菌的生理盐水，带胶塞的灭菌小瓶等。

3. 工作过程

（1）注射部位及术前处理。将牛只编号。在颈侧中部上1/3处剪毛（或提前1d剃毛），3个月以内的犊牛，也可在肩胛部进行，直径约10cm。用卡尺测量术部中央皮皱厚度，做好记录。注意，术部应无明显的病变。

（2）注射剂量。不论大小牛只，一律皮内注射0.1mL（含2 000U）。即将牛型PPD稀释成每毫克20 000U后，皮内注射0.1mL。冻干PPD稀释后当天用完。

（3）注射方法。先以75%酒精消毒术部，然后皮内注射定量的牛型PPD，注射后局部应出现小疱，如对注射有疑问时，应另选15cm以外的部位或对侧重做。

（4）注射次数和观察反应。皮内注射后经72h判定，仔细观察局部有无热痛、肿胀等炎性反应，并以卡尺测量皮皱厚度，做好详细记录。对疑似反应牛应立即在另一侧以同一批PPD同一剂量进行第二次皮内注射，再经72h观察反应结果。

对阴性牛和疑似反应牛，于注射后96h和120h再分别观察一次，以防个别牛出现较晚的迟发型变态反应。

（5）结果判定。

①阳性反应。局部有明显的炎性反应，皮厚差大于或等于4.0mm。

②疑似反应。局部炎性反应不明显，皮厚差大于或等于2.0mm、小于4.0mm。

③阴性反应。无炎性反应。皮厚差在2.0mm以下。

凡判定为疑似反应的牛只，于第一次检疫60d后进行复检，其结果仍为疑似反应时，经60d再复检，如仍为疑似反应，应判为阳性。

◆ 职业测试

1. 判断题

（1）二类动物疫病是指对人和动物危害严重，需要采取紧急、严厉的强制预防、控制、扑灭等措施的疫病。　　　　　　　　　　　　　　　　　　　　（　）

（2）动物防疫法所指动物的一类、二类和三类疫病的具体病种名录由国务院兽医主管部门规定并公布。　　　　　　　　　　　　　　　　　　　　　　（　）

（3）在奶牛结核病监测时，皮内注射剂量为2 000U的牛型提纯结核菌素。（　）

（4）无论布鲁氏菌病或结核病，对检出的阳性畜均应立即隔离饲养，待检疫结束后，统一扑杀并无害化处理。　　　　　　　　　　　　　　　　　　　　　　（　　）

（5）禽流感的所有血清型都属于一类疫病。　　　　　　　　　　　　（　　）

（6）奶牛结核病的检测常用变态反应的方法。　　　　　　　　　　　（　　）

（7）成年奶牛净化布鲁氏菌病和奶牛结核病最好每年春秋两季各监测 1 次。　（　　）

（8）奶牛结核病的检测是净化奶牛场结核病，保障奶牛、牛奶及养殖技术人员安全的重要工作。　　　　　　　　　　　　　　　　　　　　　　　　　　（　　）

（9）种鸡的疫病净化主要指鸡白痢、支原体病和淋巴白血病等不仅能够经种蛋传递给下一代，还会严重影响鸡的生长发育和产蛋的疫病。　　　　　　　　　　　（　　）

（10）对饲养人员、从事奶牛布鲁氏菌病、结核病净化工作的人员每年定期进行健康检查，发现患病者，应调离岗位并及时治疗。　　　　　　　　　　　　　　（　　）

（11）孵化场兽医人员应对种蛋和孵化过程中的每个环节定期采样监测消毒效果。
　　　　　　　　　　　　　　　　　　　　　　　　　　　　　　　（　　）

（12）为建立阴性、健康的种猪群，后备猪群混群前应严格检测，检疫合格后备猪才可进入猪场。　　　　　　　　　　　　　　　　　　　　　　　　　（　　）

（13）凡判定为疑似结核病反应的牛只，应于第一次检疫 60d 后进行复检。　（　　）

（14）实施疫病病原学及血清学的检测，及时隔离、淘汰患病动物和血清学阳性动物是疫病净化的根本措施。　　　　　　　　　　　　　　　　　　　　（　　）

（15）按病原体的种类可将动物疫病分为动物传染病和寄生虫病。　　　（　　）

2. 实践操作题

（1）运用你学过的知识给某养鸡场编制一份鸡白痢净化方案。

（2）运用你学过的知识给某种猪场编制一份猪支原体肺炎净化方案。

（3）运用你学过的知识给某饲养 300 头奶牛的奶牛场编制一份布鲁氏菌病的净化方案并组织实施。

任务 5 - 7　无规定动物疫病区建设

◆ 任务描述

　　动物疫病区域化管理是国际认可的重要动物卫生措施，实施动物疫病区域化管理，有利于控制重要动物疫病，提升区域内动物卫生水平，促进动物及其产品的国际贸易。基于我国地域广阔、动物疫情复杂、畜牧业发展水平区域间差别明显的国情，采用区域化管理措施防控重大动物疫病具有重要意义。无规定动物疫病区建设是实施动物疫病区域化管理的重要形式。

◆ 能力目标

　　在学校教师和企业技师的共同指导下，完成本学习任务后，希望学生获得：

（1）动物隔离区的管理能力。

（2）按照工作规范独立完成患病动物隔离实施工作的能力。

（3）较好的学习动物隔离新知识和新技术的能力。

（4）查找重大疫病隔离的相关资料并获取信息的能力。

（5）在教师、同行或同学帮助下，主动参与评价自己及他人任务完成程度的能力。

（6）根据工作环境的变化，自主地解决问题，并不断反思的能力。

◆ 学习内容

动物疫病区域化管理是指通过天然屏障或人工措施，划定某一特定区域，该区域可以是某省的一部分或全部区域，或者是跨省的连片区域，或者是大型企业在统一生物安全管理体系下建立的生物安全隔离区域，采取免疫、检疫、监测、动物及其产品流通控制等综合措施，对某一种或某几种特定动物疫病进行持续控制和扑灭，最终实现免疫无疫或非免疫无疫状态。

一、实施动物疫病区域化管理的必要性

实施动物疫病区域化管理，对促进动物及动物产品贸易，保障畜牧业健康发展和公共卫生安全，具有十分重要的意义。重点对口蹄疫、猪瘟、小反刍兽疫、高致病性禽流感、新城疫、马流感以及乙型脑炎等重大动物疫病和重点人畜共患病实行区域化管理。

1. 实施动物疫病区域化管理是有效控制和扑灭动物疫病的重要举措　实行动物疫病区域化管理是国际通行做法，目前被世界大多数国家所认可。20世纪90年代以来，欧美畜牧业发达国家先后制定区域化管理政策和法律法规，促进了动物疫病的控制和扑灭。巴西、阿根廷、泰国等国家开展无疫区建设，有效控制和消灭了口蹄疫等重大动物疫病，其中，泰国通过生物安全隔离区建设，成功控制了禽流感疫情。

2. 实施动物疫病区域化管理是促进畜产品贸易的有效措施　动物疫病是影响畜牧业发展和动物产品安全的重要因素。世界贸易组织（WTO）制定的《实施卫生与植物卫生措施协定》（简称《WTO/SPS协定》）要求，各成员应对动物疫病实行区域化管理。WTO/SPS委员会根据协定要求，制定了无疫区认可程序和规范，要求各成员必须履行相关义务。在畜产品贸易中，各成员应认可来自无疫区动物产品，即进口畜产品必须来自相关成员无疫区，出口畜产品也必须满足无疫要求。

3. 实施动物疫病区域化管理是现代畜牧业发展的重要保障　实施动物疫病区域化管理，有利于畜牧业结构调整，突出优势产区，优化产业结构；有利于畜牧业生产方式由散养向集约化、标准化、产业化转变，提高畜禽养殖规模化水平，保障区域内畜牧业持续健康发展，增强市场竞争力，提高畜牧业产业效益；有利于增加农民收入，扩大农民转移就业渠道，不断改善农民生活，繁荣农村经济，统筹城乡发展，加快社会主义新农村建设步伐，维护农村社会安定和谐。

二、无规定动物疫病区相关术语和定义

1. 动物疫病　指《中华人民共和国动物防疫法》及《一、二、三类动物疫病病种名录》规定的一、二、三类动物疫病。

2. 规定动物疫病　根据国家或某一区域动物疫病防控的需要，列为国家或该区域重点控制或消灭的动物疫病。

3. 区（区域）　动物卫生状况、地理或行政界限清楚的地理区域。区域范围和界限应

当由兽医主管部门依据地理、法律或人工屏障划定，并通过官方渠道公布。

4. 无规定动物疫病区 在某一确定区域，在规定期限内没有发生过规定的某一种或某几种动物疫病，且在该区域及其外界，对动物和动物产品的流通实施官方有效控制，并经国家验收合格的区域。根据是否在区域内采取免疫措施，分为免疫无规定动物疫病区和非免疫无规定动物疫病区。

5. 动物亚群 指动物群体中可通过地理、人工屏障或生物安全措施实施流行病学隔离的部分动物群体，该部分动物群体可以有效识别，且规定动物疫病状况清楚。

6. 地理屏障 又称自然屏障，是指自然存在的足以阻断某种动物疫病传播、人和动物自然流动的地貌或地理阻隔，如山峦、河流、沙漠、海洋、沼泽地等。

7. 人工屏障 指为防止规定动物疫病侵入，在无规定动物疫病区周边建立的动物防疫监督检查站、隔离或封锁设施等。

8. 保护区 为了保护无规定动物疫病区的动物卫生状态，防止规定动物疫病侵入和传播，基于规定动物疫病的流行病学特征，根据地理或行政区划等条件，沿无规定动物疫病区边界设立的保护区域，在区域内采取包括但不限于免疫接种、强化监测和易感动物的移动控制等措施。

9. 感染控制区 指根据动物疫病的流行病学因素及调查结果，在可疑或已确认感染的养殖屠宰加工场所及其周边划定并实施控制措施防止感染蔓延的区域。

10. 有限疫情 指在无规定动物疫病区的局部范围内发生的规定动物疫病，该规定动物疫病的疫情扩散风险可控或风险可忽略，可以通过采取建立感染控制区等措施控制和扑灭。

11. 潜伏期 从病原体侵入动物机体开始，到最初临床症状出现的时间。如口蹄疫的潜伏期为14d，猪瘟潜伏期为40d，小反刍兽疫潜伏期为21d，高致病性禽流感、新城疫潜伏期均为21d等。

三、建立无规定动物疫病区的基本条件

按照《无规定动物疫病区管理技术规范》要求，建立无规定动物疫病区的基本条件包括12个方面，只有符合这些基本条件才可开展无疫区建设。

一是区域规划：应当集中连片，具有一定规模和范围，原则上至少以地级行政区域为单位；二是社会经济基础：有一定畜牧业基础和经济贸易要求，有能力保障和支持无规定动物疫病区建设、管理和维护；三是机构队伍：具有县级以上的管理指挥协调机构和专家组织，有健全有效的兽医机构体系，包括省、市、县三级兽医主管部门、动物卫生监督执法机构和队伍、动物疫病预防控制机构和队伍、基层动物防疫机构和队伍；四是法规制度：制定完善无规定动物疫病区建设的各项法规、规章、规范、标准和制度；五是财政支持；六是规划制定：制定疫病扑灭、净化计划及无规定动物疫病区建设实施方案；七是防疫屏障：无规定动物疫病区与相邻地区间具备地理屏障、人工屏障或保护区，有确定的产品进入指定通道及其卫生监督检查站，建立动物隔离场、隔离设施，设立警示标志；八是测报预警：健全疫情报告制度，规范疫情确认程序，完善疫情测报预警体系并严格实施；九是流通控制：完善动物及动物产品流通监管制度，实施严格监管并采取严格的生物安全措施；十是检疫监管：按规定使用和管理检疫证明和标志，强化畜禽标识和追溯工作；十一是宣传培训：开展知情教育，提高无规定动物疫病区建设认识和能力，确保措施落实；十二是档案记录：建立无规定

动物疫病区档案管理制度，制定科学合理的档案记录格式和内容，完整、准确、规范记录无规定动物疫病区管理、运行和维持的档案资料，规范各类档案记录的归档、保存及管理。

四、各类区域建设的条件

1. 免疫无规定动物疫病区　在规定时限内没有规定动物疫病的临床病例，感染或传播。按规定实施免疫。从无规定动物疫病区以外的地区和国家引进易感动物及动物产品，按《动物及动物产品输入及过境管理技术规范》执行。必要时，沿无规定动物疫病区边界设立保护区，与毗邻地区或国家相隔离。具备有效的、符合规定的监测系统和记录，所有相关报告和记录等材料准确、详细、齐全。对区域内其他动物疫病采取符合国家要求的防控措施。

2. 非免疫无规定动物疫病区　在规定时限内没有规定动物疫病的临床病例和感染。区域内所有动物不实施免疫。必要时，沿无规定动物疫病区边界设立保护区，与毗邻地区或国家相隔离。从非免疫无规定动物疫病区以外的地区和国家引入易感动物及动物产品，按《动物及动物产品输入及过境管理技术规范》执行。具备有效的、符合规定的监测系统和记录，所有相关报告和记录等材料准确、详细、齐全。对区域内其他动物疫病采取符合国家要求的防控措施。

3. 保护区　根据地理、人工条件及规定动物疫病流行病学特点，沿无规定动物疫病区边界设立保护区。保护区可以设在无规定动物疫病区内，也可以设在无规定动物疫病区外。原则上，区域范围至少以县级行政区域为单位。实施科学的动物疫病监测计划，包括对易感野生动物及虫媒的监测。根据需要实施免疫并实行标识制度。动物及动物产品流通应遵循有关要求。对区域内其他动物疫病采取符合国家要求的防控措施。怀疑暴发规定动物疫病时必须立即调查，并采取必要措施，一经确诊，应当立即组织扑灭。

4. 感染控制区　在无规定动物疫病区内发生有限疫情，应当在发生有限疫情的区域内设立感染控制区，该感染控制区应当包含所有的规定动物疫病病例。原则上应当以县级行政区域划定感染控制区，最小区域不得小于受威胁区。①一旦发现疑似规定动物疫病疫情，应当立即反应并向当地兽医主管部门报告。通过流行病学调查证实该规定动物疫情为有限疫情，并已确定最先发生地，完成可能传染源的调查，确认所有病例间的流行病学关联。②明确界定感染控制区内的易感动物群，禁止动物移动，有效控制有关动物产品的流通。③实施扑杀政策，感染控制区内最后一个病例扑杀后，在规定动物疫病的 2 个潜伏期内没有新病例发生。④通过建立人工屏障或借助地理屏障，实施有效的动物卫生措施，防治规定动物疫病扩散到感染控制区以外的其他区域。⑤在感染控制区内开展持续监测，并强化感染控制区以外区域的被动和主动监测，没有发现任何感染证据。⑥在建成感染控制区之前，暂停无规定动物疫病区的无疫资格。一旦感染控制区建成且通过评估，恢复感染控制区外无规定动物疫病区的无疫资格。

五、无规定动物疫病区建设步骤

1. 免疫控制　目标是规定期限内无临床病例。主要措施包括开展风险评估，实施免疫接种，加强病原监测、免疫效果监测和流通控制。一是制订科学的免疫计划，按规定对区域内的易感动物实施免疫接种，进行免疫抗体监测。及时分析调整免疫程序，实时补免和加强免疫。二是开展流行病学调查，对规定动物疫病实施监测，对监测阳性及可疑病例及时诊断并采取控制措施。一经确诊，按规定扑杀易感动物，做好无害化处理。三是严格实施产地检疫和屠宰检疫，加强对易感动物及产品的流通控制。四是规定期限内未发现临床病例，视为达到免疫控制标准，转入监测净化阶段。

2. 免疫无疫　目标是规定期限内无临床病例并且无感染传播。主要措施包括开展规定动物疫病免疫，加强病原和免疫效果监测，强制扑杀感染动物及同群动物。一是根据国家规定对易感动物实施免疫，免疫密度和免疫效果达到国家规定要求。二是重点开展病原监测，强化对周围 3km 半径范围内易感动物的监测，发现病原学阳性动物及时处置。三是根据病原监测结果，经风险评估，逐步缩小免疫区域。四是对区域内的动物及其产品实施检疫，对检疫中发现的疑似染疫动物进行追踪溯源。对进入区域内的动物实施准引审批和隔离检疫。五是连续实施监测净化，在监测和检疫中均未发现动物感染或传播规定动物疫病，可转入证明无疫的监测阶段，规定时间内未发现感染或传播，即可申请无规定动物疫病区评估。

3. 非免疫无疫　目标是规定期限内非免疫无临床病例并且无感染。主要措施包括停止免疫、强化监测、扑杀并无害化处理感染动物。一是在区域内对易感动物停止针对规定动物疫病的免疫。二是强化监测和检疫，发现临床病例或感染动物，按疫情处理。三是强化流通控制，非免疫无规定动物疫病区引进易感动物及其产品，应当来自相应的其他非免疫无规定动物疫病区，并进行隔离检疫，确定符合非免疫无规定动物疫病区动物卫生要求后方可进入。上述措施实施后，规定时间内未发现临床病例或感染动物，即可申请非免疫无规定动物疫病区评估。

4. 评估　对符合免疫无疫和非免疫无疫的区域，可向农业农村部申请国家评估验收。全国动物卫生风险评估专家委员会按照《无规定动物疫病区评估管理办法》及相关标准进行评估。评估结果建议经全国动物卫生风险评估专家委员会报农业农村部。

六、部分病种无规定疫病区标准

(一)无高致病性禽流感区标准

除应符合建立无规定动物疫病区的基本条件外，还应符合下列条件：①与毗邻高致病性禽流感感染国家或地区间设有保护区，或具有人工屏障或地理屏障，以有效防止高致病性禽流感病毒传入。②具有完善有效的疫情报告体系。③区域内各项动物卫生措施有效实施。④具有有效的监测体系，按照《规定动物疫病监测准则》进行监测。并证明过去 12 个月内家禽未发现高致病性禽流感病毒感染（不管是否存在低致病性禽流感病毒感染）。

(二)无新城疫区标准

除应符合建立无规定动物疫病区的基本条件外，还应符合下列条件：①与毗邻新城疫感染国家或地区间设有保护区，或具有人工屏障或地理屏障，以有效防止新城疫病毒传入。②具有完善有效的疫情报告体系。③区域内各项动物卫生措施有效实施。④具有有效的监测体系，按照《规定动物疫病监测准则》进行监测。并证明过去 12 个月内家禽未发生过新城疫病毒强度感染。

(三)无口蹄疫区标准

1. 免疫无口蹄疫区　除应符合建立无规定动物疫病区的基本条件外，还应符合下列条件：①与毗邻口蹄疫感染国家或地区间设有保护区，或具有人工屏障或地理屏障，以有效防止口蹄疫病毒传入。②无口蹄疫区及保护区实施免疫接种，且免疫合格率达到 80% 以上。

所用疫苗符合国家规定。③具有完善有效的疫情报告体系。④区域内各项动物卫生措施有效实施。⑤具有监测体系，按照《规定动物疫病监测准则》科学开展监测。经监测证明在过去24个月内没有发生过口蹄疫，过去12个月内没有发生口蹄疫病毒传播。

2. 非免疫无口蹄疫区 除应符合建立无规定动物疫病区的基本条件外，还应符合下列条件：①与毗邻口蹄疫感染国家或地区间设有保护区，或具有人工屏障或地理屏障，以有效防止口蹄疫病毒传入。②过去12个月内没有进行口蹄疫免疫接种，该地区在停止免疫接种后，没有引进过免疫接种动物。③具有完善有效的疫情报告体系。④区域内各项动物卫生措施有效实施。⑤具有监测体系，按照《规定动物疫病监测准则》科学开展监测。经监测证明在过去12个月内没有发生过口蹄疫，过去12个月内没有发生口蹄疫病毒传播。⑥免疫无口蹄疫区转变为非免疫无口蹄疫区时，应当在免疫接种停止后12个月，并能提供在此期间没有口蹄疫病毒感染的证据。

(四) 无猪瘟区标准

除应符合建立无规定动物疫病区的基本条件外，还应符合下列条件：①与毗邻猪瘟感染国家或地区间设有保护区，或具有人工屏障或地理屏障，以有效防止猪瘟病毒传入。②具有完善有效的疫情报告体系。③区域内各项动物卫生措施有效实施。④具有有效的监测体系，按照《规定动物疫病监测准则》进行监测。经监测证明在过去12个月内饲养的猪（包括饲养的野猪）没有发现猪瘟临床病例和猪瘟病毒感染。

(五) 无小反刍兽疫区标准

1. 免疫无小反刍兽疫区 除应符合建立无规定动物疫病区的基本条件外，还应符合下列条件：①与毗邻小反刍兽疫感染国家或地区间设有保护区，或具有人工屏障或地理屏障，以有效防止小反刍兽疫病毒传入。②小反刍兽疫疫苗、免疫程序和免疫合格率符合国家规定。③具有完善有效的疫情报告体系。④区域内各项动物卫生措施有效实施。⑤具有监测体系，按照《规定动物疫病监测准则》开展监测。经监测证明在过去24个月内没有发现小反刍兽疫临床病例。

2. 非免疫无小反刍兽疫区 除应符合建立无规定动物疫病区的基本条件外，还应符合下列条件：①与毗邻小反刍兽疫感染国家或地区间设有保护区，或具有人工屏障或地理屏障，以有效防止小反刍兽疫病毒传入。②具有完善有效的疫情报告体系。③区域内各项动物卫生措施有效实施。④具有监测体系，按照《规定动物疫病监测准则》开展监测。经监测证明在过去24个月内没有发现小反刍兽疫临床病例及小反刍兽疫病毒感染。⑤过去24个月内没有进行小反刍兽疫疫苗免疫。⑥停止免疫后，未调入免疫动物。

◆ 任务案例

××镇无规定动物疫病区创建实施方案

为提高动物疫病防控水平，保障畜禽产品安全和人民群众身体健康，促进我镇畜牧业跨越性发展，实现乡村振兴，根据《××县农业农村局关于进一步开展无规定动物疫病区创建活动的通知》精神，结合我镇情况，特制定《××镇无规定动物疫病区创建活动实施方案》。

(一) 指导思想

以习近平新时代中国特色社会主义思想为指导，以《中华人民共和国动物防疫法》和

《××省动物防疫条例》为准则，以国家有关无规定动物疫病区管理规定为依据，以有效控制规定动物疫病、提高畜牧业生产效益和畜禽产品质量安全、增强应对国内外畜产品市场变化的能力、创立生态畜产品品牌为目的，为我镇畜牧业跨越发展保驾护航。

（二）目标任务

1. 总体目标　通过充分发挥创建活动示范带头作用，力争到"十四五"期末，全镇重大动物疫病防控水平明显提高，动物防疫基础设施建设明显改善，禽流感、牲畜口蹄疫、高致病性猪蓝耳病、猪瘟、鸡新城疫、羊痘七种重大动物疫病达到稳定控制标准，动物疫病发病率和死亡率明显降低。

2. 具体目标

（1）全镇猪口蹄疫病实现免疫无疫目标。

（2）建成以××规模化猪场为中心的生物安全示范区。

（3）全镇辖区内畜禽场、规模养殖场、屠宰加工场所及从事动物及动物产品经营的经济人，动物防疫条件合格，取得"动物防疫条件合格证"。

（4）完善生物冷链运转体系，做到镇有低温冰柜，防疫员有冷藏箱，并有足额的经费保证正常运转的建设目标。

（三）创建活动内容

根据县农业农村局规定，20××无规定动物疫病区创建活动以"种畜禽场重点疫病净化、龙头企业生物安全示范、规模养殖场和屠宰加工防疫条件规范、县级兽医实验室能力提升、基层兽医冷链体系完善"为载体，推进无规定动物疫病区创建活动真正取得实效。

1. 规模养殖场、屠宰加工场动物防疫条件规范化创建　严格按照县农业农村局《关于开展动物饲养场、屠宰加工场所动物防疫条件规范化创建活动的通知》的要求，组织辖区内规模养殖场和屠宰加工场对照考核标准进行评估，发现漏洞，查找差距，制定整改措施，督促整改落实到位，办理"动物防疫条件合格证"，达到优化动物防疫环境，保障生产安全的目的。

2. 兽医冷链体系建设　完善县、镇、村、防疫人员多层次的冷链体系建设，达到"镇有低温冰柜、防疫员有冷藏箱"的建设目标，确保动物用生物制品安全可靠。

3. 扎实开展畜禽春秋两次强制免疫普遍注射工作　认真搞好季防月补，做到"五个不漏、四个百分之百"，确保动物免疫密度常年达到100%，免疫抗体合格率达到80%以上，全面提高动物免疫水平，全镇达到猪口蹄疫免疫无疫的目标。加大猪口蹄疫、猪瘟病原监测力度，发现染疫猪及时处理。加大检疫监管力度，严防外疫内染，疫病扩散。

4. 建立动物强制免疫副反应死亡补偿机制　建立地方政府主导的动物强制免疫副反应死亡补偿机制，进一步完善动物疫病处理扑杀补偿机制。

（四）保障措施

1. 组织保障　成立以镇政府分管领导×××任组长，畜牧、财政所、派出所、卫生院等有关部门负责人为成员的无规定动物疫病区创建专班，全面负责无规定疫病区创建组织实施工作。专班下设办公室（办公室设在畜牧兽医技术服务中心），由×××任办公室主任。保障无规定动物疫病区创建工作的顺利进行。

2. 经费保障　镇财政安排专项预算，对动物防疫及创建活动适当予以补助。

3. 技术保障

(1) 免疫。对口蹄疫、猪瘟、猪伪狂犬病、鸡新城疫、高致病性猪蓝耳病、高致病性禽流感、羊痘实施强制免疫，实行一年春秋两次强制普免和四季及时补免相结合，免疫密度常年保持100%，免疫合格率常年保持在80%以上。在搞好免疫注射的同时，抓好消毒灭源工作。建好动物养殖档案和动物免疫档案。

(2) 监测。对口蹄疫、猪瘟、猪伪狂犬病、鸡新城疫、高致病性猪蓝耳病、高致病性禽流感、羊痘进行定期监测、评估。每年采集血清80～100份送检，发现重大动物疫病按动物疫情管理规定及时报告。对规模养殖场的免疫、用药、饲料、死亡淘汰及饲养管理情况进行监管。

(3) 检疫。畜禽出栏前由官方兽医到场（户）实施产地检疫，并根据规定出具相关证明。凡进入屠宰场（点）的畜禽凭动物产地检疫证明，由官方兽医实施宰前检疫、宰后检验，并按规定出具相关证明。在检疫、检验过程中发现染疫或疑似染疫的动物及动物产品及时进行无害化处理和消毒。产地检疫率、屠宰检疫率和无害化处理率达到100%，同时做好动物检疫检验的档案管理。

(4) 扑杀。对检测出的阳性畜禽或病畜禽实施强制扑杀和无害化处理。重大动物疫病的扑杀、淘汰率达到100%，同时按国家规定给予一定补偿。

(5) 培训。对全镇官方兽医、村级动物防疫员、规模养殖场场主进行全面系统的业务技术和法律法规培训。

4. 舆论保障 全镇加大培训宣传力度，积极宣传无规定动物疫病区建设项目建设的重大意义，提高各级领导及群众对项目建设的认识。充分利用网络、新闻媒体等宣传工具，让广大畜牧兽医工作者和养殖户了解项目建设的内容和要求，积极主动参与项目建设。在项目区域主要交通路口书写醒目的无规定动物疫病区标语，使出入区域的人员了解并自觉遵守项目区的规定，对规模养殖户、畜产品加工企业和从事动物及动物产品经营人员进行创建无规定动物疫病区政策宣传，努力营造全社会知晓、积极支持无规定动物疫病区创建活动的良好氛围。

◆ 职业测试

1. 判断题

(1) 无规定动物疫病区建设可促进动物及动物产品的国际贸易。　　　　　　（　　）

(2) 动物疫病区域化管理是国际认可的重要动物卫生措施。　　　　　　　　（　　）

(3) 实施动物疫病区域化管理有利于控制重要动物疫病及提升区域内动物卫生水平。

　　　　　　　　　　　　　　　　　　　　　　　　　　　　　　　　　　（　　）

(4) 实行动物疫病区域化管理的目的是最终实现免疫无疫或非免疫无疫状态。（　　）

(5) 大型养殖企业可以通过建立生物安全隔离区域实现动物疫病区域化管理。（　　）

(6) 无规定动物疫病区包括非免疫无规定动物疫病区和免疫无规定动物疫病区。（　　）

(7) 保护区应采取免疫接种、强化监测和易感动物的移动控制等措施。　　　（　　）

(8) 无疫区内应对规定动物疫病采取免疫、检疫、监测、净化以及对染疫动物采取隔离、封锁、扑杀、无害化处理等措施进行控制。　　　　　　　　　　　　　　（　　）

(9) 对免疫无规定动物疫病区内的易感动物应实施免疫。　　　　　　　　　（　　）

（10）非免疫无规定动物疫病区区域内所有易感动物不实施免疫。　　　　　（　　）

2. 实践操作题

（1）查阅资料，搜索部分省（自治区、直辖市）的无规定动物疫病区管理办法，分析其中无疫区建设的要点以及规定动物疫病的预防、控制与扑灭措施是如何规定的。

（2）查阅资料，分析我国已经建成的四川盆地、松辽平原、海南岛、胶东半岛、辽东半岛等多片无规定动物疫病示范区的做法并总结其成功经验。

（3）查阅资料，了解什么是生物安全隔离区。分析生物安全隔离区与无规定动物疫病区有何区别，在大型养殖企业建立生物安全隔离区有何意义。

动物疫病扑灭

学校学时	8 学时	企业学时	8 学时
学习情境描述	根据《中华人民共和国动物防疫法》《重大动物疫情应急条例》《国家突发重大动物疫情应急预案》《高致病性禽流感疫情处置规范》及动物疫病防治员工作要求，将本项目设计为患病动物隔离、封锁区划分与处置、患病动物扑杀与无害化处理 3 项典型任务。学生通过学习掌握患病动物隔离、疫点疫区划分与封锁、患病动物扑杀与尸体运送、动物病害肉尸的无害化处理等知识并具备解决相应岗位实际问题的工作能力		

学校学习目标	企业学习目标
掌握《中华人民共和国动物防疫法》《重大动物疫情应急条例》《国家突发重大动物疫情应急预案》《高致病性禽流感疫情处置规范》《高致病性猪蓝耳病疫情处置规范》等法律法规对重大动物疫情采取隔离、封锁、病害动物及病害动物肉尸无害化处理的有关规定	1. 能正确区分隔离对象 2. 会科学实施隔离场管理 3. 能合理划分疫点、疫区、受威胁区 4. 可协助实施疫区封锁与疫区疫情处理 5. 会规范实施动物扑杀、运送及无害化处理

任务 6-1 患病动物隔离

◆ 任务描述

患病动物隔离任务根据高级动物疫病防治员的管理能力培养目标和对动物防疫岗位典型工作任务的分析安排。通过患病动物隔离设施的规划与建设任务的技术应用，为重大动物疫病的控制提供防疫保障。

◆ 能力目标

在学校教师和企业技师的共同指导下，完成本学习任务后，希望学生获得：

(1) 动物隔离区的管理能力。

(2) 按照工作规范独立完成患病动物隔离实施工作的能力。

(3) 较好的学习动物隔离新知识和新技术的能力。

(4) 查找重大疫病隔离的相关资料并获取信息的能力。

(5) 根据工作环境的变化，自主解决问题并不断反思的能力。

◆ 学习内容

一、重大动物疫情应急管理

1. 重大动物疫情应急预案　为了及时有效地预防、控制和扑灭突发重大动物疫情，最大限度地减轻突发重大动物疫情对畜牧业及公众健康造成的危害，保持经济持续稳定健康发展，保障人民身体健康安全，依据《中华人民共和国动物防疫法》《中华人民共和国进出境动植物检疫法》和《国家突发公共事件总体应急预案》，县级以上人民政府应根据上级重大动物疫情应急预案和本地区的实际情况制定本行政区域的重大动物疫情应急预案。县级以上地方人民政府农业农村主管部门按照不同动物疫病病种、流行特点和危害程度，分别制定实施方案。重大动物疫情应急预案和实施方案根据疫情状况及时调整。

(1) 重大动物疫情应急预案的主要内容。应急指挥部的职责、组成以及成员单位的分工；重大动物疫情的监测、信息收集、报告和通报；动物疫病的确认、重大动物疫情的分级和相应的应急处理工作方案；重大动物疫情疫源的追踪和流行病学调查分析；预防、控制、扑灭重大动物疫情所需资金的来源，物资和技术的储备与调度；重大动物疫情应急处理设施和专业队伍建设。

(2) 突发重大动物疫情分级。根据突发重大动物疫情的性质、危害程度、涉及范围，将突发重大动物疫情划分为特别重大（Ⅰ级）、重大（Ⅱ级）、较大（Ⅲ级）和一般（Ⅳ级）四级。相应级别的预警，依次用红色、橙色、黄色和蓝色表示特别严重、严重、较重和一般四个预警级别。

(3) 应急指挥机构。农业农村部在国务院统一领导下，负责组织、协调全国突发重大动物疫情应急处理工作。县级以上地方人民政府兽医行政管理部门在本级人民政府统一领导下，负责组织、协调本行政区域内突发重大动物疫情应急处理工作。国务院和县级以上地方人民政府根据本级人民政府兽医行政管理部门的建议和实际工作需要，决定是否成立全国和地方应急指挥部。

(4) 日常管理机构。农业农村部负责全国突发重大动物疫情应急处理的日常管理工作。省级人民政府兽医行政管理部门负责本行政区域内突发重大动物疫情应急的协调、管理工作。市（地）级、县级人民政府兽医行政管理部门负责本行政区域内突发重大动物疫情应急处置的日常管理工作。

2. 重大动物疫情应急处置一般流程　发生重大动物疫情时，国务院农业农村主管部门负责划定动物疫病风险区，禁止或者限制特定动物、动物产品由高风险区向低风险区调运。

疫情所在地应依照法律和国务院的规定以及应急预案采取应急处置措施。县级以上人民政府在制定重大动物疫情应急预案时，应明确重大动物疫情应急处置的相应流程，以保证重大动物疫情发生后能够依法依规得到及时、快速、规范地处置。重大动物疫情应急处置一般流程如图 6-1 所示。

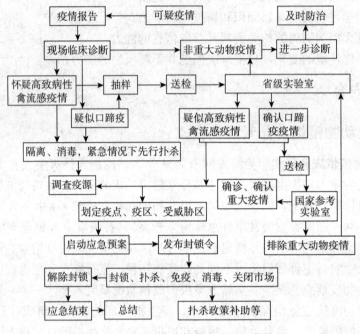

图 6-1　重大动物疫情应急处置一般流程

二、隔离的意义、对象和方法

1. 隔离的意义　隔离是控制传染源，防止动物疫病扩散的重要措施之一。将病畜和可疑感染的病畜与健康家畜分别隔离管理，可以防止病原扩散传播，以便将疫情控制在最小范围内加以就地扑灭。发现疑似一类疫病动物时，首先采取隔离措施，不仅要将疑似患病动物进行隔离，而且也要将其同群的动物进行隔离。然后及时进行诊断，采取控制扑灭措施。隔离场所的废弃物，应进行无害化处理，同时，密切注意观察和监测，加强保护措施。

2. 隔离的对象　根据诊断检疫的结果，可将全部受检动物分为患病动物、可疑感染动物和假定健康动物三类，应分别对待。

（1）患病动物。包括有典型症状或类似症状，或其他特殊检查呈阳性的动物。它们是危险性最大的传染源，应选择不易散播病原体、消毒处理方便的场所或房舍进行隔离。如患病动物数量较多，可集中隔离在原来的圈舍里。特别注意严密消毒，加强卫生和护理工作，需有专人看管，并及时进行治疗。隔离场所禁止闲杂人畜出入和接近。工作人员出入应遵守消毒制度。隔离区内的用具、饲料、粪便等，未经彻底消毒处理，不得运出，没有治疗价值的动物，由兽医根据国家有关规定进行处理。

（2）可疑感染动物。指未发现任何症状，但与患病动物及其污染的环境有过明显的接触，如同群、同圈、同槽、同牧、使用共同的水源、用具等的动物。这类动物有可能处在潜伏期，并有排菌（毒）的危险，应在消毒后另选地方将其隔离、看管，限制其活动，详加观察，出现症状的则按患病动物处理。有条件时应立即进行紧急免疫接种或预防性治疗。隔离观察时间的长短，根据该种传染病的潜伏期长短而定，经一定时间不发病者，可取消其限制。

（3）假定健康动物。除上述两类外，疫区内其他易感动物都属于此类。应与上述两类严格隔离饲养，加强防疫消毒和相应的保护措施，立即进行紧急免疫接种，必要时可根据实际情况分散喂养或转移至偏僻牧地。

3. 隔离的方法　在养殖生产中，患病动物隔离可分为临时性隔离和长期性隔离两种。

（1）临时性隔离。临时性隔离在实际工作中应用较为普遍，一般隔离的时间较短。主要用于一些患急性传染病的动物，或是暂时没有得出诊断结论的患病动物及其同群体动物的隔离。在采取扑杀、治疗、消毒等措施扑灭疫情之后一般即可解除隔离。

（2）长期性隔离。长期隔离主要用于患慢性传染病的动物。此类患病动物由于所患传染病病程长，一时难以治愈，并因多种原因难以采取扑杀、销毁等措施予以扑灭。因而需要选择适当的地点进行长期隔离，以保证其他动物的安全。

4. 隔离的要求　一是隔离场所应选择不容易散布病原体，便于消毒和处理的地方；二是隔离期严禁无关人员、车辆、动物等出入隔离区；三是在疫区（点）内，其他易感动物与患病动物或疑似患病动物要分开，并采取紧急预防措施，密切观察和监测疫情发展，加强保护措施；四是隔离场所内的废弃物等应彻底进行无害化处理。

三、隔离场管理

1. 检疫隔离场管理　动物检疫隔离场应有完善的隔离、消毒、检疫、值班等工作制度，管理人员无人畜共患传染病；动物隔离场由市级动物卫生监督机构统一安排使用。凡需使用动物隔离场的单位，提前 30d 办理预定手续；动物隔离场禁止参观，人员、车辆及物品等未经许可不得进出。严禁非工作人员进入隔离区。工作人员、饲养人员进出隔离区（图 6-2），应更衣、换鞋，经消毒池、消毒通道进出。动物隔离结束后，使用单位应在动物隔离场管理人员指导监督下清洗消毒使用过的隔离舍、场地、用具等。动物隔离场应当保持隔离舍及场内环境清洁卫生，做好灭鼠、防蚊、防蝇、防火、防盗等工作。动物隔离场使用前后，应彻底消毒 3 次，每次间隔 3d，并做好消毒效果的检测；同一隔离舍内，不得同时隔离两批（含）以上的动物；隔离舍两次使用间隔时间至少 15d。

2. 外调入动物处理　使用单位应在动物入场前，派人到动物隔离场，在管理人员指导监督下彻底清洗、消毒隔离舍、场地及有关设备、用具等。动物入场运输所使用的车辆、饲料、垫料、排泄物及其他被污染物料等，应在动物运抵隔离场后，在动物隔离场管理人员指导监督下进行清洗、消毒和无害化处理。隔离动物应在管理人员指定分配的隔离舍饲养，未经许可不得擅自调换。发现疑似患病或死亡的动物，应及时报告当地动物卫生监督机构，将患病动物与其他动物进行隔离观察。对患病动物停留过的地方和污染的用具、物品进行消毒。

3. 驻场人员管理　使用单位应当选派畜牧兽医专业人员驻场，负责动物隔离期间的饲养管理等相关工作。驻场人员入场前应做健康检查，无人畜共患传染病。驻场人员应在管理人员指导监督下负责隔离动物的饲养管理，定期清扫、清洗、消毒，保持动物、隔离舍内外

图 6-2　隔离区

和周边环境清洁卫生，并协助采样及其他有关检疫、监测工作。驻场人员不得擅自离开动物隔离场，不得任意进出其他隔离舍，未经管理人员批准不得中途换人。

4. 物料管理　隔离动物所需饲料、牧草、垫料、药物、疫苗和器物等，以及驻场人员所使用的日常生活用品，不得来自其他饲养场。严禁将肉类、骨、皮、毛等动物产品带入动物隔离场内，未经动物隔离场管理人员同意不得携带任何物品出入。隔离动物的排泄物、垫料及污水需经无害化处理后方可排出动物隔离场外。

5. 隔离检疫　隔离期限：根据不同疫病的潜伏期，实施一定时间的隔离。隔离期满，经检疫合格的隔离动物登记其畜禽标识，凭动物卫生监督机构签发的检疫合格证明放行。检疫不合格的动物按照国家有关规定处理。

6. 隔离记录和报告　检疫人员在动物隔离期间做好隔离观察记录，建立完整的隔离观察记录档案。隔离观察记录包括进场时间、货主姓名、动物种类及数量、畜禽标识编码、持证情况、隔离观察情况、处理、采样检测情况等。动物隔离场应定期将工作情况及统计报表上报当地和省级动物卫生监督机构。

◆ 任务案例

王某有一个 5 000 头猪场，猪群大批死亡，检测体温 40.5～41.5℃。表现症状为：高烧不退，精神沉郁，不吃食，不饮水，怕冷，眼结膜潮红，粪便干而臭，而后转为腹泻。口腔黏膜和眼结膜有小出血点，耳尖、腹下、四肢内侧皮肤有出血斑点和紫斑点，用手压不褪色，体表淋巴结肿大，出现神经症状。常继发细菌感染，以肺炎和坏死性肠炎为多见，经检测为猪瘟。为迅速控制疫情，该场制定猪瘟隔离方案如下。

1. 隔离对象划分　根据猪场的基本情况，隔离对象划分如表 6-1 所示。

表 6-1　隔离对象划分

序号	隔离对象	数量	单位（头）	隔离后措施
1	患病动物			
2	可疑感染动物			
3	假定健康动物			

2. 隔离区管理计划 根据所属地区的基本情况，制订隔离区管理计划如表6-2所示。

表6-2 隔离区管理计划

序号	项目	隔离区管理措施
1	隔离区管理	
2	外调入动物处理	
3	驻场人员管理	
4	物料管理	
5	隔离检疫	

3. 隔离记录档案 根据猪场的基本情况，编制隔离记录档案如表6-3所示。

表6-3 隔离档案记录

序号	隔离对象	进场时间	数量	隔离观察	采样检测	隔离后措施
1	患病动物					
2	可疑感染动物					
3	假定健康动物					

◆ 职业测试

1. 判断题

(1) 根据诊断检疫的结果，可将全部受检动物分为患病动物、可疑感染动物和假定健康动物三类。（　　）

(2) 隔离是切断传播途径，防止动物疫病扩散的重要措施之一。（　　）

(3) 动物隔离场应定期将工作情况及统计报表上报当地和省级动物卫生监督机构。（　　）

(4) 隔离动物应在管理人员指定分配的隔离舍饲养，未经许可可以擅自调换。（　　）

(5) 临时性隔离一般主要用于一些患急性传染病的动物，或是暂时没有得出诊断结论的患病动物及其同群体动物的隔离。（　　）

(6) 驻动物隔离场人员入场前应做健康检查，无人畜共患传染病。（　　）

(7) 长期隔离主要用于患慢性传染病的动物。（　　）

(8) 隔离动物所需饲料、牧草、垫料、药物、疫苗和器物等，以及驻场人员所使用的日常生活用品，不得来自其他饲养场。（　　）

(9) 动物隔离场应定期将工作情况及统计报表上报当地和省级动物卫生监督机构。（　　）

(10) 可疑感染动物指未发现任何症状，但与患病动物及其污染的环境有过明显的接触，如同群、同圈、同槽、同牧、使用共同的水源、用具等的动物。（　　）

(11) 隔离期满，经检疫合格的隔离动物登记其畜禽标识，凭动物卫生监督机构签发的检疫合格证明放行。检疫不合格的动物按照国家有关规定处理。（　　）

(12) 驻动物隔离场人员不得擅自离开动物隔离场，不得任意进出其他隔离舍，未经管理人员批准不得中途换人。（　　）

（13）检疫人员在动物隔离期间应做好隔离观察记录，建立完整的隔离观察记录档案。（　　）

（14）动物隔离场使用前后，应彻底消毒 3 次，每次间隔 3d，并做好消毒效果的检测。（　　）

2. 实践操作题

（1）刘某的一个养猪场，发生了猪链球菌病疫情，请你设计一个隔离方案并现场组织实施隔离。

（2）假设你是某动物隔离场负责人，请制定一份隔离场管理制度。

（3）某奶牛场青年牛舍饲养 80 头奶牛，布鲁氏菌感染检测发现其中 10 头奶牛呈阳性反应，请设计隔离方案并现场实施隔离。

任务 6-2　封锁区划分与处置

◆ 任务描述

疫区划分与处置工作任务根据高级动物疫病防治员的人才培养目标和对动物防疫岗位典型工作任务的分析安排，通过封锁区划分、封锁实施与处置的技术应用，为畜禽安全、健康、生态饲养提供技术支持。

◆ 能力目标

在学校教师和企业技师共同指导下，完成本学习任务后，希望学生获得：

（1）科学划分封锁区的能力。

（2）封锁实施的能力。

（3）封锁区的控制能力。

（4）查找疫区封锁的相关资料并获取信息的能力。

（5）制订疫区封锁工作计划并组织实施的能力。

◆ 学习内容

一、封锁的对象、原则

1. 封锁的概念　封锁是指在发生严重危害人与动物健康的动物疫病时，由国家将动物发病地点及其周围一定范围的地区封锁起来，禁止随意出入，以切断动物疫病的传播途径，迅速扑灭疫情的一项严厉的行政措施。由于采取封锁措施，封锁区内各项活动基本处于与外界隔离的状态，不可避免地要对当地的生产和人民群众的生活产生很大影响，故该措施必须严格控制使用，严格依法执行。《中华人民共和国动物防疫法》对封锁措施有严格的限制性规定。

2. 封锁的对象　封锁的对象是一类动物疫病或当地新发现传染病。这类疫病对人与动物危害严重，需要采取紧急、严厉的强制预防、控制、扑灭等措施，迅速控制疫情和集中力量就地扑灭，以防止疫病向安全区散播和健康动物误入疫区而被传染，从而保护其他地区动物的安全和人体健康。

《中华人民共和国动物防疫法》第四章规定，封锁只适用于以下情况：发生一类动物疫病时；当地新发现的动物疫病呈暴发流行时；二类、三类动物疫病呈暴发性流行时。除上述情况外，不得随意采取封锁措施。当地县级以上地方人民政府兽医主管部门应当立即派人到现场，划定疫点、疫区、受威胁区，调查疫源，及时报请本级人民政府对疫区实行封锁。疫区范围涉及两个以上行政区域的，由有关行政区域共同的上一级人民政府对疫区实行封锁，或者由各有关行政区域的上一级人民政府共同对疫区实行封锁。必要时，上级人民政府可以责成下级人民政府对疫区实行封锁。

执行封锁时应掌握"早、快、严、小"的原则，即发现疫情时报告和执行封锁要早，行动要快，封锁措施要严格，封锁范围要小。

二、封锁区的划分

为扑灭疫病采取封锁措施而划出的一定区域，称封锁区。封锁区的划分，应根据该病流行规律、当时流行特点、动物分布、地理环境、居民点以及交通条件等具体情况确定疫点、疫区和受威胁区。疫点、疫区、受威胁区的范围，由畜牧兽医行政管理部门根据规定和扑灭疫情的实际需要划定，其他任何单位和个人均无此权力（图6-3）。

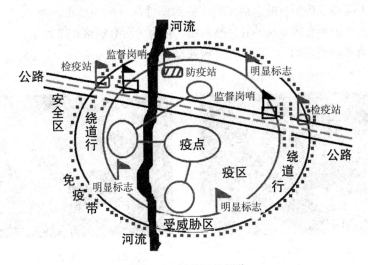

图6-3　封锁区的划分

1. 疫点　指经国家指定的检测部门检测确诊发生了一类传染病疫情的养殖场（户）、养殖小区或其他有关的屠宰加工、经营单位；如为农村散养，则应将病畜禽所在的自然村划为疫点。放牧的动物以患病动物所在的牧场及其活动场所为疫点；动物在运输过程中发生疫情，以运载动物的车、船、飞行器等为疫点；在市场发生疫情，则以患病动物所在市场为疫点。

2. 疫区　指以疫点为中心，半径3km范围内的区域。范围比疫点大，一般是指有某种传染病正在流行的地区，其范围除病畜禽所在的畜牧场、自然村外，还包括病畜禽发病前（在该病的最长潜伏期内）后所活动过的地区。疫区划分时注意考虑当地的饲养环境和天然屏障，如河流、山脉等。

3. 受威胁区　为疫区周围一定范围内可能会受疫病传染的地区。一般指疫区外延5km

范围内的区域,如发生高致病性禽流感、猪瘟和新城疫疫情等。但不同的动物疫病病种,其划定的受威胁区范围也不相同,如口蹄疫为 10km。

图 6-4　疫区封锁令

三、封锁实施

1. 启动封锁的程序　在发生应当封锁的疫情时,由当地兽医主管部门划定疫点、疫区、受威胁区,并及时报请同级人民政府对疫区实行封锁。县级以上人民政府接到本级兽医主管部门对疫区实行封锁的请示后,应当在 24h 内立即以政府的名义发布封锁令(图 6-4),对疫区实行封锁。发布封锁令的地方人民政府应当启动相应的应急预案,立即组织有关部门和单位采取封锁、隔离、扑杀、销毁、消毒、无害化处理、紧急免疫接种等强制性措施,迅速扑灭疫病,并通报毗邻地区。

2. 封锁区应采取的控制措施

(1) 疫点。扑杀疫点内所有的患病动物(高致病性禽流感为疫点内所有禽只、口蹄疫为疫点内所有病畜及同群易感动物、猪瘟为所有病猪和带毒猪、新城疫为所有病禽和同群禽只),销毁所有病死动物、被扑杀动物及其产品(图 6-5、图 6-6)。

高致病性禽流感
疫情控制与扑灭

图 6-5　现场采集病料

图 6-6　扑杀病禽

对动物的排泄物、被污染饲料、垫料、污水等进行无害化处理。对被污染的物品、交通工具、用具、饲养场所、场地进行彻底消毒(图 6-7、图 6-8)。

图 6-7　疫区环境消毒

图 6-8　疫区道路消毒

对发病期间及发病前一定时间内（高致病性禽流感为发病前21d，口蹄疫为发病前14d）售出的动物及易感动物进行追踪，并做扑杀和无害化处理。

（2）疫区。

①在疫区周围设置警示标志，在出入疫区的交通路口设置动物检疫消毒检查站（图6-9），执行监督检查任务，对出入车辆和有关物品进行消毒。

②对所有易感动物进行紧急强制免疫，建立完整的免疫档案，但发生高致病性禽流感时，疫区内的禽只不得进行免疫，所有家禽必须扑杀，并进行无害化处理，同时销毁相应的禽类产品；其他一类动物疫病发生后，必要时可对疫区内所有易感动物进行扑杀和无害化处理（图6-10）。

图6-9　疫区封锁消毒站

图6-10　染疫动物无害化处理场

③关闭畜（禽）及其产品交易市场，禁止活畜（禽）进出疫区及产品运出疫区，发生高致病性禽流感时，要关闭疫点及周边13km范围内所有家禽及其产品交易市场。

④对所有与患病动物、易感动物接触过的物品、交通工具、畜禽舍及用具、场地进行彻底消毒。对排泄物、被污染饲料、垫料及污水等进行无害化处理。

⑤对易感动物进行疫情监测，及时掌握疫情动态。

（3）受威胁区。对所有易感动物进行紧急强制免疫，免疫密度应为100％，以建立"免疫带"，防止疫情扩散。加强疫情监测和免疫效果检测，掌握疫情动态。

四、解除封锁

《中华人民共和国动物防疫法》第三十三条规定："疫点、疫区、受威胁区的撤销和疫区封锁的解除，按照国务院兽医主管部门规定的标准和程序评估后，由原决定机关决定并宣布。"由于动物疫病的潜伏期不尽相同，原农业部于2007年发布了《关于印发〈高致病性禽流感防治技术规范〉等14个动物疫病防治技术规范的通知》，对撤销疫点、疫区、受威胁区的条件和解除疫区封锁做出了具体规定。

一般而言，疫区（点）内最后一头患病动物扑杀或痊

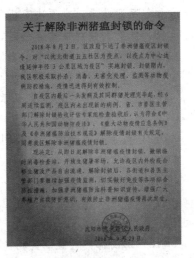

图6-11　解除封锁令

愈后，经过该病一个以上最长潜伏期的观察、检测，未再出现患病动物时，经过终末消毒，由上级或当地动物卫生监督机构和动物疫病预防控制机构评估审验合格后，由当地兽医主管部门提出解除封锁的申请，由原发布封锁令的人民政府宣布解除封锁同时通报毗邻地区和有关部门（图6-11）。疫点、疫区、受威胁区的撤销，由当地兽医主管部门按照农业农村部规定的条件和程序执行。疫区解除封锁后，要继续对该区域进行疫情监测，如高致病性禽流感疫区解除封锁后6个月内未发现新病例，即可宣布该次疫情被扑灭。

◆ 任务案例

××区突发重大动物疫情的控制实施方案

◆ 职业测试

1. 判断题

（1）疫区周围一定范围内可能会受疫病传染的地区，一般指疫区外延5km范围内的区域。（   ）

（2）执行封锁时应掌握"早、快、严、小"的原则。（   ）

（3）一类动物疫病发生后，可以不对疫区内所有易感动物进行扑杀和无害化处理。
（   ）

（4）对所有易感动物进行紧急强制免疫，免疫密度应为100%。（   ）

（5）封锁令由省级人民政府接到兽医主管部门的请示后发出。（   ）

（6）受威胁区是指疫区周围一定范围内可能会受疫病传染的地区。（   ）

（7）疫点、疫区、受威胁区的撤销和疫区封锁的解除，按照国务院兽医主管部门规定的标准和程序评估后，由原决定机关决定并宣布。（   ）

（8）发生高致病性禽流感时，疫区内的禽只不得进行免疫，所有家禽必须扑杀。（   ）

（9）疫区划分时注意考虑当地的饲养环境和天然屏障，如河流、山脉等。（   ）

（10）《中华人民共和国动物防疫法》对封锁措施有严格的限制性规定。（   ）

（11）疫区周围应设置警示标志，在出入疫区的交通路口建立临时性检查消毒站。
（   ）

（12）扑杀染疫动物应参照国务院兽医主管部门制定的技术规范操作，防止疫源扩散。
（   ）

（13）赴疫区调查采访人员一定要戴口罩且口罩不得交叉使用。（   ）

（14）疫区工作人员的衣服应用70℃以上的热水浸泡5min以上，再用肥皂水洗涤，于太阳下暴晒。（   ）

（15）工商部门应强制关闭禽流感疫区周围及疫区内的动物及动物产品的交易市场。
（   ）

2. 实践操作题

（1）某地区让你培训即将参加该地区禽流感疫情扑灭工作的人员，请制定培训方案并实施培训。

（2）运用你学过的知识，为发生猪瘟疫情的某养猪场编制一份封锁实施方案。

任务 6 - 3 患病动物扑杀与无害化处理

◆ 任务描述

患病动物扑杀以及尸体和相关病害动物产品的无害化处理是快速扑灭重大动物疫情的强制性措施。无论动物的扑杀还是尸体和相关病害动物产品的处理均要防止疫情扩散以及工作人员的感染和环境的污染。

◆ 能力目标

在学校教师和企业技师共同指导，完成本学习任务后，希望学生获得：

（1）选择动物扑杀场地及扑杀方法的能力。

（2）查找疫区动物扑杀的相关资料并获取信息的能力。

（3）制订疫区动物扑杀工作计划并解决实际问题的能力。

（4）动物尸体及相关动物产品无害化处理的能力。

（5）具有主动参与小组活动，积极与他人沟通和交流，团队协作的能力。

◆ 学习内容

一、扑杀的定义

扑杀是扑灭动物疫病时一项经常运用的强制性措施。其基本的做法是将患有疫病动物，或包括患病动物的同群动物人为地致死，并予以销毁，以防止疫病扩散，把损失限制在最小的范围内。决定扑杀措施的主体是当地县级以上地方人民政府。扑杀费用由当事人承担，国家另有规定的除外。

二、扑杀与运送前的准备

扑杀前准备是顺利完成扑杀工作的保证。当重大动物疫病呈暴发流行时，往往会因准备不周，导致扑杀过程中缺少物资或人力而耽误扑杀工作的进行。完整的扑杀准备工作应考虑：扑杀文件的起草、公布，主要包括应急预案的启动、扑杀令、封锁令等。此外还要考虑扑杀方法、扑杀地点、扑杀顺序、需要的人力和设施、器具、资金等。

三、扑杀工作的人力要求

扑杀染疫动物应由动物防疫专业技术人员和能熟练扑杀动物的人员来进行。他们一方面能够鉴别染疫动物，另一方面还熟练掌握扑杀技术。同时还要清楚扑杀会给有关人员带来的影响。扑杀人员的防护要求：一是穿防护服；二是戴可消毒的橡胶手套；三是戴标准口罩；

四是戴护目镜；五是穿可消毒的胶鞋；六是扑杀人员在操作完毕后，要严格消毒；七是离开隔离带前将防护衣消毒后销毁。

此外，最好还要请当地政府组织人员帮助个别畜主及其家人解决因扑杀而产生的心理和精神上的问题，同时还要避免某些养殖户拒绝、阻挠扑杀工作进行的事件发生。

四、扑杀场地的选择

选择扑杀场地应遵循因地制宜原则。重点应考虑下列因素：现场可利用的设施；需要的附属设施和器具；易于接近尸体处理场地，防止运输过程中染疫动物及其产品的污物流出或病菌经空气散播，导致道路及其周围污染；人身安全；畜主可接受程度；财产损失的可能性；避免公众和媒体的注意。特别是在农村散养户发生疫情需要扑杀时，虽然范围广，但是每户平均后数量少，可以采取就近原则，由养殖户自己挖坑，专业人员鉴定、扑杀并指导无害化处理的方法。

五、扑杀方法的选择

为了"早、快、严"扑灭动物疫情，控制动物疫病的流行和蔓延，促进养殖业发展和保护人们身体健康，采取科学合理、方便快捷、经济实用的扑杀方法，是彻底消灭传染源、切断传播途径最有效的手段。根据动物的大小主要有以下几种方法：

1. 大中型动物的扑杀方法

（1）钝击法。费时费力，污染性大，不宜采用。

（2）毒药灌服法。可以杀死病畜又可以杀灭病菌，但使用的药物毒性较大，要固定专人保管。

（3）注射法。保定比较困难，要由专业人员操作。

（4）电击法。比较经济适用，特别是对保定困难的大动物，但该方法具有危险性，需要操作人员注意自身保护。

（5）轻武器击毙法。具有潜在危险，不适于在现场人多的情况下使用。在实际工作中，根据具体情况具体对待。

2. 禽类等小型动物的扑杀方法

（1）扭颈法。扑杀量较小时采用。根据禽只大小，一只手握住头部，另一只手握住体部，朝相反方向扭转拉抻。

（2）空气致死法。向拟致死的禽只心脏注入一定量空气将其致死，适用于个别禽只的扑杀。

（3）窒息法（二氧化碳法）。二氧化碳致死疫禽是世界动物卫生组织推荐的人道扑杀方法；先将待扑杀禽装入袋中，置入密封车或其他密封容器，通入二氧化碳窒息致死；或将禽装入密封袋中，通入二氧化碳窒息致死。该方法具有安全、无二次污染、劳动量小、成本低廉等特点，在禽流感防控工作中是非常有效的方法。

六、动物尸体和相关动物产品的收集运输

1. 包装要求 包装材料应符合密闭、防水、防渗、防破损、耐腐蚀等要求。包装材料的容积、尺寸和数量应与需处理病死及病害动物和相关动物产品的体积、数量相匹配。包装

后应进行密封。使用后，一次性包装材料应做销毁处理，可循环使用的包装材料应进行清洗消毒。

2. 暂存要求　可采用冷冻或冷藏方式进行暂存，防止无害化处理前病死及病害动物和相关动物产品腐败。暂存场所应能防水、防渗、防鼠、防盗，易于清洗和消毒。暂存场所应设置明显警示标志。应定期对暂存场所及周边环境进行清洗消毒。

3. 运输要求　选择专用的运输车辆或封闭厢式运载工具（图6-12），车厢四壁及底部应使用耐腐蚀材料，并采取防渗措施。运输车辆应加施明显标识，并加装车载定位系统，记录转运时间和路径等信息，驶离暂存、养殖等场所前，应对车轮及车厢外部进行消毒。运输车辆应尽量避免进入人口密集区。若运输途中发生渗漏，应重新包装、消毒后运输。卸载后，应对运输车辆及相关工具等进行彻底清洗、消毒。

图6-12　病死动物专用收运车

4. 人员防护要求　病死及病害动物和相关动物产品的收集、暂存、装运、无害化处理操作的工作人员应经过专门培训，掌握相应的动物防疫知识。工作人员在操作过程中应穿戴防护服（图6-13）、口罩、护目镜、胶鞋及手套等防护用具。工作人员应使用专用的收集工具、包装用品、运载工具、清洗工具、消毒器材等。工作完毕后，应对一次性防护用品做销毁处理，对循环使用的防护用品消毒处理。

5. 记录要求　病死及病害动物和相关动物产品的收集、暂存、装运、无害化处理等环节应建有台账和记录。有条件的地方应保存运输车辆行车信息和相关环节视频记录。暂存环节的接收台账和记录应包括病死及病害动物和相关动物产品来源场（户）、种类、数

图6-13　穿着防护服的工作人员

量、动物标识号、死亡原因、消毒方法、收集时间、经办人员等；运出台账和记录应包括运输人员、联系方式、运输时间、车牌号、病死及病害动物和相关动物产品种类、数量、动物标识号、消毒方法、运输目的地以及经办人员等；处理环节的接收台账和记录应包括病死及病害动物和相关动物产品来源、种类、数量、动物标识号、运输人员、联系方式、车牌号、接收时间及经手人员等。处理台账和记录应包括处理时间、处理方式、处理数量及操作人员等。涉及病死及病害动物和相关动物产品无害化处理的台账和记录至少要保存两年。

七、病死及病害动物尸体无害化处理

为彻底消灭病死及病害动物尸体所携带的病原体，防止动物疫病传播扩散，保障动物产品质量安全，凡是国家规定的染疫动物及其产品、病死或者死因不明的动物尸体，屠宰前确认的病害动物、屠宰过程中经检疫或肉品品质检验确认为不可食用的动物产品，以及其他应当进行无害化处理的动物及动物产品，均应严格按照国家《病死及病害动物无害化处理技术规范》的规定将病死及病害动物尸体通过一系列技术方法进行无害化处理。

所谓无害化处理，是指用物理、化学等方法处理病死及病害动物和相关动物产品，消灭其所携带的病原体，消除危害的过程。无害化处理方法主要包括焚烧法、化制法、高温法、深埋法及化学处理法五种。

（一）焚烧法

焚烧法是指在焚烧容器（图 6-14）内，使病死及病害动物和相关动物产品在富氧或无氧条件下进行氧化反应或热解反应的方法。适用对象为国家规定的染疫动物及其产品、病死或者死因不明的动物尸体，屠宰前确认的病害动物、屠宰过程中经检疫或肉品品质检验确认为不可食用的动物产品，以及其他应当进行无害化处理的动物及动物产品。

图 6-14　两款养殖场用动物尸体焚化炉

1. 直接焚烧法

（1）技术工艺。

①可视情况对病死及病害动物和相关动物产品进行破碎等预处理。

②将病死及病害动物和相关动物产品或破碎产物，投至焚烧炉本体燃烧室，经充分氧化、热解，产生的高温烟气进入二次燃烧室继续燃烧，产生的炉渣经出渣机排出。

③燃烧室温度应≥850℃。燃烧所产生的烟气从最后的助燃空气喷射口或燃烧器出口到换热面或烟道冷风引射口之间的停留时间应≥2s。焚烧炉出口烟气中氧含量应为6%～10%（干气）。

④二次燃烧室出口烟气经余热利用系统、烟气净化系统处理，达到要求后排放。

⑤焚烧炉渣与除尘设备收集的焚烧飞灰应分别收集、贮存和运输。焚烧炉渣按一般固体废物处理或作资源化利用；焚烧飞灰和其他尾气净化装置收集的固体废物需按有关要求作危险废物鉴定，如属于危险废物，则按有关要求处理。

（2）操作注意事项。严格控制焚烧进料频率和重量，使病死及病害动物和相关动物产品能够充分与空气接触，保证完全燃烧。燃烧室内应保持负压状态，避免焚烧过程中发生烟气泄露。二次燃烧室顶部设紧急排放烟囱，应急时开启。烟气净化系统，包括急冷塔、引风机等设施。

2. 炭化焚烧法

（1）技术工艺。

①病死及病害动物和相关动物产品投至热解炭化室，在无氧情况下经充分热解，产生的热解烟气进入二次燃烧室继续燃烧，产生的固体炭化物残渣经热解炭化室排出。

②热解温度≥600℃，二次燃烧室温度≥850℃，焚烧后烟气在850℃以上停留时间≥2s。

③烟气经过热解炭化室热能回收后，降至600℃左右，经烟气净化系统处理，达到《大气污染物综合排放标准》（GB 16297—2017）要求后排放。

（2）操作注意事项。应检查热解炭化系统的炉门密封性，以保证热解炭化室的隔氧状态。应定期检查和清理热解气输出管道，以免发生阻塞。热解炭化室顶部需设置与大气相连的防爆口，热解炭化室内压力过大时可自动开启泄压。应根据处理物种类、体积等严格控制热解的温度、升温速度及物料在热解炭化室里的停留时间。

（二）化制法

化制法是指在密闭的高压容器内（图6-15），通过向容器夹层或容器内通入高温饱和蒸汽，在干热、压力或蒸汽、压力的作用下，处理病死及病害动物和相关动物产品的方法。本法除不得用于患有炭疽等芽孢杆菌类疫病，以及牛海绵状脑病、痒病的染疫动物及产品、组织的处理外，其他适用对象同焚烧法。

1. 干化法

（1）技术工艺。

①可视情况对病死及病害动物和相关动物产品进行破碎等预处理。

②病死及病害动物和相关动物产品或破碎产物输送入高温高压灭菌容器。

③处理物中心温度≥140℃，压力≥0.5MPa（绝对压力），时间≥4h（具体处理时间随处理物种类和体积大小而设定）。

④加热烘干产生的热蒸汽经废气处理系统后排出。

⑤加热烘干产生的动物尸体残渣传输至压榨系统处理。

（2）操作注意事项。搅拌系统的工作时间应以烘干剩余物基本不含水分为宜，根据处

图 6-15　动物尸体湿化机

理物量的多少，适当延长或缩短搅拌时间。应使用合理的污水处理系统，有效去除有机物、氨氮等，达到国家规定的排放要求。应使用合理的废气处理系统，有效吸收处理过程中动物尸体腐败产生的恶臭气体，达到要求后排放。高温高压灭菌容器操作人员应符合相关专业要求，持证上岗。处理结束后，需对墙面、地面及其相关工具进行彻底清洗消毒。

2. 湿化法

（1）技术工艺。

①可视情况对病死及病害动物和相关动物产品进行破碎预处理。

②将病死及病害动物和相关动物产品或破碎产物送入高温高压容器，总质量不得超过容器总承受力的 4/5。

③处理物中心温度≥135℃，压力≥0.3MPa（绝对压力），处理时间≥30min（具体处理时间随处理物种类和体积大小而设定）。

④高温高压结束后，对处理产物进行初次固液分离。

⑤固体物经破碎处理后，送入烘干系统；液体部分送入油水分离系统处理。

（2）操作注意事项。高温高压容器操作人员应符合相关专业要求，持证上岗。处理结束后，需对墙面、地面及其相关工具进行彻底清洗消毒。冷凝排放水应冷却后排放，产生的废水应经污水处理系统处理，达到规定要求。处理车间废气应通过安装自动喷淋消毒系统、排风系统和高效微粒空气过滤器（HEPA 过滤器）等进行处理，达到规定要求后排放。

（三）高温法

高温法是指常压状态下，在封闭系统内利用高温处理病死及病害动物和相关动物产品的方法。适用对象同化制法。

1. 技术工艺

①可视情况对病死及病害动物和相关动物产品进行破碎等预处理。处理物或破碎产物体积（长×宽×高）≤125cm³（5cm×5cm×5cm）。

②向容器内输入油脂，容器夹层经导热油或其他介质加热。

③将病死及病害动物和相关动物产品或破碎产物输送入容器内，与油脂混合。常压状态下，维持容器内部温度≥180℃，持续时间≥2.5h（具体处理时间随处理动物种类和体积大小而设定）。

④加热产生的热蒸汽经废气处理系统后排出。

⑤加热产生的动物尸体残渣传输至压榨系统处理。

2. 操作注意事项 同干化法。

(四) 深埋法

深埋法是指按照相关规定，将病死及病害动物和相关动物产品投入深埋坑中并覆盖、消毒，处理病死及病害动物和相关动物产品的方法。适用于发生动物疫情或自然灾害等突发事件时病死及病害动物的应急处理，以及边远和交通不便地区零星病死畜禽的处理。不得用于患有炭疽等芽孢杆菌类疫病，以及牛海绵状脑病、痒病的染疫动物及产品、组织的处理。

1. 选址要求 应选择地势高燥，处于下风向的地点。应远离学校、公共场所、居民住宅区、村庄、动物饲养和屠宰场所、饮用水源地、河流等地区。

2. 技术工艺 深埋坑体容积以实际处理动物尸体及相关动物产品数量确定。深埋坑底应高出地下水位1.5m以上，要防渗、防漏。坑底洒一层厚度为2~5cm的生石灰或漂白粉等消毒药。将动物尸体及相关动物产品投入坑内，最上层距离地表1.5m以上。然后先用土将其埋住40cm左右，再用生石灰或漂白粉等消毒药消毒，消毒后填土覆盖，覆土应高出地表20~30cm。

3. 操作注意事项 深埋覆土不要太实，以免腐败产气造成气泡冒出和液体渗漏。深埋后，在深埋处设置警示标识。深埋后第一周内应每日巡查1次，第二周起应每周巡查1次，连续巡查3个月，深埋坑塌陷处应及时加盖覆土。深埋后立即用氯制剂、漂白粉或生石灰等消毒药对深埋场所进行1次彻底消毒。第一周内应每日消毒1次，第二周起应每周消毒1次，连续消毒三周以上。

(五) 化学处理法

1. 硫酸分解法 是指在密闭的容器内，将病死及病害动物和相关动物产品用硫酸在一定条件下进行分解的方法。适用对象同化制法。

（1）技术工艺。

①可视情况对病死及病害动物和相关动物产品进行破碎等预处理。

②将病死及病害动物和相关动物产品或破碎产物，投至耐酸的水解罐中，按1000kg处理物加入水150~300kg，然后加入98%的浓硫酸300~400kg（具体加入水和浓硫酸量随处理物的含水量而设定）。

③密闭水解罐，加热使水解罐内升至100~108℃，维持压力≥0.15MPa，反应时间≥4h，至罐体内的病死及病害动物和相关动物产品完全分解为液态。

（2）操作注意事项。处理中使用的强酸应按国家危险化学品安全管理、易制毒化学品管理有关规定执行，操作人员应做好个人防护。水解过程中要先将水加入耐酸的水解罐中，然后加入浓硫酸。控制处理物总体积不得超过容器容量的70%。酸解反应的容器及储存酸解液的容器均要求耐强酸。

2. 化学消毒法 适用于被病原微生物污染或可疑被污染的动物皮毛消毒。

(1) 盐酸食盐溶液消毒法。先用 2.5％盐酸溶液和 15％食盐水溶液等量混合，将皮张浸泡在此溶液中，并使溶液温度保持在 30℃左右，浸泡 40h，1m² 的皮张用 10L 消毒液（或按 100mL 25％食盐水溶液中加入盐酸 1mL 配制消毒液，在室温 15℃条件下浸泡 48h，皮张与消毒液之比为 1∶4）。浸泡后捞出沥干，放入 2％（或 1％）氢氧化钠溶液中，以中和皮张上的酸，再用水冲洗后晾干。

(2) 过氧乙酸消毒法。将皮毛放入新鲜配制的 2％过氧乙酸溶液中浸泡 30min。然后将皮毛捞出，用水冲洗后晾干。

(3) 碱盐液浸泡消毒法。先将皮毛浸入 5％碱盐液（饱和盐水内加 5％氢氧化钠）中，室温（18～25℃）浸泡 24h，并随时加以搅拌。然后取出皮毛挂起，待碱盐液流净，放入 5％盐酸液内浸泡，使皮上的酸碱中和。最后将皮毛捞出，用水冲洗后晾干。

◆ 任务案例

某规模化奶牛场在奶牛布鲁氏菌病监测中，检出布鲁氏菌感染阳性牛 10 头，按照规定必须进行扑杀和无害化处理。根据动物扑杀及尸体无害化处理任务的要求，合理实施病牛扑杀和尸体的无害化处理。

1. 任务说明 病害动物及病害动物产品的无害化处理是及时扑灭动物疫情的重要措施。奶牛布鲁氏菌病属于我国规定管理的二类人畜共患动物传染病，检出的阳性牛已由动物卫生监督部门派人扑杀，尸体需要在动物卫生监督部门的监督下采用掩埋法进行无害化处理。

2. 设备材料 运尸车、消毒液、漂白粉、生石灰、纱布、喷雾器、防护服、胶靴、口罩、护目镜等。

3. 工作过程

(1) 选择适宜地点。应远离居民区、水源、泄洪区、草原及交通要道，避开岩石地区，位于主导风向的下方，不影响农业生产，避开公共视野。

(2) 挖坑。

①大小。掩埋坑的大小取决于机械、场地和所需掩埋物品的多少。

②深度。坑应尽可能深（2～7m）、坑壁应垂直。

③宽度。坑的宽度应能让机械平稳地水平填埋处理物品，例如：如果使用推土机填埋，坑的宽度不能超过一个举臂的宽度（大约 3m），否则很难从一个方向把肉尸水平地填入坑中。

④长度。坑的长度应由填埋物品的多少来决定。

⑤容积。估算坑的容积可参照以下参数：坑的底部必须高出地下水位至少 1m，每头大型成年牛（相当于 5 头成年羊）约需 1.5m³ 的填埋空间，坑内填埋的肉尸和物品不能太多，掩埋物的顶部距坑面不得少于 1.5m。

(3) 掩埋。

①坑底处理。在坑底撒漂白粉或生石灰，量可根据掩埋尸体的量确定（0.5～2.0kg/m²）掩埋尸体量大的应多加，反之可少加或不加。

②尸体处理。动物尸体先用 10%漂白粉上清液喷雾（200mL/m²），作用 2h。

③入坑。将处理过的动物尸体投入坑内，使之侧卧，并将污染的土层和运尸体时的有关污染物如垫草、绳索、饲料和其他物品等一并入坑。

④掩埋。先用 40cm 厚的土层覆盖尸体，然后再撒入未分层的熟石灰或干漂白粉 20～40g/m²（2～5cm 厚），然后覆土掩埋，平整地面，覆盖土层厚度不应少于 1.5m。

⑤设置标识。掩埋场应标记清楚，并得到合理保护。

⑥场地检查。应对掩埋场地进行必要的检查，以便在发现渗漏或其他问题时及时采取相应措施，在场地可被重新开放载畜之前，应对无害化处理场地再次复查，以确保对牲畜安全。复查应在掩埋坑封闭后 3 个月进行。

4. 注意事项

（1）因为在潮湿的条件下熟石灰会减缓或阻止尸体的分解，故勿将生石灰直接覆盖在尸体上。

（2）掩埋工作应在现场督察人员的指挥、控制下，严格按程序进行，所有工作人员在工作开始前必须接受培训。

◆ 职业测试

1. 判断题

（1）动物防疫监督机构接到疫情报告后，应当立即派员到现场进行检查、诊断；确定发生疫病时，应当迅速采取控制、扑灭措施，并及时逐级上报。（　　）

（2）扑杀病畜和可疑病畜是迅速、彻底地消灭传染源的一种有效手段。（　　）

（3）一般来说，疫区内最后一头患病动物扑杀或痊愈后，即可解除封锁。（　　）

（4）经湿化机化制后动物尸体可熬成工业用油，同时产生其他残渣。（　　）

（5）尸体掩埋点应远离居民区、水源、泄洪区、草原及交通要道，避开岩石地区，位于主导风向的下方，不影响农业生产，避开公共视野。（　　）

（6）掩埋尸体坑的长度应由填埋物品的多少来决定。（　　）

（7）烈性动物疫病死亡的动物尸体掩埋场应标记清楚，并得到合理保护。（　　）

（8）掩埋尸体时，应将石灰或干漂白粉直接覆盖在尸体上。（　　）

（9）煮沸消毒法适用于染疫动物鬃毛的处理。（　　）

（10）过氧乙酸消毒法适用于任何染疫动物的皮毛消毒。（　　）

（11）盐酸食盐溶液消毒法适用于被病原微生物污染或可疑被污染和一般染疫动物的皮毛消毒。（　　）

（12）高温处理法适用于染疫动物蹄、骨和角的处理。（　　）

（13）患有炭疽等芽孢杆菌类疫病以及牛海绵状脑病、痒病的染疫动物及产品、组织掩埋前应实施焚烧处理。（　　）

（14）动物尸体装车前应将各天然孔用蘸有消毒液的湿纱布、棉花严密填塞，小动物和禽类可用塑料袋盛装，以免流出粪便、分泌物、血液等污染周围环境。（　　）

（15）扑杀染疫动物应由动物防疫专业技术人员和能熟练扑杀动物的人员来进行。

（　　）

2. 实践操作题

（1）假设某养鸡场发生了新城疫疫情，请你运用学过的知识，编写一份鸡的扑杀实施方案。

（2）假设某万头猪场发生了口蹄疫疫情，请你运用你学过的知识，为该场制定一份动物尸体处理的实施方案。

（3）假设某梅花鹿场发生了炭疽疫情，请你参与动物尸体的处理，请制定一份无害化处理方案，并现场实施处理。

附 录

附录一 畜禽常用疫苗速查表

（一）家畜常用疫苗

产品名称	规格（头/瓶）	主要成分	使用说明
猪瘟活疫苗（脾淋源）	10 20 40 50	含猪瘟兔化弱毒。每头份脾淋苗含组织毒至少0.01g，每头份乳兔苗含组织毒至少0.015g	预防猪瘟，首免：21～30日龄；二免：65日龄左右；断乳前仔猪可肌内或皮下注射4头份，以防母源抗体的干扰
高致病性猪繁殖与呼吸综合征活疫苗（JXA1-R株）	10 20 50	含有高致病性猪繁殖与呼吸综合征病毒致弱毒株JXA1--R株，每头份病毒含量≥$10^{5.0}$TCID$_{50}$	仔猪断乳前后首免，1头份/头，4个月后加强1次；母猪配种前免疫1次，1头份/头
猪多杀性巴氏杆菌活疫苗（CA株）	25 50 100	禽源多杀性巴氏杆菌A型（群）CA弱毒株的培养物，每头份>3.0亿个活菌	用20%铝胶生理盐水稀释，每头猪皮下或肌内注射1mL（含1头份）
猪瘟、猪丹毒、猪多杀性巴氏杆菌病三联活疫苗	10 20 40 50	含有猪瘟病毒（兔化弱毒株）细胞培养液>0.015mL/头份；猪丹毒杆菌（G4T10株）>5亿/头份；猪源多杀性巴氏杆菌（EO630株）>3亿/头份	预防猪瘟、猪丹毒、猪多杀性巴氏杆菌病。断乳半个月以前的健康猪可以注射，但必须在断乳两个月左右再注苗1次
兔产气荚膜梭菌病灭活疫苗（A型）	10 50	含灭活的产气荚膜梭菌（A型）	用于预防家兔A型产气荚膜梭菌病。免疫期为6个月，皮下注射，不论大小，每只2.0mL
仔猪副伤寒活疫苗	10 20 30 40	疫苗中含有猪霍乱沙门氏菌C500弱毒株。每头份活菌数≥30亿个	每头份5.0～10.0mL，给猪灌服，或稀释后均匀地拌入少量新鲜冷饲料中，让猪自行采食
猪败血性链球菌病活疫苗	20 25 50 100	疫苗中含有马腺疫链球菌兽疫亚种猪源弱毒St171株。每头份活菌数（注射用）≥0.5亿个	皮下注射或口服。按瓶签注明头份，加入20%氢氧化铝胶生理盐水或生理盐水稀释溶解，每头皮下注射1.0mL（含1头份）或口服4.0mL（含1头份）
II号炭疽芽孢苗	100mL	每毫升含活芽孢1 300万～2 000万个	预防马、牛、骡、驴、骆驼、羊和猪炭疽病，皮下注射1mL或皮内注射0.2mL

（续）

产品名称	规格（头/瓶）	主要成分	使用说明
狂犬病兽用活疫苗	10	狂犬病 ERA 弱毒冻干疫苗	预防家畜狂犬病，2 月龄以上犬注射 1 头份，羊接种 2 头份，牛、马接种 5 头份
破伤风类毒素	100mL	每毫升含 250 个破伤风类毒素结合力单位	预防家畜破伤风，马、骡、驴、鹿皮下注射 1mL，幼畜和羊注射 0.5mL
猪细小病毒病活疫苗	5 10 20	含猪细小病毒弱毒病毒至少 $10^{5.0}$ TCID/头份	后备母猪或种公猪在 6.5 月龄，每头肌内注射 1mL
猪瘟、猪丹毒二联活疫苗	20 40	猪瘟兔化弱毒和猪丹毒弱毒 G4T10 菌株二联活疫苗	预防猪瘟和猪丹毒，采用肌内注射法接种
猪瘟、猪肺疫二联活疫苗	20 40	猪瘟兔化弱毒和猪巴氏杆菌弱毒菌株二联冻干活疫苗	预防猪瘟和猪肺疫，采用肌内注射法接种
猪丹毒、猪肺疫二联活疫苗	30 40 50	猪丹毒弱毒株和猪巴氏杆菌弱毒菌株二联冻干活疫苗	预防猪丹毒和猪肺疫，供半月龄以上的断乳猪肌内注射
猪瘟、猪丹毒、猪肺疫三联活疫苗	20 40	猪瘟兔化弱毒株、猪丹毒弱毒株和猪巴氏杆菌弱毒株三联冻干活疫苗	预防猪瘟、猪丹毒和猪肺疫，采用肌内注射法接种
猪口蹄疫灭活苗	100	猪 O 型口蹄疫油乳剂灭活苗	预防猪 O 型口蹄疫，体重 50kg 以上每头猪注射 3mL，25～50kg 注射 2mL，10～25kg 注射 1mL
猪口蹄疫浓缩灭活苗	100	猪 O 型口蹄疫浓缩油乳剂灭活双相疫苗	预防猪 O 型口蹄疫
牛 Asia-Ⅰ型口蹄疫灭活苗	100	灭活前病毒含量 $\geqslant 10^{7.0}$ LD_{50}（鼠）/0.2mL	肌内注射，成年牛 3mL，犊牛 2mL，成年羊 2mL，羔羊 1mL，5 月龄以下犊牛和羔羊不注射
牛口蹄疫 O 型灭活苗	100	灭活前病毒含量$\geqslant 10^{7.0} LD_{50}$/0.2mL	肌内注射，成年牛 3mL，犊牛 2mL，成年羊 2mL，羔羊 1mL，5 月龄以下犊牛和羔羊不注射
气肿疽灭活疫苗	100	气肿疽梭菌灭活疫苗	预防牛、羊气肿疽，牛皮下注射 5mL，羊注射 1mL

（二）家禽常用疫苗

产品名称	规格（头/瓶）	主要成分	使用说明
鸡新城疫灭活疫苗	100mL 150mL	含有灭活的鸡新城疫病毒 LaSota 株，灭活前的病毒含量至少为 $10^{8.0}$ EID_{50}/0.1mL	颈部皮下注射，14 日龄以内雏鸡，每只 0.2mL；60 日龄以上的鸡，每只 0.5mL，免疫期可达 10 个月。用活疫苗接种过的母鸡，在开产前 14～21d 接种，每只 0.5mL，可保护整个产蛋期

（续）

产品名称	规格 （头/瓶）	主要成分	使用说明
鸡新城疫、传染性支气管炎二联活疫苗（La Sota＋H120株）	500 1 000	含有鸡新城疫病毒 LaSota 弱毒株≥$10^{6.0}$EID$_{50}$/羽份，含有鸡传染性支气管炎病毒 H120 株≥$10^{3.5}$EID$_{50}$/羽份	滴鼻免疫：每只1滴（0.03mL） 饮水免疫：剂量加倍，其次水量根据鸡龄大小而定，7～10 日龄 5～10.0mL；20～30 日龄每只 10～20mL；成鸡 20～30mL
禽流感灭活疫苗（H9 亚型、SS 株）	100mL 250mL 500mL	含有灭活的禽流感病毒 H9 亚型 A/Chicken/Guangdong/SS/94（H9N2）株（简称 SS 株），灭活前的滴度≥5×$10^{7.0}$EID$_{50}$/mL	5～15 日龄鸡，每只皮下注射 0.25mL；15 日龄以上的鸡，每只肌内注射 0.5mL
鸡新城疫病毒（LaSota 株）、禽流感病毒（H9 亚型、SS 株）二联灭活疫苗	100mL 250mL	含有灭活的鸡新城疫病毒 LaSota 株，灭活前每 0.1mL 病毒含量≥$10^{7.0}$EID$_{50}$；灭活的 A 型禽流感病毒 A/Chicken/Guangdong/SS/94（H9N2）株（简称 SS 株），灭活前每 0.2mL 病毒含量≥$10^{7.4}$EID$_{50}$	4 周龄以内雏鸡，颈部皮下注射 0.25mL；4 周龄以上的鸡，肌肉注射 0.5mL
传染性鼻炎三价灭活苗	500 1 000	含灭活的鸡副嗜血杆菌 W 株至少 $10^{8.0}$CFU、Spross 株至少为 $10^{8.0}$CFU 和 Modesto 株至少 $10^{8.0}$CFU	肉鸡、公鸡：1～2 周龄进行接种；蛋鸡、种鸡：在 6～8 周龄进行首次接种
鸡痘活疫苗（M-92 株）	1 000	含鸡痘病毒弱毒 M-92 株至少 $10^{3.0}$EID$_{50}$/羽份	经翅膀刺种，每只鸡接种 1 羽份。在低风险区 10 周龄后进行接种；高风险区 1 日龄进行首免，10 周龄后加强接种，对饲养周期超过一个产蛋周期的鸡，在换羽后应再次进行接种
传染性喉气管炎活疫苗（A-96 株）	500 1 000	含鸡传染性喉气管炎病毒（A96 株）至少 $10^{2.5}$EID$_{50}$/羽份	低发区：10～16 周龄时免疫；高发区：应在 6～7 周龄时免疫，并在 16～17 周龄时重复免疫
传染性法氏囊病活疫苗（D22 株）	500 1 000	含鸡传染性法氏囊病病毒（D22 株）至少 $10^{3.5}$TCID$_{50}$/羽份	首次免疫 10～14 日龄，21 日龄进行二免
鸡新城疫、传染性支气管炎、减蛋综合征三联灭活疫苗	100mL 250mL 500mL	疫苗中每毫升含鸡新城疫病毒（La Sota 株）≥3.0×$10^{8.0}$EID$_{50}$，含传染性支气管炎病毒（M41 株）≥3.0×$10^{6.0}$EID$_{50}$，含减蛋综合征病毒（京 911 株）≥3.0×$10^{7.0}$EID$_{50}$	颈部皮下或肌内注射。主要用于开产前期蛋鸡和种鸡的免疫，在鸡群开产前 14～28d 进行免疫，每只 0.5mL
鸭瘟活疫苗	200 400 500	疫苗中含鸡胚化弱毒株鸭瘟病毒。每羽份含细胞毒≥0.005mL	肌内注射。用生理盐水稀释，成鸭 1mL，雏鸭腿肌内注射 0.25mL，均含 1 羽份

（续）

产品名称	规格（头/瓶）	主要成分	使用说明
鸡新城疫中等毒力活疫苗（Ⅰ系）	500 1 000	本品系用鸡新城疫中等毒力 MuKteswar 株（Ⅰ系）接种于 SPF 鸡胚培养，每羽份病毒含量$\geqslant10^{5.0}$ELD$_{50}$	皮下或胸部肌内注射 1mL，点眼 0.05～0.1mL，也可刺种或饮水免疫
鸡马立克氏病火鸡疱疹病毒活疫苗	500 1 000 2 000	含鸡马立克氏病火鸡疱疹病毒至少 2 000PFU/羽份	预防鸡马立克氏病，适用于各品种的 1 日龄雏鸡。肌内或皮下注射，每羽 0.2mL（含 2 000PFU）
禽霍乱活疫苗	200 400	多杀性巴氏杆菌 G190E40 弱毒活菌数$\geqslant$2 000 万/羽份	预防禽霍乱，供 3 月龄以上的鸡、鸭、鹅使用，肌内注射法接种
鸭瘟活疫苗	100 200 500	鸭瘟鸡胚化弱毒病毒量$\geqslant$50 免疫保护量/羽份	预防鸭瘟，适用于不同品种、不同日龄的鸡，肌内注射法接种
鸭病毒性肝炎活苗	200	鸭病毒性肝炎鸡胚化弱毒株冻干活疫苗	预防鸭病毒性肝炎，供 3 日龄以上雏鸭使用，首免后 2～3 周进行二免
小鹅瘟活疫苗	200	小鹅瘟鸭胚化弱毒 GD 株冻干活疫苗	预防小鹅瘟，供产蛋前 20～30d 母鹅免疫，母鹅在 21～270d 产蛋所孵雏鹅对小鹅瘟有免疫力，采取肌内注射法接种
小鹅瘟（雏鹅）活疫苗	50	小鹅瘟鸭胚化弱毒株冻干活疫苗	预防小鹅瘟，供初生雏鹅免疫，也可用于成鹅，采用饮水、肌内注射或皮下注射法接种
鸡新城疫、传支二联活疫苗（Ⅰ＋H52）	500 1 000	鸡新城疫Ⅰ系株病毒$\geqslant10^{5.0}$EID$_{50}$/羽份，传染性支气管炎 H$_{62}$弱毒病毒$\geqslant10^{3.5}$EID$_{50}$/羽份	预防鸡新城疫和传染性支气管炎，适用于经新城疫弱毒株免疫过的 2 月龄以上的鸡，采用饮水法免疫
鸡新城疫、传支二联活疫苗（Ⅱ＋H120）	200	鸡新城疫Ⅱ系病毒含量$\geqslant10^{6.0}$EID$_{50}$/羽份，传染性支气管炎 H120 弱毒含量$\geqslant10^{3.5}$EID$_{50}$/羽份	预防鸡新城疫和传染性支气管炎，适用于 1 日龄以上各品种鸡，采用滴鼻或饮水法免疫
鸡新城疫、传支二联活疫苗（L＋H52）	250 500 1 000	鸡新城疫 LaSota 株病毒含量$\geqslant10^{6.0}$EID$_{50}$/羽份，传染性支气管炎 H52 弱毒含量$\geqslant10^{3.5}$EID$_{50}$/羽份	预防鸡新城疫和传染性支气管炎，适用于 21 日龄以上鸡，采用滴鼻或饮水法接种
鸡新城疫、传支二联活疫苗（L＋H120）	500 1 000	鸡新城疫 LaSota 株病毒含量$\geqslant10^{6.0}$EID$_{50}$/羽份，传染性支气管炎 H120 株病毒含量$\geqslant10^{3.5}$EID$_{50}$/羽份	预防鸡新城疫和传染性支气管炎，适用于 7 日龄以上不同品种鸡，采用滴鼻或饮水免疫接种
鸡新城疫灭活苗	500	鸡新城疫低毒力 LaSota 株病毒含量$\geqslant$0.125mL/羽份	供任何年龄鸡皮下注射，2 周龄鸡与活苗同时免疫，开产前 2～3 周再接种 1 次；2 周龄内雏鸡注射 0.2mL；2 月龄以上鸡注射 0.5mL

（续）

产品名称	规格 （头/瓶）	主要成分	使用说明
鸡法氏囊病灭活苗	100 250	鸡传染性法氏囊病油乳剂灭活疫苗	配合活疫苗免疫，开产前2～4周肌内或皮下注射0.5mL
鸡产蛋下降综合征（EDS）灭活苗	500	鸡凝血性腺病毒含量≥2 000HA单位/羽份	开产前2～4周皮下或肌内注射，每羽0.5mL
鸡传染性鼻炎灭活苗	500	鸡副嗜血杆菌含量≥10亿/羽份	供30日龄以上健康鸡皮下接种，首免：30～42日龄鸡注射0.25mL，42日龄以上的鸡注射0.5mL
鸡新支二联灭活苗	100 250	鸡新城疫LaSota病毒、鸡传染性支气管炎呼吸型及肾型病毒鸡胚液制成油乳剂灭活疫苗	1月龄以内雏鸡注射0.3mL，成年鸡注射0.5mL
鸡新减二联苗	500	鸡新城疫LaSota株病毒含量≥0.125mL/羽份，鸡凝血性腺病毒含量≥2 000HA单位/羽份	开产前2～4周皮下或肌内注射，每羽0.5mL
鸡新支减三联苗	200 500	由鸡新城疫LaSota株、鸡凝血性腺病毒、鸡传染性支气管炎呼吸型及肾型毒株制成的油乳剂灭活苗	开产前2～4周皮下或肌内注射0.5mL

附录二 2020 年中国技能大赛
——全国农业行业职业技能大赛（动物疫病防治员）评分细则

中国技能大赛—全国农业行业职业技能大赛（动物疫病防治员）是由农业农村部、人力资源和社会保障部、中华全国总工会主办的国家级一类大赛。2020 年大赛分为理论知识考试和现场技能操作考核两部分，总分为 500 分，其中，理论知识考试 100 分，现场技能考核 400 分，分为猪瘟疫苗免疫注射、猪前腔静脉采血、鸡翅静脉采血、鸡心脏采血、鸡体解剖与采样等 5 项，每项 80 分。选手成绩按照总分高低进行排序。总分相同者，现场技能考核分高者排序靠前；总分相同且现场技能考核与理论知识考试分相同者，现场技能考核总用时少者排序靠前。

一、理论知识考试（100 分）

采用闭卷方式，题型均为客观题，考题由职业技能鉴定国家题库农业分库生成，与"动物疫病防治员"国家职业技能标准（三级）相关，考试时间为 90min。

二、猪瘟疫苗免疫注射（80 分）

本项目分为检查竞赛物品（疫苗除外），免疫注射、填写免疫档案及废弃物处置等两个环节，各环节须按主持人指令进行操作。

（一）评分细则

免疫注射操作根据操作规范度进行评分，共 80 分。

（1）按指令进行操作，得 4 分；在主持人下达指令之前进行任何操作的或主持人宣布停止操作后继续操作的，均不得分，包括宣布免疫注射"预备开始"前，参赛选手提前越过红线进入场地、提前打开瓶盖、装配注射器等准备工作。

（2）独立完成操作，得 4 分；除保定外，有队友语言提示、动作暗示或协助操作等违规行为的，均不得分，违规者该项也不得分。

（3）选择合格疫苗，阅读使用说明书，得 2 分；否则不得分。

（4）装配并调试金属注射器，得 4 分；在稀释和注射过程中，注射器有泄漏者不得分。

（5）拔掉疫苗和专用稀释液的塑料瓶盖，得 2 分；若疫苗选择错误不得分，且后续操作均不得分。

（6）用镊子从棉球缸里夹取碘附棉球分别消毒疫苗瓶、稀释液瓶和稀释瓶瓶盖，得 2 分；否则不得分。

（7）用注射器吸取专用稀释液稀释疫苗，得 2 分；否则不得分。

（8）溶解后的疫苗未产生大量气泡，得 2 分；且未见疫苗液外泄，得 2 分；否则不得分。

（9）将疫苗瓶中的疫苗液转移到稀释瓶，得 4 分；否则不得分。

（10）更换针头，再用注射器吸取专用稀释液冲洗疫苗瓶，得 2 分；否则不得分。

（11）冲洗疫苗瓶，未产生大量气泡，得 2 分；且未见疫苗液外泄，得 2 分；否则不得分。

（12）将疫苗瓶中的所有液体转移到稀释瓶，更换针头，并按规定补足稀释液，将猪瘟活疫苗稀释到 1 头份/mL 的浓度，且未见疫苗液外泄，得 4 分；否则不得分。

（13）稀释过程无菌操作，得 4 分；疫苗瓶、稀释液瓶和稀释瓶未加盖灭菌棉球的或未更换针头、徒手装卸针头、徒手取棉球的不得分。

（14）混匀疫苗，用注射器吸取疫苗液 5mL 后排空气泡，得 4 分；否则不得分。

（15）排除气泡时用镊子夹取灭菌棉球护住针头，得 4 分；否则不得分。

（16）调节金属注射器，注射剂量为 1mL，得 4 分；否则不得分。

（17）用镊子夹取碘附棉球对注射部位由里向外做点状螺旋式消毒，得 2 分；否则不得分。

（18）选择猪耳后颈部注射，得 4 分；否则不得分。

（19）垂直进针，得 4 分；否则不得分。

（20）进针后，注射疫苗前回抽针芯，得 4 分；否则不得分。

（21）拔针后无液体渗出，得 2 分；否则不得分。

（22）拔针时用灭菌棉球按压注射部位，得 2 分；拔针时未用灭菌棉球按压注射部位或针头插入猪体后，再取灭菌棉球的，不得分。

（23）操作结束后，规范处置废弃物及剩余疫苗，得 4 分；注射器内剩余疫苗液未注入废弃液瓶，使用过的针头未放入锐器盒，使用过的棉球、疫苗瓶、废弃液瓶等未放入废弃缸，稀释瓶中的疫苗液未放入冷藏箱等 4 项操作，遗漏或错误 1 项，得 2 分，遗漏或错误 2 项及以上者，不得分。

（24）规范填写免疫记录表，得 4 分；动物种类、免疫病种、疫苗类型、生产厂家、疫苗批号、免疫剂量、免疫方式、操作人等 8 项，漏填或错误选填 1 项，得 2 分，漏填或错误选填 2 项及以上者，不得分。

（二）提供的器械物品

10mL 金属注射器、针头盒（含 12 号针头）、20 头份猪瘟疫苗及说明书、40mL 专用稀释液、100mL 无菌稀释瓶、免疫记录表、考试专用笔、碘附棉球、灭菌棉球、镊子、托盘、毛巾、卷纸、洗手液、100mL 废弃液瓶、锐器盒、废弃缸、垃圾桶、猪、保定器（可以自带）等。

（三）其他事项

（1）每个参赛选手比赛用猪 1 头（20～30kg），由 2 位队友协助保定，保定器具各省可自备，完成 1 次猪瘟疫苗免疫注射。

（2）比赛时除选手、保定人员、裁判员和工作人员外，其他人员不得进入比赛场地，任何人不得帮参赛选手递拿疫苗、注射器等竞赛用品。

（3）将猪瘟活疫苗稀释到 1 头份/mL 的浓度。

（4）免疫注射部位为猪耳后颈部，免疫注射过程应遵循无菌操作原则。

（5）本项目总限时 8min。主持人宣布"时间到"，参赛选手应立即停止操作并退到红线外。

（6）每位参赛选手的竞赛用品由工作人员准备，每个操作项目完成后，选手要整理用过的器具；每个选手比赛产生的废弃物和用过的器具由专人清理。

三、猪前腔静脉采血（80 分）

本项目分为检查竞赛物品，动物保定及消毒，采血操作、填写采样单及废弃物处置等三个环节，各环节须按主持人指令进行操作。

（一）评分细则

操作得分由操作规范度和操作速度两部分组成，共 80 分。

1. 操作规范度（40 分）

（1）按指令进行操作，得 3 分；在主持人下达指令之前进行任何操作的或主持人宣布停止操作后继续操作的，均不得分，包括在宣布采血环节"预备开始"前，参赛选手提前越过红线进入场地、提前拆开采血器包装袋、提前打开着器皿盖等准备工作。

（2）独立完成操作，得 3 分；除保定外，有队友语言提示、动作暗示或协助操作等违规行为的，均不得分，违规者该项也不得分。

（3）用镊子夹取碘附棉球对采血部位由里向外做点状螺旋式消毒，得 2 分；否则不得分。

（4）采血，1 次进针完成的，得 15 分；2 次进针完成的，得 10 分；3 次及以上进针完成的，得 5 分；血管外采血不得分。

（5）退针时用灭菌棉球按压采血部位，得 2 分，否则不得分；针头插入猪体后，再取灭菌棉球的也不得分。

（6）采血后，将采血器活塞外拉预留血清析出空间，得 2 分；否则不得分。

（7）用采血器针头挑起护针帽，使护针帽套在针头上，去除推杆，得 4 分；否则不得分。

（8）在采血器上标明样品编号（编号自拟），得 2 分；否则不得分。

（9）将采血器插入试管架，得 2 分；否则不得分。

（10）规范填写采样单，得 4 分；动物种类一栏选"猪"、健康状况一栏任选一种、样品类型选"血"、样品数量填"1"、样品编号与采血器上编号一致、采样人签名、填写采样日期等 7 项，漏填或错误选填 1 项，得 2 分，漏填或错误选填 2 项及以上者，不得分。

（11）规范处置废弃物，得 1 分；使用过的棉球、采血器推杆、采血器包装等废弃物未放入垃圾桶，均不得分。

2. 操作速度（40 分）

（1）操作计时。主持人宣布"预备开始"，裁判员同时按下计时器，比赛开始计时，选手通过红线开始操作，完成规定操作，并将采血器插入试管架，裁判员按下计时器。其间所用的时间为选手的实际操作用时。检查器械物品、消毒、填写采样单、处置废弃物等不计入实际操作用时。

本项目总限时 3min。主持人宣布"时间到"，参赛选手应立即停止操作并退到红线外。

（2）速度分值。采血过程中猪死亡或采血量不足 5mL，速度分值不得分。

操作时间≤15s，得 40 分；15s＜操作时间≤20s，得 36 分；20s＜操作时间≤25s，得 32 分；25s＜操作时间≤30s，得 28 分；30s＜操作时间≤35s，得 24 分；35s＜操作时间≤

40s，得 20 分；40s＜操作时间≤45s，得 16 分；45s＜操作时间≤50s，得 12 分；50s＜操作时间≤55s，得 8 分；55s＜操作时间≤1min，得 4 分；操作时间＞1min，不得分。

（二）提供的器械物品

10mL 一次性采血器（9 号针）、采样单、记号笔、考试专用笔、碘附棉球、灭菌棉球、镊子、托盘、试管架、毛巾、卷纸、洗手液、垃圾桶、猪、保定器（可以自带）等。

（三）其他事项

（1）每个参赛选手比赛用猪 1 头（20～30kg），由 2 位队友协助保定，保定方式由参赛选手自行确定，保定器具各省可自备，选手完成 1 份 5mL 猪血样采集。

（2）比赛时除选手、保定人员、裁判员和工作人员外，其他人员不得进入比赛场地，任何人不得帮参赛选手递拿采血器、棉球等竞赛用品。

（3）采血部位建议为猪右前腔静脉，在猪的两侧均可实施前腔静脉采血，如在一侧未采出血样或样品量不足，换另一侧采血时，要重新消毒，得分按两侧累计进针次数计算。

（4）每位参赛选手的竞赛用品由工作人员准备，每个操作项目完成后，选手要整理用过的器具；每个选手比赛产生的废弃物和用过的器具由专人清理。

四、鸡翅静脉采血（80 分）

本项目分为检查竞赛物品，动物保定及消毒，采血操作、填写采样单及废弃物处置等三个环节，各环节须按主持人指令进行操作。

（一）评分细则

操作得分由操作规范度和操作速度两部分组成，共 80 分。

1. 操作规范度（40 分）

（1）按指令进行操作，得 3 分；在主持人下达指令之前进行任何操作的或主持人宣布停止操作后继续操作的，均不得分，包括在宣布采血环节"预备开始"前，参赛选手提前越过红线进入场地、提前拆开采血器包装袋、提前打开着器皿盖等准备工作。

（2）独立完成操作，得 3 分；除保定外，有队友语言提示、动作暗示或协助操作等违规行为的，均不得分，违规者该项也不得分。

（3）用镊子夹取碘附棉球对采血部位由里向外做点状螺旋式消毒，得 2 分；否则不得分。

（4）采血，1 次进针完成的，得 15 分；2 次进针完成的，得 10 分；3 次及以上进针完成的，得 5 分；血管外采血不得分。

（5）退针时用灭菌棉球按压采血部位，得 2 分，否则不得分；针头插入鸡体后，再取灭菌棉球的也不得分。

（6）采血后，将采血器活塞外拉预留血清析出空间，得 2 分；否则不得分。

（7）用采血器针头挑起护针帽，使护针帽套在针头上，去除推杆，得 4 分；否则不得分。

（8）在采血器上标明样品编号（编号自拟），得 2 分；否则不得分。

（9）将采血器插入试管架，得 2 分；否则不得分。

（10）规范填写采样单，得 4 分；动物种类一栏选"鸡"、健康状况一栏任选一种、样品类型选"血"、样品数量填"1"、样品编号与采血器上编号一致、采样人签名、填写采样日期等 7 项，漏填或错误选填 1 项，得 2 分，漏填或错误选填 2 项及以上者，不得分。

（11）规范处置废弃物，得 1 分；使用过的棉球、采血器推杆、采血器包装等废弃物未放入垃圾桶，均不得分。

2. 操作速度（40 分）

（1）操作计时。主持人宣布"预备开始"，裁判员同时按下计时器，比赛开始计时，选手通过红线开始操作，完成规定操作，并将采血器插入试管架，裁判员按下计时器。其间所用的时间为选手的实际操作用时。检查器械物品、消毒、填写采样单、处置废弃物等不计入实际操作用时。

本项目总限时 3min。主持人宣布"时间到"，参赛选手应立即停止操作并退到红线外。

（2）速度分值。采血过程中鸡死亡或采血量不足 2mL，速度分值不得分。

操作时间≤20s，得 40 分；20s＜操作时间≤25s，得 35 分；25s＜操作时间≤30s，得 30 分；30s＜操作时间≤35s，得 25 分；35s＜操作时间≤40s，得 20 分；40s＜操作时间≤45s，得 15 分；45s＜操作时间≤50s，得 10 分；50s＜操作时间≤1min，得 5 分；操作时间＞1min，不得分。

（二）提供的器械物品

5mL 一次性采血器（9 号针）、采样单、记号笔、考试专用笔、碘附棉球、灭菌棉球、镊子、托盘、试管架、毛巾、卷纸、洗手液、垃圾桶、鸡等。

（三）其他事项

（1）每个参赛选手比赛用鸡 1 只（1.5kg 左右），由 1 位队友协助保定，完成 1 份血样采集。

（2）比赛时除选手、保定人员、裁判员和工作人员外，其他人员不得进入比赛场地，任何人不得帮参赛选手递拿采血器、棉球等竞赛用品。

（3）采血部位为鸡翅静脉，如果一侧翅膀进针后有血肿不能采血，可换另一侧翅膀采血，但要重新消毒，得分按两侧累计进针次数计算。

（4）每位参赛选手的竞赛用品由工作人员准备，每个操作项目完成后，选手要整理用过的器具；每个选手比赛产生的废弃物和用过的器具由专人清理。

五、鸡心脏采血（80 分）

本项目分为检查竞赛物品，动物保定及消毒，采血操作、填写采样单及废弃物处置等三个环节，各环节须按主持人指令进行操作。

（一）评分细则

操作得分由操作规范度和操作速度两部分组成，共 80 分。

1. 操作规范度（40 分）

（1）按指令进行操作，得 3 分；在主持人下达指令之前进行任何操作的或主持人宣布停止操作后继续操作的，均不得分，包括在宣布采血环节"预备开始"前，参赛选手提前越过红线进入场地、提前拆开采血器包装袋、提前打开着器皿盖等准备工作。

（2）独立完成操作，得 3 分；除保定外，有队友语言提示、动作暗示或协助操作等违规行为的，均不得分，违规者该项也不得分。

（3）用镊子夹取碘附棉球对采血部位由里向外做点状螺旋式消毒，得 2 分；否则不得分。

（4）采血，1 次进针完成的，得 15 分；2 次进针完成的，得 10 分；3 次及以上进针完成的，不得分。

（5）退针时用灭菌棉球按压采血部位，得 2 分，否则不得分；针头插入鸡体后，再取灭菌棉球的也不得分。

（6）采血后，将采血器活塞外拉预留血清析出空间，得 2 分；否则不得分。

（7）用采血器针头挑起护针帽，使护针帽套在针头上，去除推杆，得 4 分；否则不得分。

（8）在采血器上标明样品编号（编号自拟），得 2 分；否则不得分。

（9）将采血器插入试管架，得 2 分；否则不得分。

（10）规范填写采样单，得 4 分；动物种类一栏选"鸡"、健康状况一栏任选一种、样品类型选"血"、样品数量填"1"、样品编号与采血器上编号一致、采样人签名、填写采样日期等 7 项，漏填或错误选填 1 项，得 2 分，漏填或错误选填 2 项及以上者，不得分。

（11）规范处置废弃物，得 1 分；使用过的棉球、采血器推杆、采血器包装等废弃物未放入垃圾桶，均不得分。

2. 操作速度（40 分）

（1）操作计时。主持人宣布"预备开始"，裁判员同时按下计时器，比赛开始计时，选手通过红线开始操作，完成规定操作，并将采血器插入试管架，裁判员按下计时器。其间所用的时间为选手的实际操作用时。检查器械物品、消毒、填写采样单、处置废弃物等不计入实际操作用时。

本项目总限时 3min。主持人宣布"时间到"，参赛选手应立即停止操作并退到红线外。

（2）速度分值。采血过程中鸡死亡或采血量不足 2mL，速度分值不得分。

操作时间≤15s，得 40 分；15s＜操作时间≤20s，得 35 分；20s＜操作时间≤25s，得 30 分；25s＜操作时间≤30s，得 25 分；30s＜操作时间≤35s，得 20 分；35s＜操作时间≤40s，得 15 分；40s＜操作时间≤50s，得 10 分；50s＜操作时间≤1min，得 5 分；操作时间＞1min，不得分。

（二）提供的器械物品

5mL 一次性采血器（9 号针）、采样单、记号笔、考试专用笔、碘附棉球、灭菌棉球、镊子、托盘、试管架、毛巾、卷纸、洗手液、垃圾桶、鸡等。

（三）其他事项

（1）每个参赛选手比赛用鸡 1 只（1.5kg 左右），由 1 位队友协助保定，完成 1 份血样采集。

（2）比赛时除选手、保定人员、裁判员和工作人员外，其他人员不得进入比赛场地，任何人不得帮参赛选手递拿采血器、棉球等竞赛用品。

（3）每位参赛选手的竞赛用品由工作人员准备，每个操作项目完成后，选手要整理用过的器具；每个选手比赛产生的废弃物和用过的器具由专人清理。

六、鸡体解剖与采样（80 分）

本项目分为检查竞赛物品，鸡无放血致死及消毒浸湿，解剖采样操作、填写采样单及废弃物处置等三个环节，各环节须按主持人指令进行操作。

（一）评分细则

操作得分由操作规范度和操作速度两部分组成，共 80 分。

1. 操作规范度（60 分）

（1）按指令进行操作，得 4 分；在主持人下达指令之前进行任何操作的或主持人宣布停止操作后继续操作的，均不得分，包括宣布解剖采样"预备开始"前，参赛选手提前越过红线进入场地、提前打开着器皿盖、点燃酒精灯、拔毛、剥皮、脱臼等准备工作。

（2）独立完成操作，得 4 分；除保定外，有队友语言提示、动作暗示或协助操作等违规行为的，均不得分，违规者该项也不得分。

（3）将鸡采用心脏注射空气的方法致死，在消毒液中浸湿后放入托盘，得 1 分；否则不得分。

（4）点燃酒精灯，将腹壁和大腿内侧的皮肤剪开，得 1 分；否则不得分。

（5）髋关节脱臼，两腿向外展开，仰卧固定鸡体，得 1 分；否则不得分。

（6）横切胸骨末端后方皮肤，与两侧大腿的竖切口连接，得 1 分；否则不得分。

（7）剥离皮肤，充分暴露整个胸腹及颈部的皮下组织和肌肉，得 1 分；否则不得分。

（8）用酒精棉球沿切口方向擦拭消毒鸡体，得 1 分；否则不得分。

（9）酒精棉球擦拭、火焰消毒剪刀（两面）和镊子，得 1 分；否则不得分。

（10）剪断肋骨和乌喙骨，把胸骨向前外翻，露出体腔，得 2 分；否则不得分。

（11）酒精棉球擦拭、火焰消毒剪刀（两面）和镊子，得 1 分；否则不得分。

（12）采集肝（不带胆囊的一叶），无杂质（毛或其他组织），得 2 分；带胆囊或有杂质，不得分。

（13）打开平皿盖，将采集的肝正确放入平皿（已标记脏器名称）中，盖上平皿盖，得 2 分；否则不得分。

（14）酒精棉球擦拭、火焰消毒剪刀（两面）和镊子，得 1 分；否则不得分。

（15）采集脾，无杂质（毛或其他组织）得 2 分；有杂质不得分。

（16）打开平皿盖，将采集的脾正确放入平皿（已标记脏器名称）中，盖上平皿盖，得 2 分；否则不得分。

（17）酒精棉球擦拭、火焰消毒剪刀（两面）和镊子，得 1 分；否则不得分。

（18）采集肾（单侧、2/3 以上），无杂质（毛或其他组织），得 2 分；量不够或有杂质不得分。

（19）打开平皿盖，将采集的肾正确放入平皿（已标记脏器名称）中，盖上平皿盖，得 2 分；否则不得分。

（20）酒精棉球擦拭、火焰消毒剪刀（两面）和镊子，得 1 分；否则不得分。

（21）采集肺（单侧、2/3 以上），无杂质（毛或其他组织），得 2 分；量不够或有杂质不得分。

（22）打开平皿盖，将采集的肺正确放入平皿（已标记脏器名称）中，盖上平皿盖，得 2 分；否则不得分。

（23）酒精棉球擦拭、火焰消毒剪刀（两面）和镊子，得 1 分；否则不得分。

（24）从口腔下剪，剪开颈部皮肤肌肉，使喉头暴露，得 2 分；否则不得分。

（25）酒精棉球擦拭、火焰消毒剪刀（两面）和镊子，得1分；否则不得分。

（26）采集喉头气管，无杂质（毛或其他组织），得2分；有杂质不得分。

（27）打开平皿盖，将采集的喉头气管正确放入平皿（已标记脏器名称）中，盖上平皿盖，得2分；否则不得分。

（28）剪开头部皮肤后，酒精棉球擦拭、火焰消毒剪刀（两面）和镊子，得1分；否则不得分。

（29）用酒精棉球擦拭消毒头骨，打开头骨，得2分；否则不得分。

（30）酒精棉球擦拭、火焰消毒剪刀（两面）和镊子，得1分；否则不得分。

（31）采集脑（1/3以上），无杂质（毛或其他组织），得2分；量不够或有杂质不得分。

（32）打开平皿盖，将采集的脑组织正确放入平皿（已标记名称）中，盖上平皿盖，得2分；否则不得分。

（33）依次按肝、脾、肾、肺、喉头气管、脑的顺序采集，得2分；采集顺序错误不得分。

（34）操作结束后，规范处置废弃物，鸡尸体装袋，得1分；否则不得分。

（35）规范填写采样单，得4分；动物种类一栏选"鸡"、健康状况一栏任选一种、样品类型选"肝、脾、肾、肺、喉头气管、脑"、样品数量各填"1"、采样人签名、填写采样日期等6项，漏填或错误选填1项，得2分，漏填或错误选填2项及以上者，不得分。

2. 操作速度（20分）

（1）操作计时。主持人宣布"预备开始"，裁判员同时按下计时器，比赛开始计时，选手通过红线开始操作，完成规定操作，分别将"肝、脾、肾、肺、喉头气管、脑"等6种样品全部放入指定平皿并盖好，熄灭酒精灯，裁判员按下计时器。其间所用的时间为选手的实际操作用时。检查器械物品、致死及消毒浸湿（同时点燃酒精灯）、填写采样单、尸体装袋及处置废弃物（同时熄灭酒精灯）等不计入实际操作用时。

本项目总限时11min。主持人宣布"时间到"，参赛选手应立即停止操作并退到红线外。

（2）速度分值。解剖采样过程中，除髋关节脱臼、胸骨外翻、颅部打开三项操作外，有徒手操作的不得分；在操作过程中，酒精棉球均需从酒精棉球缸中取出，否则不得分。未用组织剪采集样品的实际操作时间增加1分钟。

操作时间≤3min，得20分；3min＜操作时间≤210s，得18分；210s＜操作时间≤4min，得16分；4min＜操作时间≤270s，得14分；270s＜操作时间≤5min，得12分；5min＜操作时间≤330s，得10分；330s＜操作时间≤6min，得8分；6min＜操作时间≤390s，得6分；390s＜操作时间≤7min，得4分；7min＜操作时间≤8min，得2分；操作时间＞8min，不得分。

（二）提供的器械物品

10mL一次性注射器（9号针）、采样单、记号笔、考试专用笔、酒精棉球、酒精灯、火柴、普通剪刀、组织剪（16cm直）、镊子（16cm横齿、16cm直形1×2钩、20cm直形1×2钩）、托盘、平皿（Φ90mm）、毛巾、卷纸、洗手液、尸体袋、垃圾桶、消毒液桶、鸡等。

（三）其他事项

（1）每个参赛选手比赛用鸡1只（1.5kg左右），在3min内由1位队友协助保定，选手采用心脏注射空气的方法致死鸡只。

（2）比赛时除选手、保定人员、裁判员和工作人员外，其他人员不得进入比赛场地，任何人不得帮参赛选手递拿剪刀、镊子等竞赛用品。

（3）解剖与采样过程应遵循无菌操作原则，不得将酒精棉球倾倒在操作台上反复擦拭。

（4）每位参赛选手的竞赛用品由工作人员准备，每个操作项目完成后，选手要整理用过的器具；每个选手比赛产生的废弃物和用过的器具由专人清理。

参 考 文 献

陈顺友，2009. 畜禽养殖场规划设计与管理［M］. 北京：中国农业出版社.

单虎，2017. 兽医传染病学［M］. 北京：中国农业大学出版社.

刁新育，杨林，2013. 基层动物疫病监测指导手册［M］. 北京：中国农业出版社.

高凤仙，钟元春，2010. 畜禽养殖场规划与设计［M］. 长沙：湖南科学技术出版社.

固原市原州区动物卫生监督所，2017. 动物卫生监督执法实用指南［M］. 银川：宁夏人民出版社.

胡功政，李荣誉，2015. 新全兽药手册［M］. 5 版. 郑州：河南科学技术出版社.

李国清，2015. 兽医寄生虫学（中英双语）［M］. 北京：中国农业大学出版社.

李连任，2016. 羊场消毒防疫与疾病防制技术［M］. 北京：中国农业科学技术出版社.

李学森，任玉平，2011. 家庭牧场及健康养殖规范设施规划设计［M］. 北京：中国农业科学技术出版社.

李志，杜淑清，2014. 新编动物疫病免疫技术手册［M］. 北京：中国农业出版社.

李滋睿，王学智，2013. 重大动物疫病区划研究［M］. 北京：中国农业科学技术出版社.

苗志国，李凌，刘小芳，2018. 养殖场实用消毒技术［M］. 北京：化学工业出版社.

牛彦兵，许建国，2016. 畜牧兽医法律法规与职业道德［M］. 北京：中国轻工业出版社.

权亚伟，2016. 实用动物防疫技术规程［M］. 西安：陕西科学技术出版社.

人力资源和社会保障部教材办公室，2015. 动物疫病防治员［M］. 北京：中国劳动社会保障出版社.

邵学全，2015. 赢在企业文化——企业文化建设路径方法与操作实务［M］. 北京：清华大学出版社.

宋学林，2011. 动物卫生监督执法手册［M］. 昆明：云南科技出版社.

孙劲，2016. 养殖场动物病原微生物检验及免疫监测实训指导［M］. 武汉：武汉大学出版社.

陶岳，2011. 动物卫生行政执法实用手册［M］. 北京：中国农业出版社.

王兰平，李淑云，2011. 动物免疫工作实用手册［M］. 北京：科学普及出版社.

吴坚，2014. 农业企业经营与管理［M］. 昆明：云南大学出版社.

吴荣富，2014. 鸡场消毒关键技术［M］. 北京：中国农业出版社.

徐百万，2010. 动物疫病监测技术手册［M］. 北京：中国农业出版社.

闫若潜，李桂喜，孙清莲，2014. 动物疫病防控工作指南［M］. 3 版. 北京：中国农业出版社.

游昀之，2017. 职业道德［M］. 上海：上海交通大学出版社.

张德，2015. 企业文化建设［M］. 北京：清华大学出版社.

张慧玲，2015. 养殖企业经营管理［M］. 北京：中国农业大学出版社.

赵森林，王海玉，2014. 动物疫病防控指南［M］. 北京：中国农业科学技术出版社.

郑瑞峰，王玉田，2016. 猪场消毒防疫实用技术［M］. 北京：机械工业出版社.

郑增忍，黄伟忠，马洪超，等，2010. 动物疫病区域化管理理论与实践［M］. 北京：中国农业科学技术出版社.

中国动物疫病预防控制中心，2016. 动物卫生监督行政执法典型案卷汇编［M］. 北京：中国农业出版社.

邹碧海，2014. 现代企业文化与职业道德［M］. 成都：西南交通大学出版社.

M. D. Salman（美），2017. 动物疫病调查与监测方法和应用［M］. 北京：中国农业出版社.

读者意见反馈

亲爱的读者：

感谢您选用中国农业出版社出版的职业教育规划教材。为了提升我们的服务质量，为职业教育提供更加优质的教材，敬请您在百忙之中抽出时间对我们的教材提出宝贵意见。我们将根据您的反馈信息改进工作，以优质的服务和高质量的教材回报您的支持和爱护。

地　　址：北京市朝阳区麦子店街 18 号楼（100125）
　　　　　中国农业出版社职业教育出版分社
联系方式：QQ（1492997993）

教材名称：　　　　　　　　　ISBN：

个人资料

姓名：_____所在院校及所学专业：_____

通信地址：_____

联系电话：_____电子信箱：_____

您使用本教材是作为：□指定教材□选用教材□辅导教材□自学教材

您对本教材的总体满意度：

从内容质量角度看□很满意□满意□一般□不满意

改进意见：_____

从印装质量角度看□很满意□满意□一般□不满意

改进意见：_____

本教材最令您满意的是：

□指导明确□内容充实□讲解详尽□实例丰富□技术先进实用□其他_____

您认为本教材在哪些方面需要改进？（可另附页）

□封面设计□版式设计□印装质量□内容□其他_____

您认为本教材在内容上哪些地方应进行修改？（可另附页）

_____

_____

本教材存在的错误：（可另附页）

第_____页，第_____行：_____应改为：_____

第_____页，第_____行：_____应改为：_____

第_____页，第_____行：_____应改为：_____

您提供的勘误信息可通过 QQ 发给我们，我们会安排编辑尽快核实改正，所提问题一经采纳，会有精美小礼品赠送。非常感谢您对我社工作的大力支持！

欢迎访问"全国农业教育教材网"http：//www.qgnyjc.com（此表可在网上下载）

欢迎登录"中国农业教育在线"http：//www.ccapedu.com 查看更多网络学习资源

图书在版编目 (CIP) 数据

动物防疫技术 / 胡新岗主编 . —2 版 . —北京：
中国农业出版社，2021.6
　　高等职业教育农业农村部"十三五"规划教材　"十
三五"江苏省高等学校重点教材
　　ISBN 978-7-109-27965-0

　　Ⅰ . ①动…　Ⅱ . ①胡…　Ⅲ . ①兽疫—防疫—高等职业
教育—教材　Ⅳ . ①S851.3

中国版本图书馆 CIP 数据核字（2021）第 032019 号

动物防疫技术
DONGWU FANGYI JISHU

中国农业出版社出版
地址：北京市朝阳区麦子店街 18 号楼
邮编：100125
责任编辑：徐　芳
版式设计：王　晨　　责任校对：刘丽香
印刷：北京万友印刷有限公司
版次：2012 年 12 月第 1 版　　2021 年 6 月第 2 版
印次：2021 年 6 月第 2 版北京第 1 次印刷
发行：新华书店北京发行所
开本：787mm×1092mm　1/16
印张：16.5
字数：400 千字
定价：39.50 元